Lehrbuch der Hydraulik

für Ingenieure und Physiker

Zum Gebrauche bei Vorlesungen
und zum Selbststudium

von

Dr.-Ing. Theodor Pöschl

o. ö. Professor an der Deutschen Technischen
Hochschule in Prag

Mit 148 Abbildungen

Berlin
Verlag von Julius Springer
1924

ISBN-13: 978-3-642-98315-3   e-ISBN-13: 978-3-642-99127-1
DOI: 10.1007/978-3-642-99127-1

Vorwort.

Die Gesichtspunkte, die mich bei der Abfassung meines im selben Verlage (1923) erschienenen „Lehrbuches der technischen Mechanik" geleitet haben, sind auch für das vorliegende elementare „Lehrbuch der Hydraulik" maßgebend geblieben; eine große Zahl von zustimmenden Äußerungen lassen erkennen, daß das Bedürfnis nach einem Lehrbuche dieser Art, das über die Schwierigkeiten der Einführung nicht vollständig hinweggeht und dabei doch nicht bei den allerersten Elementen stehen bleibt, tatsächlich vorhanden war.

Auch in der „Hydraulik" wurde das Ziel verfolgt, den Studierenden unserer Hochschulen, wie auch den Ingenieuren und Physikern ein kurzgefaßtes Lehrbuch in die Hand zu geben, das neben der physikalischen Erörterung der Eigenschaften der Flüssigkeiten und der Kennzeichnung der Einzelvorgänge auch die wichtigsten und einfachsten Anwendungen auf die technischen Probleme der Hydraulik enthalten sollte. Der größte Teil des Buches beschäftigt sich mit der sog. „eindimensionalen" Hydraulik, wobei mit den widerstandsfreien Strömungen begonnen und Schritt für Schritt die Probleme entwickelt werden, die zur Einführung der verschiedenen Arten von „Widerständen" führen. Von zwei- und dreidimensionalen Problemen werden nur die ebenen und die achsensymmetrischen Strömungen reibungsfreier Flüssigkeiten behandelt, wobei in aller Kürze auf die wichtigsten Anwendungen in der Tragflügeltheorie eingegangen wird, die in einem Werke über Hydraulik heute wohl nicht mehr ganz fehlen darf. — Dagegen sind eine ganze Reihe von ebenfalls wichtigen und bedeutungsvollen Problemen unerörtert geblieben, insbesondere die Fragen der Grundwasserbewegung, der Wellenbewegung, sowie aller jener, die enger in das Gebiet des eigentlichen Wasserbaues gehören (Geschiebeführung u. dgl.).

Die Hydraulik befindet sich heute in einem Übergangszustand, insofern als sie es einerseits nicht mehr verschmäht, bei gewissen grundsätzlichen Fragen Ansätze und Betrachtungen heranzuziehen und zu verwerten, die aus der allgemeinen Theorie hervorgehen, andrerseits sind viele ihrer Probleme so verwickelt, daß sie einer theoretischen Behandlung schwer zugänglich sind, so daß man für sie heute noch allein auf direkte Beobachtungen und Messungen angewiesen ist. Damit soll durchaus nichts gegen den Wert des Experimentes für

hydraulische Forschungen gesagt sein; im Gegenteil, die heute bereits
in großem Umfange vorliegenden Messungsergebnisse auf verschiedenen Gebieten der Hydraulik können, soweit sie auf exakten Mes-
sungsmethoden beruhen, nicht hoch genug bewertet werden und
derartige Messungen werden auch für theoretische Untersuchungen in
Zukunft stets den Prüfstein zu bilden berufen sein. Die weitere Entwicklung wird lehren, nach welcher Richtung der Ausbau der Hydraulik vor sich gehen wird.

Zum Schlusse möchte ich noch den Wunsch aussprechen, daß
auch dieses Lehrbuch die Zwecke erfüllen möchte, für die es bestimmt ist: einmal den Studierenden unserer Hochschulen die wün-
schenswerte Ergänzung zu den Vorlesungen und die Möglichkeit der
Verarbeitung und Aneignung des Wissensstoffes zu bieten, der die
Grundlage für einen wichtigen Zweig ihrer besonderen Fachausbildung
ausmacht; daneben soll es aber auch den Ingenieuren und Physikern
in kurzer und übersichtlicher Weise an der Hand der wichtigsten Probleme nicht nur die gesicherten Ergebnisse vermitteln, sondern auch
einen Einblick in die älteren und neueren Methoden und Betrachtungs-
weisen gewähren, die diesem Gebiete aufs neue das Interesse weiterer
Kreise zuzuführen berufen sind.

Auch an dieser Stelle danke ich meinem Assistenten, Herrn Josef
Schüller für die Sorgfalt, mit der er die Zeichnungen nach meinen
Skizzen entworfen hat, ferner Herrn Prof. K. Körner für das Lesen
der Korrekturen, Herrn Prof. P. Funk für eine Reihe von Bemerkungen
begrifflicher Natur und insbesondere dem Verlage Julius Springer für
die mustergültige Ausstattung des Buches.

Prag, im April 1924.

T. Pöschl.

Inhaltsverzeichnis.

Einleitung.

Grundbegriffe.

1. Übertragung der Sätze der Mechanik der starren Körper auf Flüssigkeiten und Gase. Die Grundlage für die Mechanik der flüssigen und der gasförmigen Körper bildet die wohl ohne weiteres plausible Annahme, daß für die Gültigkeit der Grundgesetze der Mechanik, wie z. B. der Newtonschen Bewegungsgleichung, der Gleichgewichtsbedingungen, des d'Alembertschen Prinzips u. dgl. die Beschaffenheit des Massenteilchens, genauer gesagt: sein Aggregatzustand, unwesentlich sein muß. So ist die Beschleunigung stets bestimmt durch die sämtlichen auf ein Teilchen einwirkenden Kräfte und die Eigenmasse des Teilchens; Gleichgewicht ist vorhanden, wenn die Summe der Kräfte verschwindet, usw. Die Möglichkeit für diese Übertragung beruht darauf, daß man für irgendeinen Zeitmoment jedes Flüssigkeitsteilchen als erstarrt ansehen und auf dieses sodann die Regeln der „starren Mechanik" anwenden kann (Erstarrungsprinzip). Freilich muß bei dieser Übertragung vor allem die besondere Art der Kräftewirkung auf jedes Teilchen im Innern einer ausgebreiteten Flüssigkeit und sodann das Verhalten der Flüssigkeitsteilchen selbst unter dem Einfluß dieser Kräfte in geeigneter Weise zum Ausdruck gebracht werden.

Die Art der dabei über die Beschaffenheit der Flüssigkeitsteilchen getroffenen Annahmen kommt in den Gleichungen zur Geltung, die für das Gleichgewicht und für die Bewegung dieser Teilchen aufgestellt werden können. Nachträglich ist noch — und zwar durch Vergleich der aus diesen Gleichungen durch Auflösung (Integration) gewonnenen Folgerungen mit den Ergebnissen der zugehörigen Versuche — darüber zu entscheiden, ob die Festsetzungen tatsächlich gerechtfertigt waren und für das betreffende Erscheinungsgebiet als ausreichend angesehen werden können; wo das nicht der Fall ist, ist eine Erweiterung der Hilfsannahmen, die zur Kennzeichnung des physikalischen Verhaltens der Flüssigkeit eingeführt wurden, nötig. Wir werden sehen, daß für einige Problemgruppen der Hydraulik ganz einfache Annahmen ausreichen, während für andere eine Erweiterung dieser Annahmen in der eben bezeichneten Art unabweislich ist.

2. Eigenschaften der Flüssigkeiten. a) Reibungsfreie und zähe Flüssigkeiten. Von den physikalischen Eigenschaften der

Flüssigkeiten ist hier vor allem die außerordentlich leichte Beweglichkeit ihrer Teilchen hervorzuheben. Der Widerstand, der bei der Verschiebung zweier benachbarter Flüssigkeitsteilchen gegeneinander zu überwinden ist, stellt sich im allgemeinen als so gering heraus, daß man versuchen wird, diesen Widerstand — der nichts anderes ist als die Flüssigkeitsreibung — zunächst ganz außer Betracht zu lassen. Zu den Problemen, zu deren Behandlung die so gewonnene Vorstellung einer „reibungsfreien Flüssigkeit" ausreicht, gehören (außer den in der Hydrostatik behandelten): das Ausflußproblem, die Bestimmung des Druckes eines Wasserstromes auf die Wandungen des Gefäßes, durch das er „geführt" wird (z. B. auf das Laufrad einer Turbine) und die Stoß- und Mischvorgänge.

Bei den übrigen Problemen der Hydraulik, und zwar gerade bei den praktisch wichtigsten, stellt es sich hingegen als notwendig heraus, die Reibung oder Zähigkeit der Flüssigkeit in Rechnung zu ziehen. Probleme dieser Art sind: die Bewegung des Wassers in Röhren, Kanälen und Flußläufen, der Stau und insbesondere die Ermittlung der Kräfte, die eine Flüssigkeit auf einen in ihr bewegten Körper ausübt, das sogenannte Widerstandsproblem.

Für die (statische) Schubfestigkeit von Wasser (die als Größtwert der Haftreibung einer Wasserschichte betrachtet werden kann, auf die auch die Kapillarität von Einfluß ist), wurde etwa der Wert 2,63 kg/m² gefunden, der zeigt, daß jedenfalls für alle hydrostatischen Betrachtungen der Einfluß der Schubkräfte ganz außer acht gelassen werden darf. Bezüglich der Reibungsgesetze für bewegte Flüssigkeiten s. **37**.

b) **Raumbeständigkeit.** Eine Eigenschaft, die den Flüssigkeiten im „engeren Sinne" (Wasser u. dgl.) eigentümlich ist, ist die außerordentlich geringe Zusammendrückbarkeit auch bei Anwendung großer Drücke. Diese Zusammendrückbarkeit ist so gering, daß sie für alle Rechnungen der Hydraulik vernachlässigt werden kann. Den eigentlichen Flüssigkeiten kommt daher ein bestimmter Rauminhalt zu: sie sind „raumbeständig".

Von ihnen unterscheiden sich die „Gase" durch den Umstand, daß sie jeden ihnen gebotenen Raum auszufüllen trachten, indem sie ihre „Dichte" diesem Raume anpassen.

Unter der Dichte, ϱ, versteht man die auf die Raumeinheit (1 m³) entfallende Masse. Wenn in einem Raume $\mathfrak{B}$ die Masse M vorhanden ist, so ist die Dichte bei gleichförmiger Verteilung:

$$\boxed{\varrho = M/\mathfrak{B}} \qquad \dots \dots \dots \dots \dots \quad (1)$$

Die Dimension der Dichte ist im technischen Maßsystem:

$$[\varrho] = \frac{[M]}{[\mathfrak{B}]} = \frac{[KL^{-1}T^{2}]}{[L^{3}]} = [KL^{-4}T^{2}],$$

ihre Einheit ist: 1 kgsek²/m⁴.

Bei ungleichförmiger Verteilung ist der Quotient in Gl. (1) auf einen entsprechend kleinen Raum $\varDelta\mathfrak{B}$ zu beziehen oder der Grenzwert für $\Delta\mathfrak{B}\to 0$ zu bilden; ist die in $\Delta\mathfrak{B}$ enthaltene Masse ΔM, so ist unter Dichte der Grenzwert zu verstehen:

$$\varrho = \lim_{\Delta\mathfrak{B}\to 0}\frac{\Delta M}{\Delta\mathfrak{B}} = \frac{dM}{d\mathfrak{B}} \quad\ldots\ldots\ldots\ldots (2)$$

Unter dem **Einheitsgewicht** (spezifisches Gewicht) versteht man das Gewicht der Raumeinheit der Flüssigkeit, also $\gamma = G/\mathfrak{B}$; da $G = Mg$, folgt

$$\boxed{\gamma = \varrho\, g} \quad\ldots\ldots\ldots\ldots (3)$$

Die Dimension von γ ist $[K/L^3]$; ihre Einheit 1 kg/m³.

Für Wasser folgt für die technischen Einheiten: $\gamma = 1000\,\text{kg/m}^3$, und $\varrho = \gamma/g \sim 100\ \text{kgsek}^2/\text{m}^4$. — Für Luft von 0^0 C unter einem Drucke, der dem normalen Barometerstande entspricht (760 mm Quecksilbersäule), ist

$$\gamma = 1{,}293\ \text{kg/m}^3, \qquad \varrho = \frac{\gamma}{g} = \frac{1{,}293}{9{,}81} \sim \frac{1}{8}\ \frac{\text{kgsek}^2}{\text{m}^4}.$$

Die Zusammendrückbarkeit des Wassers beträgt bei einer Druckänderung von 1 kg/cm² und bei Drücken von:

$$
\begin{array}{llll}
0 \text{ bis } 200\ \text{kg/cm}^2\text{: bei } 0^0\,\text{C} & & 525/10^7 \text{ bis } 488/10^7, \\
0\ \text{„}\ 200 \quad \text{„} \quad\quad \text{„}\ 20^0\,\text{C} & & 491/10^7\ \text{„}\ 438/10^7
\end{array}
$$

des ursprünglichen Rauminhaltes; dies ist so zu verstehen, daß z. B. bei 0^0 C einer Drucksteigerung von 0 auf 1 kg/cm² der Rauminhalt von 1 l Wasser um 0,0525 cm³ kleiner wird, usw.

Nur bei Gasen und Dämpfen ist auf die Veränderlichkeit der Dichte Bedacht zu nehmen und ihre Abhängigkeit von anderen physikalischen Größen, insbesondere von Druck und Temperatur zum Ausdruck zu bringen. Bei den Flüssigkeiten im engeren Sinne (z. B. Wasser) sind nach den getroffenen Festsetzungen ϱ und γ als Festwerte anzusehen.

3. Der Einheitsdruck. Jeder beliebig abgegrenzte Teil $\mathfrak{B}$ (Abb. 1) einer in einem Gefäße in Ruhe befindlichen Flüssigkeit muß von der umgebenden Flüssigkeit getragen werden, damit er unter dem Einflusse des stets vorhandenen Eigengewichtes im Gleichgewichte sein kann. Dieses Tragen geschieht durch die Flächenkräfte, die längs der Grenze von $\mathfrak{B}$ auf $\mathfrak{B}$ und zwar senkrecht zu den einzelnen Elementen seiner Grenzfläche übertragen werden. Die Flächenkraft auf jedes Flächenstück ΔF nennt man den Flüssigkeitsdruck ΔD; auf die Flächeneinheit

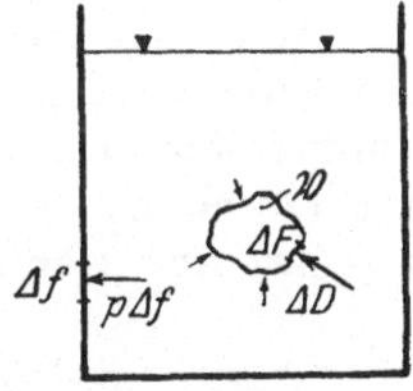

Abb. 1.

an derselben Stelle A, die in derselben Ebene liegt wie ΔF, würde daher die Kraft $\Delta D/\Delta F$ entfallen, und man bezeichnet den Ausdruck

$$\boxed{p = \lim_{\Delta F\to 0}\frac{\Delta D}{\Delta F} = \frac{dD}{dF}} \quad\ldots\ldots\ldots (4)$$

als den **Einheitsdruck** oder schlechthin den **Druck** in A. Wenn man also in der Ebene von ΔF ein beliebig kleines Flächenstück und den Flüssigkeitsdruck auf dieses betrachtet, so soll der Grenzwert nach (4) stets existieren, d. h. es soll unabhängig von der Gestalt der Randkurve des Flächenstücks ΔF immer der gleiche Einheitsdruck herauskommen, wobei der Grenzübergang in Gl. (4) so auszuführen ist, daß alle Punkte der Randkurven von ΔF in den betreffenden Punkt hineinrücken. — Eine ähnliche Bemerkung gilt übrigens auch für die Dichte bei dem in Gl. (2) ausgeführten Grenzübergang.

Aus der Beschaffenheit der Gl. (4) folgt nun weiter, daß sich derselbe Wert von p auch für beliebig gerichtete Ebenen durch den betrachteten Punkt A ergibt. Um dies einzusehen, denken wir uns ein kleines dreiseitiges Prisma in der Nähe von A (Abb. 2) und setzen die Gleichgewichtsbedingungen hierfür an: auf ΔF wirke die Kraft $p \cdot \Delta F$, auf die Seitenflächen $p_1 \cdot \Delta F_1$ und $p_2 \cdot \Delta F_2$. (Die Raumkräfte können hiebei außer Betracht bleiben, da sie klein von höherer Ordnung sind.) Der Projektionssatz für die Richtungen x und y ergibt

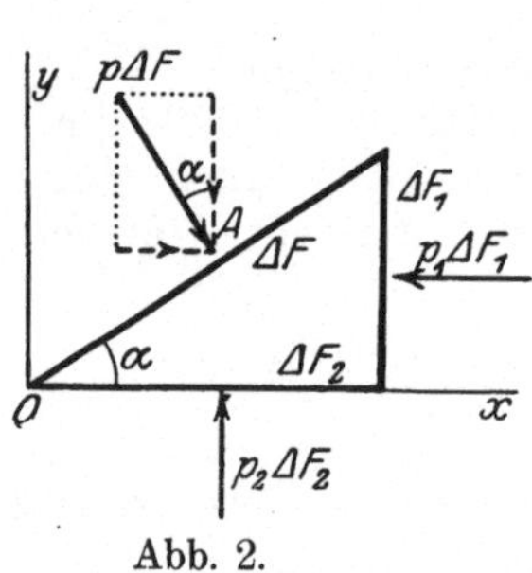

Abb. 2.

$$p \cdot \Delta F \cdot \sin\alpha = p_1 \cdot \Delta F_1,$$
$$p \cdot \Delta F \cdot \cos\alpha = p_2 \cdot \Delta F_2,$$

und da $\Delta F_1 = \Delta F \cdot \sin\alpha$, $\Delta F_2 = \Delta F \cdot \cos\alpha$, so folgt unmittelbar:

$$\boxed{p_1 = p_2 = p} \quad\ldots\ldots\ldots\ldots (5)$$

Man kommt also immer auf denselben Wert von p, von welchem Flächenstücke ΔF auch ausgegangen wird. Dies bedeutet aber, daß p zufolge der in der Gl. (4) gegebenen Definition die Vektoreigenschaft eingebüßt hat, vielmehr eine bloße Ortsfunktion oder ein Skalar geworden ist.

Wir fügen sogleich hinzu, daß p eine stetige und differenzierbare Funktion des Ortes ist, so daß der Satz gilt: Wenn in einem Punkte $A\,(x, y, z)$ in der Flüssigkeit der Druck $p = p\,(x, y, z)$ ist, so ist der Druck p_1 in einem benachbarten Punkte $A_1\,(x + \Delta x,\ y + \Delta y,\ z + \Delta z)$ nur wenig von p verschieden und es ist

$$p_1 = p + \Delta p, \quad \text{wobei} \quad \Delta p = \frac{\partial p}{\partial x}\Delta x + \frac{\partial p}{\partial y}\Delta y + \frac{\partial p}{\partial z}\Delta z.$$

Von dieser Beziehung wird bei der Aufstellung der Gleichgewichtsbedingen und der Bewegungsgleichungen Gebrauch gemacht.

Ist also $p = p\,(x, y, z)$ bekannt, so ist der Flüssigkeitsdruck auf irgendeine Fläche Δf (z. B. am Rand der Gefäßwand) durch $p \cdot \Delta f$ gegeben und ist $\perp$ zu Δf gerichtet. Durch Verwertung dieser Bemerkung wird die Größe des auf die Gefäßwände oder Teile derselben ausgeübten Druckes bestimmt; in der Hydraulik handelt es sich ja überhaupt nur selten um Flüssigkeiten allein, sondern vielmehr fast immer um die Flüssigkeiten und die festen Körper, die sie umschließen oder von Flüssigkeiten umgeben werden.

Die Dimension von p ist $[K/L^2]$, seine technische Einheit 1 kg/cm² wird auch als „neue Atmosphäre" oder als „1 at" bezeichnet.

Nach den in **2.** gegebenen Bemerkungen ist für Flüssigkeiten die Dichte ϱ unabhängig von p, während für Gase ϱ von p abhängig ist, und zwar gilt z. B. für die sog. isothermische Zustands-änderung eines Gases (d. h. für dessen Ausdehnung und Zusammen-ziehung bei gleichbleibender Temperatur) das Boyle-Mariottesche Gesetz, das die Proportionalität von p mit ϱ aussagt:

$$\boxed{\varrho = c\,p}, \qquad \ldots \ldots \ldots \ldots \quad (6)$$

worin c eine Konstante bedeutet.

An Stelle der Dichte ϱ wird in der Gastheorie häufig das Ein-heitsvolumen $\mathfrak{v}$ beim Drucke p betrachtet; dies ist der Rauminhalt in m³ (oder cm³), den 1 kg Gas beim Drucke p einnimmt. Es ist also $\gamma\,\mathfrak{v} = 1$, oder $g\,\varrho\,\mathfrak{v} = 1$; dann nimmt Gl. (6) die Form an

$$p\,\mathfrak{v} = 1/c\,g = \text{konst.} \qquad \ldots \ldots \ldots \ldots \quad (6')$$

Diese Form des Gasgesetzes für gleichbleibende Temperatur ist mit der vorhergehenden Gl. (6) vollständig gleichwertig.

Erster Teil.

Statik der Flüssigkeiten.

Dieser Teil enthält die Gleichgewichtsbedingungen für Flüssigkeiten, und die dabei auftretenden Begriffe, wobei vorwiegend die schwere, unzusammendrückbare Flüssigkeit behandelt wird; ferner die Bestimmung der Kräfte auf ebene und gekrümmte Wände, weiter die Hauptsache über das Schwimmen und die Frage der (statischen) Stabilität schwimmender Körper. Vorübergehend werden auch einzelne Probleme über das Gleichgewicht von zusammendrückbaren Flüssigkeiten (Gasen) behandelt.

I. Gleichgewicht. Flächen gleichen Druckes.

4. Gleichgewichtsbedingungen. Die Aufgabe, die zunächst zu lösen ist, ist die Bestimmung des in 3. definierten Druckes p in allen Punkten einer Flüssigkeit, auf deren einzelne Raumteile gegebene Massenkräfte wirken; als solche kommt in den meisten Fällen nur das Gewicht der Flüssigkeit in Betracht oder irgendwelche andere raumhaft verteilte Kräfte, wie die Fliehkraft und andere Trägheitskräfte. Die Massenkraft wird hier passend durch Angabe der auf die Masseneinheit der Flüssigkeit entfallenden Kraft, d. h. durch die Beschleunigung $\bar{b}$ festgelegt, deren Teile nach irgendwelchen Achsen x, y, z durch $\bar{b}\,(X, Y, Z)$ bezeichnet seien. Auf ein Flüssigkeitsteilchen von der Masse $\varDelta M$ entfällt sodann die Kraft $\bar{b} \cdot \varDelta M\,(X \cdot \varDelta M,$

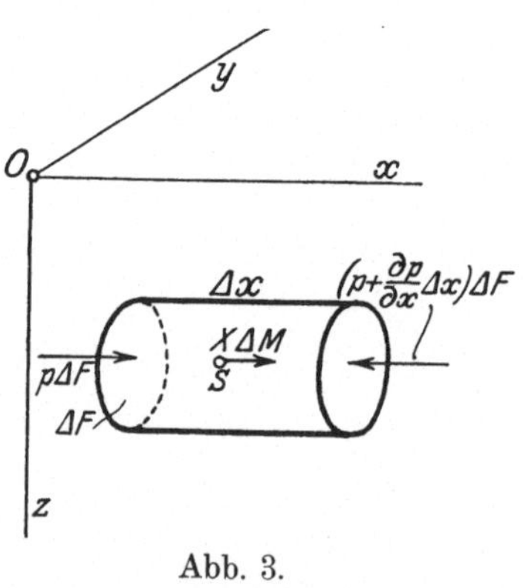

Abb. 3.

$Y \cdot \varDelta M, Z \cdot \varDelta M)$. Wählen wir nach Abb. 3 das Teilchen in der Form eines kleinen Zylinders $\varDelta F \cdot \varDelta x$, dessen Erzeugende parallel zur x-Achse liegen, so ist $\varDelta M = \varrho \cdot \varDelta F \cdot \varDelta x$. Außer der Massenkraft wirken noch die Flüssigkeitsdrücke längs der ganzen Grenzfläche des Teilchens; in der x-

Richtung kommen hievon nur die Drücke $p \cdot \varDelta F$ und $\left(p + \dfrac{\partial p}{\partial x}\,\varDelta x\right) \cdot \varDelta F$

auf die beiden parallelen Grundflächen $\varDelta F$ zur Wirkung, da die Drücke auf die Mantelfläche des Zylinders zur x-Achse senkrecht stehen. Der Projektionsatz für die x-Richtung führt demnach auf die Gleichung:

$$p \cdot \varDelta F - \left(p + \frac{\partial p}{\partial x} \cdot \varDelta x\right) \cdot \varDelta F + X \varrho \cdot \varDelta F \cdot \varDelta x = 0$$

und nach Kürzung auf die erste der folgenden 3 Gleichgewichtsbedingungen, welcher die beiden ähnlich lautenden für die anderen Richtungen unmittelbar hinzugefügt werden; sie geben den „Druckanstieg" oder die „Druckzunahme" nach den Richtungen x, y, z an:

$$\frac{\partial p}{\partial x} = \varrho\, X, \qquad \frac{\partial p}{\partial y} = \varrho\, Y, \qquad \frac{\partial p}{\partial z} = \varrho\, Z \qquad \ldots \ldots \quad (7)$$

Da die Richtungen des gewählten Achsenkreuzes vollkommen willkürlich waren, so läßt sich der Inhalt dieser Gleichungen in die Worte fassen: Der Druckanstieg $\partial p/\partial s$ in irgendeiner Richtung s ist gleich dem Produkte aus der Dichte ϱ und der in diese Richtung fallenden eingeprägten Beschleunigung.

Die Gln. (7) sind 3 Differentialgleichungen zur Bestimmung der einzigen Unbekannten p; diese Gleichungen können daher nicht voneinander unabhängig, sie müssen vielmehr einer einzigen Gleichung gleichwertig sein. Wir bekommen diese und damit auch gleichzeitig die Bedingungen, die zwischen den X, Y, Z bestehen müssen, damit ein Gleichgewichtszustand der Flüssigkeit überhaupt möglich ist, wenn wir die Gln. (7) der Reihe nach mit dx, dy, dz multiplizieren und addieren. Dann folgt links das vollständige Differential des Druckes dp, und es ist

$$dp = \varrho\,(X\,dx + Y\,dy + Z\,dz) \qquad \ldots \ldots \quad (8)$$

Für eigentliche Flüssigkeiten ist $\varrho = $ konst. und diese Gleichung gibt integriert:

$$p = p_0 + \varrho \int_{A_0}^{A} (X\,dx + Y\,dy + Z\,dz) \qquad \ldots \ldots \quad (9)$$

Mittels dieser Gleichung ist der Druck p an irgendeiner Stelle A durch den Druck p_0 an irgendeiner anderen Stelle A_0 und durch das über irgendeinen von A_0 bis A führenden Weg erstreckte „Linienintegral der Beschleunigung" gegeben. Durch dieselbe Überlegung, die in der Dynamik zur Aufstellung des Prinzipes der lebendigen Kraft (Energieintegral) führte, schließen wir auch hier, daß sich für p nur dann ein eindeutiger Wert ergibt, wenn das in Gl. (9) vorkommende Integral vom Wege unabhängig, das Differential $X\,dx + Y\,dy + Z\,dz$ also ein vollständiges ist; sei

$$X\,dx + Y\,dy + Z\,dz = dW,$$

so müssen daher die Gleichungen gelten

$$X = \frac{\partial W}{\partial x}, \qquad Y = \frac{\partial W}{\partial y}, \qquad Z = \frac{\partial W}{\partial z}, \qquad \ldots \ldots \quad (10)$$

d. h. es müssen die folgenden „gekreuzten" Ableitungen der Teile X, Y, Z einander gleich sein:

$$\frac{\partial Y}{\partial z} = \frac{\partial Z}{\partial y}, \qquad \frac{\partial Z}{\partial x} = \frac{\partial X}{\partial z}, \qquad \frac{\partial X}{\partial y} = \frac{\partial Y}{\partial x} \quad \ldots \ldots \quad (11)$$

Dies sind gleichzeitig die gesuchten Bedingungen, die die Komponenten der eingeprägten Beschleunigung $\overline{b}$ erfüllen müssen, damit unter ihrem Einfluß ein Gleichgewichtszustand der Flüssigkeit überhaupt eintreten kann: **die Teile X, Y, Z von $\overline{b}$ müssen als partielle Ableitungen einer Funktion W darstellbar sein**, die hier dieselbe Rolle spielt, wie die **Arbeitsfunktion oder das Potential in der Dynamik.** Wir wollen die Funktion W auch hier kurz als **Potential** bezeichnen. Die Gl. (8) kann daher geschrieben werden

$$dp = \varrho\, dW,$$

und an Stelle von (9) kommt:

$$\boxed{p = p_0 + \varrho\,(W - W_0)}, \quad \ldots \ldots \ldots \quad (12)$$

wobei die Integrationskonstante durch die Bedingung: $p = p_0$ für $W = W_0$ festgelegt ist.

Werden im Innern der Flüssigkeit alle Punkte miteinander verbunden, in denen p den gleichen Wert hat, so erhält man die **Flächen gleichen Druckes** $p = $ konst.; sie sind identisch mit den **Niveauflächen**, worunter man die Flächen versteht, die gleichen Werten des Potentials W entsprechen.

Diese Flächen gleichen Druckes bilden eine Flächenschar und haben folgende Eigenschaften:

1. In jedem ihrer Punkte A steht der Vektor $\overline{b}$ (X, Y, Z) zu jener Fläche dieser Schar senkrecht, die durch A hindurchgeht. Wenn dx, dy, dz die Teile eines in der Fläche $p = $ konst. liegenden Linienelementes bedeutet, längs welchem daher $dp = 0$ zu setzen ist, so wird dieses Senkrechtstehen gerade durch die Beziehung ausgedrückt:

$$dp = \varrho\,(X\,dx + Y\,dy + Z\,dz) = 0. \quad \ldots \ldots \quad (13)$$

2. Zwei solche Flächen können sich nirgends schneiden oder berühren. Da jeder einzelnen Fläche ein bestimmter Wert der Konstanten in der Gl. $p = $ konst. entspricht, so müßten dem Schnittpunkte beide Werte dieser Konstanten (oder des konstanten Potentials W) zugeschrieben werden, was offenbar einen Widerspruch bedeutet.

Wenn φ der Winkel zwischen irgendeiner von A (Abb. 4) ausgehenden Fortschreitungsrichtung $AA' = ds$ und dem

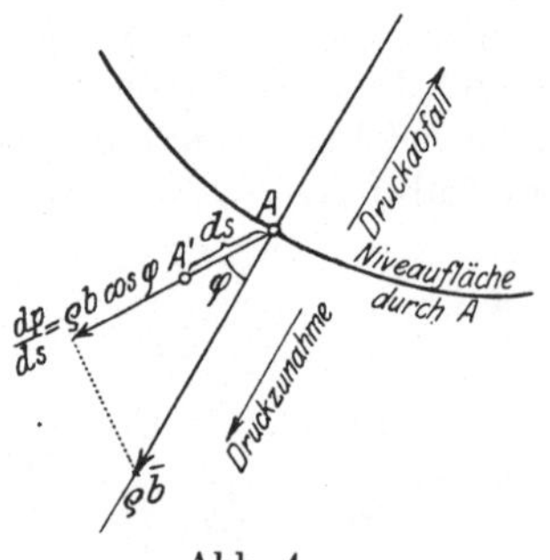

Abb. 4.

Beschleunigungsvektor $\bar{b}$ ist, so kann Gl. (8) auch in der Form geschrieben werden:

$$dp = \varrho\, b\, ds \cos \varphi, \quad \text{und daraus folgt} \quad \boxed{\frac{dp}{ds} = \varrho\, b \cos \varphi}, \qquad (14)$$

d. h. die Druckänderung nach irgendeiner Richtung ds ist, wie schon gesagt, durch die in diese Richtung fallende Komponente $b \cos \varphi$ der eingeprägten Beschleunigung, mit ϱ multipliziert, gegeben.

Für $\varphi = 0$, d. h. für die in die Normale zur Niveaufläche durch A fallende Richtung wird diese Druckänderung am größten; man nennt diese größte Druckänderung den **Druckgradienten**, und zwar wächst der Druck stets im Sinne der Richtung von b. Die Ableitung der skalaren Funktion p nach irgendeiner Richtung ds gibt dann die nach dieser Richtung fallende **Druckänderung** dp/ds, und diese Größe ist die in diese Richtung fallende **Komponente des Druckgradienten**. Der Wert von p in einem Nachbarpunkte A' von A ist sodann einfach $p + \dfrac{dp}{ds} \cdot \varDelta s$, wenn $\overline{A A'} = \varDelta s$ gesetzt wird.

5. Gepreßte Flüssigkeit. Wird an irgendeiner Stelle einer Flüssigkeit durch künstliche Mittel (etwa durch Gewichtsbelastung eines Kolbens, der durch eine abgedichtete Führung in das Innere der Flüssigkeit hineinragt, oder durch eine Druckpumpe) ein größerer Druck p_0 erzeugt, so verschwinden diesem gegenüber bald die Druckunterschiede, die zu diesem p_0 vermöge des Eigengewichtes der Flüssigkeit nach Gl. (9) hinzukommen, und die durch das in dieser Gleichung auftretende Linienintegral dargestellt werden. In den „hydraulischen Pressen" werden Drücke von 1000 kg/cm² und mehr verwendet, wogegen durch das Eigengewicht des Wassers erst bei 10 m Wassersäule ein Druck von 1 kg/cm² hervorgerufen wird. Bei geringer Höhe der betrachteten Flüssigkeit ist daher mit großer Annäherung in der ganzen Flüssigkeit

$$\boxed{p = p_0}, \quad \ldots \ldots \ldots \ldots \quad (15)$$

d. h. in einer gepreßten Flüssigkeit herrscht an allen Stellen der gleiche Druck: dies ist das Gesetz von Pascal von der Gleichheit des Druckes in einer gepreßten Flüssigkeit.

Aus diesem Satz folgt sofort: die Kraft, die ein in eine gepreßte Flüssigkeit ragender Kolben vom Querschnitt F der Führung erleidet, ist stets durch $F \cdot p_0$ gegeben, wie auch der in die Flüssigkeit eintauchende Kolben sonst geformt sein mag.

Beispiel 1. Bei der hydraulischen Presse in der Anordnung nach Abb. 5 ist das Verhältnis der „Kraft" P auf den kleinen Kolben vom Durchmesser d zur „Last" Q auf dem großen Kolben vom Durchmesser D durch das Verhältnis der Flächen gegeben; dieses Verhältnis stimmt überein mit dem Verhältnis der Quadrate der Durchmesser, also ist:

$$Q/P = D^2/d^2 \quad \text{oder} \quad Q = P \cdot D^2/d^2.$$

Wenn nun P durch eine am Ende des Hebels wirkende Kraft K hervorgebracht wird, so ist

$$Ka = Pb, \quad \text{und daher ist} \quad \boxed{Q = \frac{a\,D^2}{b\,d^2} \cdot K} \quad \ldots \ldots \quad (16)$$

Die Wirkungsweise der Presse ist ohne weiteres verständlich. Beim Aufwärtsgang des kleinen Kolbens wird das Saugventil A geöffnet und das Druckventil B geschlossen, beim Abwärtsgang wird A geschlossen und B geöffnet.

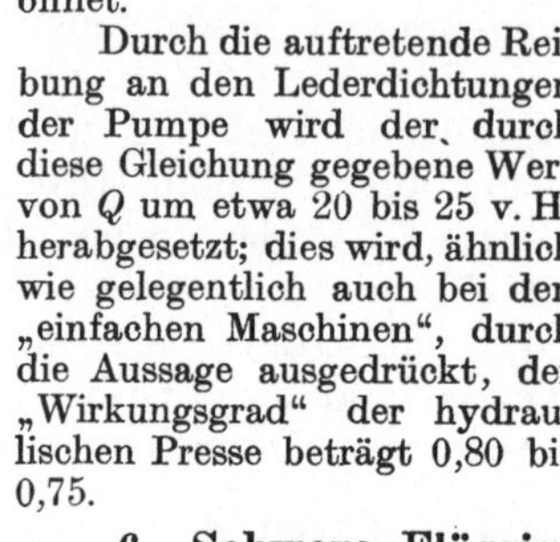
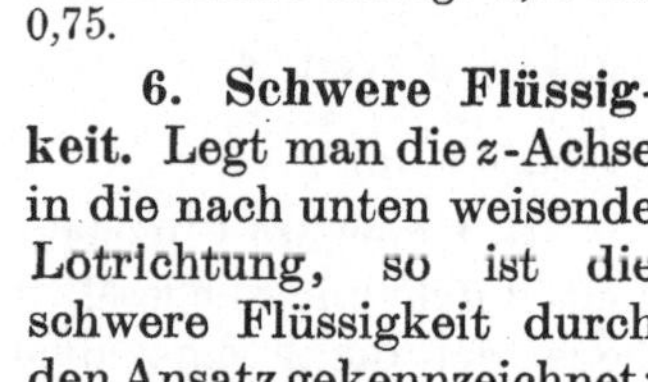

Abb. 5.

Durch die auftretende Reibung an den Lederdichtungen der Pumpe wird der durch diese Gleichung gegebene Wert von Q um etwa 20 bis 25 v. H. herabgesetzt; dies wird, ähnlich wie gelegentlich auch bei den „einfachen Maschinen", durch die Aussage ausgedrückt, der „Wirkungsgrad" der hydraulischen Presse beträgt 0,80 bis 0,75.

6. Schwere Flüssigkeit. Legt man die z-Achse in die nach unten weisende Lotrichtung, so ist die schwere Flüssigkeit durch den Ansatz gekennzeichnet:

$$X = 0, \quad Y = 0, \quad Z = g.$$

Es ist daher nach Gl. (8)

$$d\,p = \varrho\,g\,dz$$

und da $\varrho\,g = \gamma$, so folgt:

$$\boxed{p = p_0 + \gamma z} \quad \ldots \ldots \ldots \ldots \quad (17)$$

Die Integrationskonstante p_0 ist dabei so bestimmt, daß sie den Druck in irgendeinem Punkte der Flüssigkeit in der Ebene $z = 0$ angibt. Die Flächen gleichen Druckes (und die Niveauflächen) sind die wagrechten Ebenen, zu denen auch die „freie Oberfläche" — die „Spiegelfläche" — der schweren Flüssigkeit gehört. Legen wir die x-y-Ebene in die freie Spiegelfläche, so ist also $p = p_0$ für $z = 0$, und es entspricht dann p_0 dem an dieser freien Oberfläche herrschenden atmosphärischen Luftdruck.

Andererseits ist die nach Gl. (17) bestimmte Höhe

$$\boxed{z = \frac{p - p_0}{\gamma}} \quad \ldots \ldots \ldots \ldots \quad (18)$$

ein Maß für die Differenz der Drücke an ihren Enden; diese Höhe ist selbst die in Höhe gemessene Druckdifferenz und wird als **Druckhöhe** bezeichnet.

Die Druckdifferenz $p - p_0 = 1$ kg/cm² wird in verschiedenen Flüssigkeiten durch verschiedene Höhen gemessen, die von dem Wert des Einheitsgewichtes γ abhängen. Z. B. ist für

Quecksilber: $\gamma = 13{,}6$ kg/dm³, und $\dfrac{p - p_0}{\gamma} = \dfrac{1}{0{,}0136} = 73{,}5$ cm.

Wasser: $\gamma = 1$ kg/dm³, und $\dfrac{p - p_0}{\gamma} = \dfrac{1}{0{,}001} = 1000$ cm $= 10$ m.

Luft von 15°C und
1 kg/cm² Druck: $\gamma = 1{,}188$ kg/m³ und $\dfrac{p - p_0}{\gamma} = \dfrac{10\,000}{1{,}188} = 8418$ m.

Beispiel 2. Normalhöhe der homogenen Atmosphäre. Für den normalen Luftdruck von 760 mm Quecksilbersäule (Hg) und 0°C Temperatur ist manchmal noch die Bezeichnung „1 alte Atmosphäre" oder „1 At" in Gebrauch. Da das Einheitsgewicht der Luft unter diesen Verhältnissen $\gamma = 1{,}293$ kg/m³ beträgt, und der Druck einer $z_1 = 76$ cm hohen Quecksilbersäule auf 1 m² die Größe hat

$$\gamma\,z_1 = 0{,}0136 \cdot 76 = 1{,}033 \text{ kg/cm}^2,$$

so kann dieser normale Luftdruck durch folgende Höhen gemessen werden:

$$\text{Quecksilber} \qquad z_1 = 76 \text{ cm},$$

$$\text{Wasser} \qquad = \frac{1{,}033}{0{,}001} = 1033 \text{ cm} = 10{,}33 \text{ m},$$

$$\text{Luft } (\gamma = 1{,}293 \text{ kg/m}^3) = \frac{10333}{1{,}293} \sim 8000 \text{ m}.$$

Es müßten also 8000 Einheitswürfel von Luft unter den „normalen Bedingungen" (d. i. von 0° C und 76 cm Hg) aufeinander getürmt werden, um den normalen Luftdruck zu erzeugen. Diese „Normalhöhe der homogenen Atmosphäre" wird den Näherungsrechnungen bei Freiballonfahrten, wenn sie sich nur über mäßige Höhen erstrecken, zugrunde gelegt.

An der Berührung zweier ruhender Flüssigkeiten verschiedener Dichte (oder einer Flüssigkeit und eines Gases) hat p zu beiden Seiten der Grenze denselben Wert: An der Grenze zweier Flüssigkeiten ist der Druck stetig.

Die in Gl. (17) gegebene Beziehung findet ihren zeichnerischen Ausdruck in der Drucklinie; bei einer homogenen schweren Flüssigkeit ist sie eine geneigte Gerade (Abb. 6), deren Neigung gegeben ist durch

$$\operatorname{tg}\alpha = \gamma. \quad \ldots \ldots \quad (19)$$

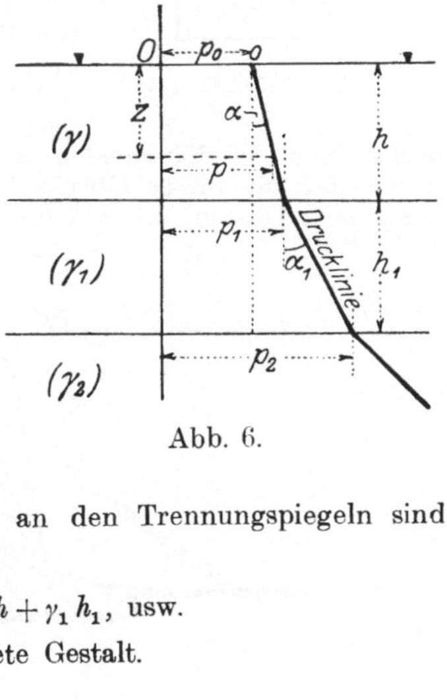

Abb. 6.

Beispiel 3. Geschichtete Flüssigkeiten. Wenn mehrere Flüssigkeiten, die sich nicht mischen, in ein Gefäß gebracht werden, so lagern sie sich nach der Größe ihrer Einheitsgewichte γ, γ_1, …. Die Drücke an den Trennungsspiegeln sind nach Abb. 6

$$p_1 = p_0 + \gamma\,h,$$
$$p_2 = p_1 + \gamma_1\,h_1 = p_0 + \gamma\,h + \gamma_1\,h_1, \text{ usw.}$$

und die Drucklinie hat die in Abb. 6 gezeichnete Gestalt.

Beispiel 4. Gleichgewicht von Flüssigkeiten in einem U-Rohr. Das oben gefundene Ergebnis, daß die Niveauflächen einer schweren Flüssigkeit wagrechte Ebenen sind, gilt auch für beliebig geformte, z. B. für U-förmige (kommunizierende) Gefäße.

a) Wenn die Drücke p_0 und p_1 $(< p_0)$ auf die Flüssigkeitsspiegel in den beiden Schenkeln verschieden sind (Abb. 7), dann rechnet sich der Höhenunterschied h aus dem Ansatz für die Gleichheit des Druckes im tieferen Spiegel:

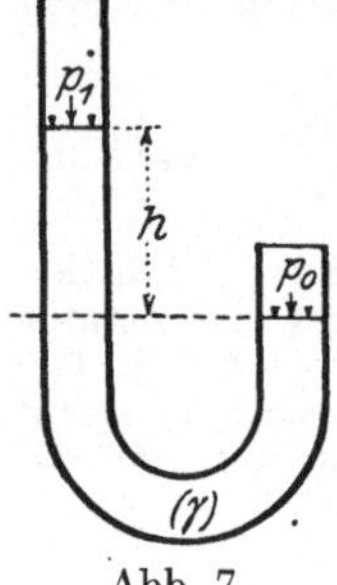

$$p_0 = p_1 + \gamma\,h, \quad \text{also} \quad \boxed{h = \frac{p_0 - p_1}{\gamma}} \ \ldots \ (20)$$

Diese Anordnung kommt zur Anwendung bei den sog. Flüssigkeitsmanometern, die zur Messung von kleinen Druckunterschieden als Mikromanometer (mit Nonius- und Lupenablesung) ausgebildet werden. Wenn auch kleine Druckunterschiede deutlich erkennbare Höhenunterschiede h ergeben sollen, so muß natürlich als „Sperrflüssigkeit" eine solche mit kleinem γ verwendet werden (Wasser, Alkohol u. dgl.).

b) Wird der längere Schenkel verschlossen und luftleer gemacht, so kann $p_1 \sim 0$ gesetzt werden und dann ergibt sich

Abb. 7.

$$\boxed{h = p_0/\gamma} \ \ldots \ldots \ldots \ (21)$$

In dieser Form wird das Manometer auch als Barometer bezeichnet und dient zur Messung des augenblicklich herrschenden Luftdruckes.

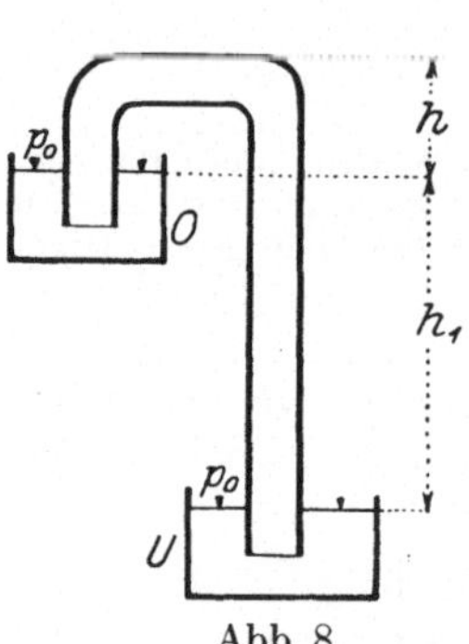

c) Der Umstand, daß der Luftdruck imstande ist, einer Wassersäule von etwas mehr als 10 m Höhe das Gleichgewicht zu halten, wird auch beim Saugheber verwertet, der zur Förderung von Flüssigkeiten von einem Behälter mit höherem zu einem mit tieferem Spiegel durch ein verkehrt gestelltes U-Rohr dient (Abb. 8). Damit der Flüssigkeitsfaden nicht abreißt, muß die Betriebshöhe des Hebers h für Wasser jedenfalls entsprechend kleiner sein als 10 m.

Der Heber wird neuestens auch bei Wehranlagen und Talsperren als Regulierorgan (Heberwehre) benützt, wo seine Verwendung eine sehr wirtschaftliche Methode zur Festhaltung der Spiegelhöhe bedeutet (Abb. 9). Wesentlich für die Anwendung des Hebers für diesen Zweck ist, daß die Ausflußöffnung unter dem Unterspiegel liegt, so daß dort ein „Ausfluß unter Wasser" stattfindet (21 c)). Bei der in Abb. 9 gezeichneten Höhenlage des Oberspiegels findet zunächst nur ein Überfließen des Wassers über die Unterkante u des Hebers statt, und für dieses Überfließen ist (nach 22) nur der Höhenunterschied zwischen dem Oberspiegel und der Kante u maßgebend. Bei weiterem Ansteigen

Abb. 8.

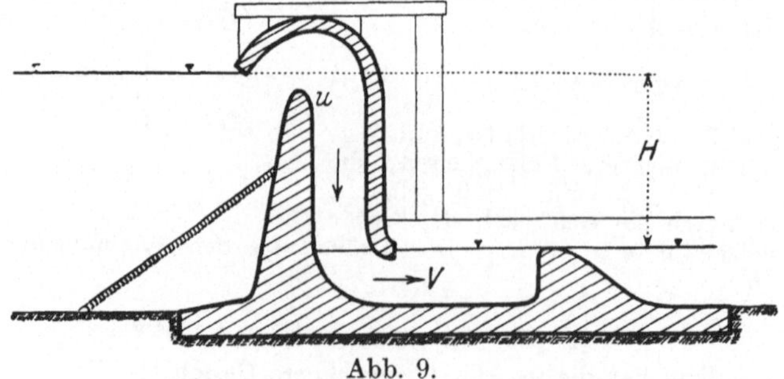

Abb. 9.

des Oberspiegels wird aber bald durch die Saugwirkung des strömenden Wassers der Heber ganz mit Wasser gefüllt — „der Heber springt ein". Für die Größe der Ausflußgeschwindigkeit V kommt nunmehr der ganze Höhenunterschied H zwischen Oberspiegel und Unterspiegel zur Wirkung, wodurch die angestauten Wassermassen bedeutend rascher abfließen werden, als bei einem gewöhnlichen Überfall.

d) Der Höhenunterschied, unter dem sich zwei Flüssigkeiten mit verschiedenen Einheitsgewichten γ_1 und γ_2 $(> \gamma_1)$ einstellen, die sich nicht mischen (Abb. 10), ergibt sich, wenn die Spiegeldrücke gleich sind, durch Gleichsetzung der Drücke am Trennungsspiegel

$$\gamma_1 h_1 = \gamma_2 h_2 , \quad \text{also} \quad \boxed{h_1/h_2 = \gamma_2/\gamma_1} \quad \ldots \ldots \ldots \quad (22)$$

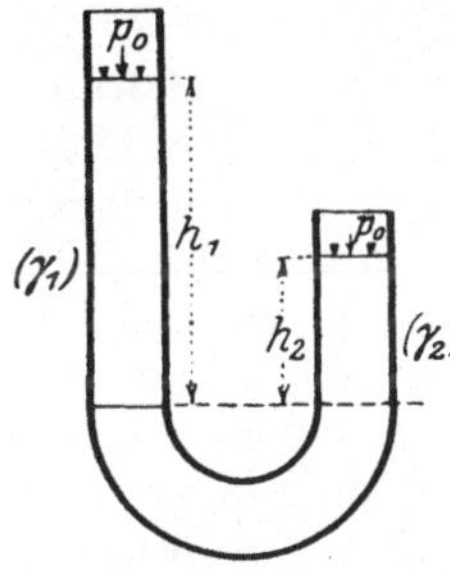

Abb. 10.

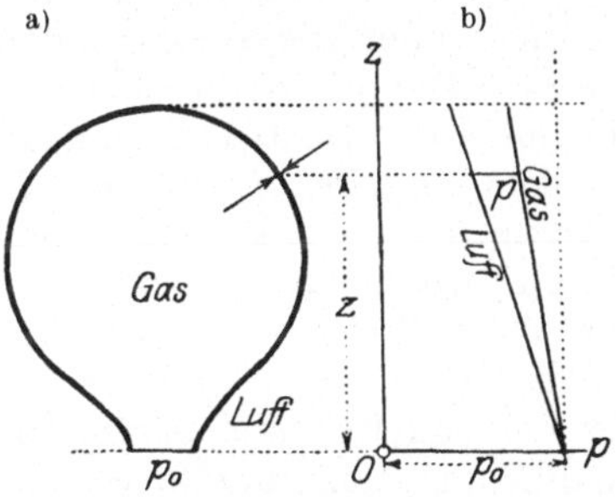

Abb. 11.

Beispiel 5. Druckverteilung an einem Freiballon (Abb. 11). Wenn die Füllöffnung (Appendix) offen ist, so hat dort das Füllgas den gleichen Druck p_0 wie die Luft. Von diesem gemeinsamen Werte p_0 nimmt der Druck sowohl in der außen befindlichen Luft, wie im Füllgase nach oben zu ab, und zwar in der Luft (wegen des größeren Einheitsgewichtes) stärker als im Füllgase. Die Drucklinien für Luft und Gas können (wegen der vorkommenden kleinen Höhenunterschiede) angenähert so bestimmt werden, als ob es sich um Flüssigkeiten handeln würde und sind in Abb. 11b) eingetragen; in jeder Höhe z ist der von innen nach außen wirkende Überdruck durch die Strecke p gegeben, und die Summe dieser Überdrücke nach der Lotrechten gibt den (statischen) Auftrieb des Ballons. Der größte Überdruck herrscht an der höchsten Stelle des Ballons, weshalb dort der wirkungsvollste Platz für die Anbringung des Ballonventils ist, das einen notwendigen Behelf bei Freiballonfahrten darstellt.

Beispiel 6. Druckverteilung in einem schweren Gas. Für ein unter einheitlicher Temperatur stehendes Gas ist in Gl. (8) nach Gl. (6) $\varrho = c\,p$ zu setzen. Nimmt man die z-Achse lotrecht nach oben, so folgt für $X = 0$, $Y = 0$, $Z = -g$:

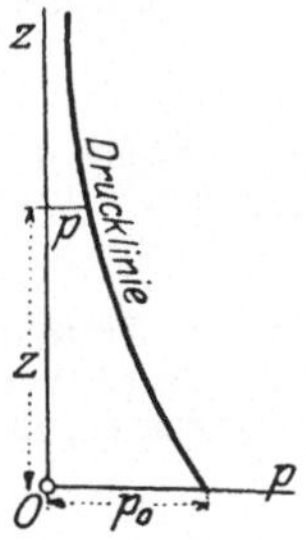

$$dp = -c\,p\,g\,dz, \quad \text{oder} \quad \frac{dp}{p} = -c\,g\,dz.$$

Diese Gleichung gibt integriert:

$$\log p = -c\,g\,z + C.$$

Sei für $z = 0$ etwa der normale Luftdruck $p = p_0$ vorgeschrieben, so folgt:

Abb. 12.

$$p = p_0\,e^{-cgz}. \quad \ldots \ldots \ldots \ldots \ldots \quad (23)$$

Die Abnahme des Druckes in einem schweren Gas, das in seiner ganzen Ausdehnung die gleiche Temperatur besitzt, erfolgt nach einem exponentiellen Gesetz; die Drucklinie ist unter dieser Annahme eine Exponentiallinie (Abb. 12).

Die hier ins Unendliche verlaufende Luftsäule würde also vermöge ihres Eigengewichtes bei $z = 0$ denselben Druck ergeben wie die „homogene Atmosphäre" von 8000 m Höhe in Beispiel 2.

7. Schwere Flüssigkeiten unter dem Einfluß von zeitlich konstanten Beschleunigungen. Der Umstand, daß alle Erscheinungen der gewöhnlichen Mechanik — wie hier z. B. die Verteilung des Druckes oder die Gestalt der Niveauflächen in einer Flüssigkeit — von einer gleichförmigen Bewegung der ganzen Flüssigkeit unabhängig sein müssen (Relativitätsprinzip der Galilei-Newtonschen Mechanik), kommt in der Hydrostatik dadurch zum Ausdruck, daß in den Gleichungen für den Druck in der Flüssigkeit nur die Beschleunigungen, nicht aber die Geschwindigkeiten auftreten.

Die Gl. (7) und (8) bleiben auch unverändert in Geltung, wenn es sich um beschleunigt bewegte Flüssigkeiten handelt, sofern (gemäß dem d'Alembertschen Prinzip) den „eingeprägten" Beschleunigungen (wie z. B. der Schwere) die in umgekehrter Richtung angesetzten Beschleunigungen der Bewegung hinzugefügt werden; soll auf diese Weise ein Gleichgewichtszustand der bewegten Flüssigkeit entstehen, so müssen diese hinzutretenden, von der Trägheit der Flüssigkeitsmasse herrührenden Beschleunigungen 1. von der Zeit unabhängig sein und 2. die Bedingungen (11) erfüllen.

Von dieser Art gibt es einige praktisch vorkommende Fälle, die in den folgenden Beispielen behandelt sind.

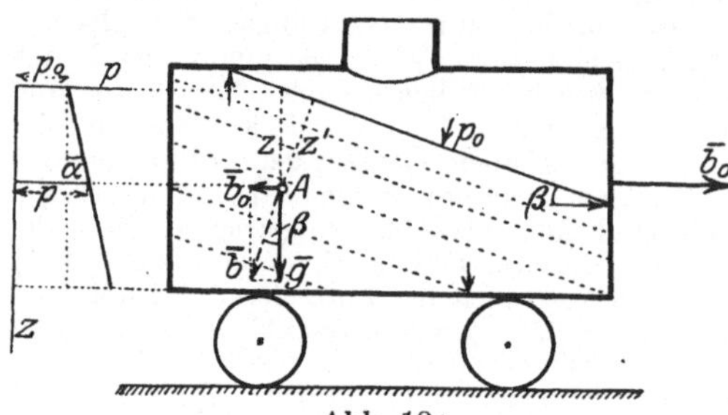

Abb. 13.

Die in der Relativitätstheorie ausgesprochene „Gleichheit der schweren und trägen Masse" findet in der gleichartigen Wirkung der von der Schwere und der von der Trägheit herrührenden Beschleunigungen eine natürliche Bestätigung.

Beispiel 7. In einem Tankwagen, der auf wagrechter Bahn mit der gleichbleibenden Beschleunigung $\bar{b}_0$ anfährt, ist die gesamte Beschleunigung an jeder Stelle A im Innern der Flüssigkeit (Abb. 13) nach Erreichen des Gleichgewichts:

$$\bar{b} = \bar{b}_0 + \bar{g};$$

da die Niveauflächen senkrecht zur Richtung von $\bar{b}$ verlaufen, so bilden sie eine Schar von parallelen Ebenen unter dem konstanten Winkel β mit der Wagrechten, der durch die Gleichung bestimmt ist:

$$\operatorname{tg} \beta = b_0 / g.$$

Der Druck in irgendeinem Punkte A ist (da $b = g/\cos \beta$, $z' = z \cos \beta$) gegeben durch:

$$p = p_0 + \varrho\, b z' = p_0 + \varrho\, \frac{g}{\cos \beta} \cdot z \cos \beta = p_0 + \gamma z, \quad \ldots \ldots (24)$$

ist also lediglich bedingt durch die Tiefe z von A unter dem Spiegel, in lotrechter Richtung gemessen. Die Verteilung der Drücke längs der Lotrechten durch A ist wieder eine unter α ($\operatorname{tg} \alpha = \gamma$) geneigte Drucklinie. An den Stellen, wo irgendeine Niveaufläche die Gefäßwände (Seitenwand, Boden oder Deckel) trifft, ist der Wert des Druckes der gleiche.

Bei der Fahrt mit gleichbleibender Verzögerung (Bremsen) verlaufen die Niveauflächen in der Fahrtrichtung ansteigend. — Der Spiegelverlauf, der bei irgendeiner plötzlichen oder allmählichen Änderung der Beschleunigung (wie z. B. beim Übergange in konstante Geschwindigkeit oder aus dieser in die verzögerte Bewegung) auftritt, wird natürlich durch diese Betrachtungen, die sich nur auf das Gleichgewicht beziehen, nicht geliefert. (Wenn die Beschleunigung nicht lange genug andauert, so wird gegebenenfalls die Gleichgewichtslage des Spiegels gar nicht erreicht.)

Beispiel 8. Flüssigkeit in gleichförmiger Drehbewegung. Auf jedes Teilchen einer sich als Ganzes gleichförmig drehenden Flüssigkeitsmenge ist außer g noch die Fliehbeschleunigung $x\omega^2$, senkrecht zur Achse und nach außen weisend, in Ansatz zu bringen. Mit Bezug auf das Achsensystem Oxy in Abb. 14 ist $Y = 0$, man kann daher die Betrachtung auf die Form der Meridiankurve in der x-z-Ebene beschränken; es ist dann $X = x\omega^2$, $Z = -g$ und die Differentialgleichung der Meridiankurve der Niveauflächen lautet:

$$dp/\varrho = X\,dx + Z\,dz = 0 = x\omega^2\,dx - g\,dz$$

ihr Integral ist, wenn die Integrations-konstante durch die Bedingung: $x = 0$, $z = z_0$ festgelegt wird:

$$x^2 = \frac{2g}{\omega^2}(z - z_0) \quad . \ . \ (25)$$

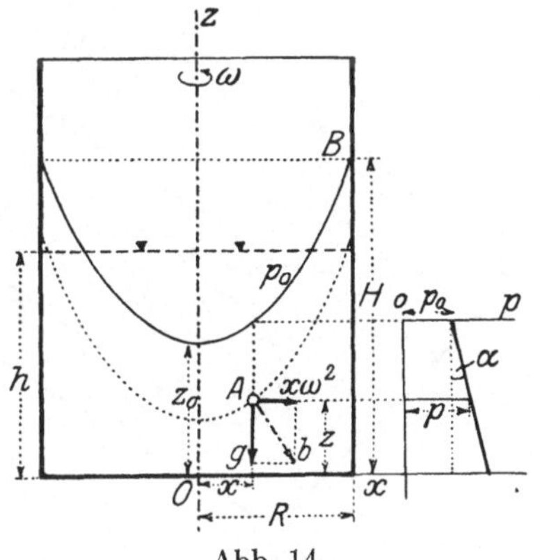

Abb. 14.

Die Meridiankurven sind daher eine Schar kongruenter Parabeln, die den verschiedenen Werten von z_0 entsprechen und durch Verschiebung einer von ihnen parallel zur z-Achse entstehen. Durch Angabe von z_0 ist die einzelne Niveaufläche gekennzeichnet. Wenn insbesondere das Paraboloid z_0 den Spiegel bildet, an welchem etwa der konstante Luftdruck p_0 herrscht, so ist der Druck in irgendeinem Punkte $A(x, z)$ durch die Gleichung gegeben:

$$p = p_0 + \varrho\left[\tfrac{1}{2} x^2\omega^2 - g(z - z_0)\right] \ . \ . \ . \ . \ . \ . \ . \ . \ (26)$$

Die Druckverteilung längs irgendeiner Parallelen zur z-Achse ($x = $ konst.) ist daher auch hier eine unter dem Winkel α geneigte gerade Linie, wobei wieder $\operatorname{tg}\alpha = \varrho g = \gamma$ ist. Man beachte, daß p nach Gl. (26) nach unten linear zu nimmt, und daß dabei z abnimmt.

Wenn im Ruhezustande die Höhe der Flüssigkeit im Gefäße h ist, so findet man eine Beziehung zwischen der Höhe H, bis zu welcher die Flüssigkeit bei der Drehung mit der Winkelgeschwindigkeit ω ansteigt, und z_0 durch die Gl. (25), die für den Punkt $B(x = R, z = H)$ so lautet:

$$H - z_0 = \omega^2 R^2 / 2g\,;$$

hierzu kommt noch die Bedingung, daß der Rauminhalt der Flüssigkeit derselbe geblieben ist:

$$R^2\pi h = R^2\pi z_0 + \frac{1}{2} R^2\pi(H - z_0) \quad \text{oder} \quad H - z_0 = 2(h - z_0) = \frac{\omega^2 R^2}{2g}.$$

Somit ergibt sich:

$$z_0 = h - \frac{\omega^2 R^2}{4g}, \qquad H = h + \frac{\omega^2 R^2}{4g}.$$

Bei diesem Beispiel handelt es sich um einen stationären Bewegungszustand, über dessen Entstehung nichts ausgesagt wird; eine reibungsfreie Flüssigkeit in einem zylindrischen Gefäß kann jedenfalls dadurch nicht in Bewegung kommen, daß das Gefäß (ohne Querwände) um die Zylinderachse in Drehung gesetzt wird.

II. Druck auf ebene und gekrümmte Wände.

8. Ebene Wände. Druckmittelpunkt. Die Kraft auf irgendeinen Teil der Wandfläche, die eine Flüssigkeit begrenzt, wird als die Summe der auf die Elemente dieser Fläche entfallenden Teilkräfte berechnet. Auf die Flächeneinheit in der Tiefe z unter dem Spiegel ist der „Überdruck" über den Druck auf den Flüssigkeitsspiegel (oder auf die Rückseite der Fläche) nach Gl. (17) durch $p = \gamma z$ gegeben, indem statt $p - p_0$ einfach p geschrieben wird; daher ist die Kraft, mit der die Flüssigkeit auf ein Element von der Größe dF (Abb. 15) drückt,

$$dD = p \cdot dF = \gamma z \cdot dF;$$

da alle diese Teilkräfte zueinander parallel und gleichgerichtet sind und $\int z \cdot dF = z_0 F$ ist, wenn F die Größe der gedrückten Fläche und z_0 der Abstand ihres Schwerpunktes vom Spiegel ist, so hat der Gesamtdruck auf die Fläche F die Größe

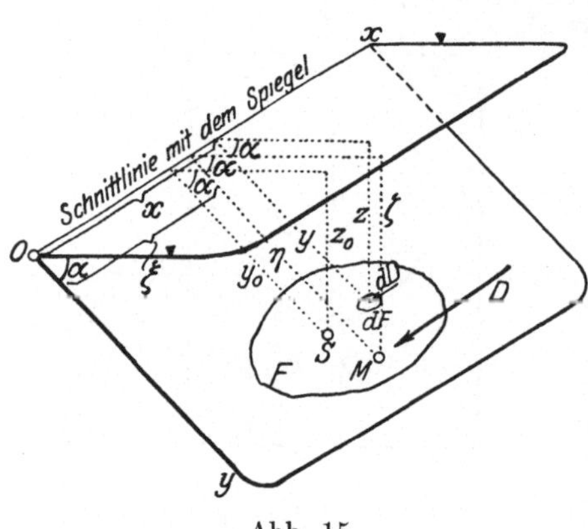

Abb. 15.

$$\boxed{D = \gamma z_0 F} \quad . \quad . \quad (27)$$

Der Gesamtdruck auf eine ebene Fläche F steht auf F senkrecht und ist gleich dem Produkte aus dem Druck im Schwerpunkte γz_0 und der Größe von F.

Den Schnittpunkt M der Wirkungslinie von D mit der Fläche oder den Angriffspunkt des Druckes nennt man den Druckmittelpunkt. Seine Koordinaten ξ, η in bezug auf die Achsen O, x, y, wobei Ox mit der Schnittlinie der Ebene durch F mit dem Spiegel zusammenfällt, ergibt sich durch Verwendung des Momentensatzes: Für jede Achse des Raumes ist das Moment der Summe der Teilkräfte gleich der Summe der Momente. Man erhält für die Summe der

Momente um die y-Achse:
$$D\xi = \int x \cdot dD \quad \text{oder} \quad \gamma z_0 F \xi = \gamma \int xz \cdot dF,$$
und der Momente um die x-Achse:
$$D\eta = \int y \cdot dD \quad \text{oder} \quad \gamma z_0 F \eta = \gamma \int yz \cdot dF. \qquad (28)$$

In diesen Gleichungen führen wir statt z_0 und z die Größen y_0 und y ein durch $z_0 = y_0 \sin \alpha$, $z = y \sin \alpha$, wenn α den Neigungswinkel von F

gegen den Spiegel bedeutet. Weiter führen wir die Bezeichnung ein: $\int xy\,dF = D_{xy}$, d. i. das (geometrische) Deviationsmoment von F in bezug auf das Achsenpaar Oxy, und $\int y^2\,dF = Fk_x^2 = F(y_0^2 + k_0^2)$ das (geometrische) Trägheitsmoment von F in bezug auf die x-Achse, wobei mit k_x bzw. k_0 die Trägheitshalbmesser von F in bezug auf die x-Achse, bzw. auf eine hiezu parallele Achse durch S, bezeichnet werden. Damit ergeben sich die Gleichungen:

$$\boxed{\;\xi = \frac{D_{xy}}{Fz_0}, \qquad \eta = \frac{k_x^2}{y_0} = y_0 + \frac{k_0^2}{y_0}\;} \quad \ldots \ldots \ (29)$$

Der Druckmittelpunkt M liegt daher stets tiefer als S; aber die lotrechte Entfernung von S und M ist um so geringer, je größer y_0, d. h. je tiefer die Fläche F unter dem Spiegel liegt.

Für Flächen, die eine in einer lotrechten Ebene liegende Symmetrieachse haben, ist, wenn man die y-Achse mit dieser Symmetrieachse zusammenfallen läßt: $D_{xy} = 0$; dann ist auch $\xi = 0$, d. h. für symmetrische Flächen in der angegebenen Lage fällt der Druckmittelpunkt in die Symmetrale und seine Lage ist durch die zweite der Gln. (29) allein bestimmt.

Aus diesen Gleichungen ersieht man, daß die Lage von M in der Ebene von F unabhängig von α ist; dreht man also die Fläche um die Schnittlinie Ox mit dem Spiegel, so behält M seine Lage bei. Wir können uns daher in einigen der folgenden Beispiele darauf beschränken, die betrachteten Flächen lotrecht anzunehmen. Für symmetrische Flächen stimmt M-übrigens mit dem „Schwingungsmittelpunkt" (s. Technische Mechanik S. 209) überein.

Den Druck auf lotrechte Wände bezeichnet man auch als Seitendruck, den auf wagrechte als Bodendruck.

Ferner bezeichnet man (wie auch bei gekrümmten Wänden in 10) die wagrechte Komponente von D als Horizontaldruck H, die lotrechte als Vertikaldruck V (Abb. 16). Es ist nun gerade eine Eigenschaft des Druckmittelpunktes M ebener Flächen, daß durch ihn auch die Wirkungslinien von H und V selbst gehen, d. h. die Zerlegung von D, die die Kräfte H und V auch der Lage nach liefern soll, ist gerade an M selbst durchzuführen. Dieser Sachverhalt (man vgl. hierzu das in 9 Gesagte) kann auch so ausgedrückt werden: H ist der Druck auf die Projektion F'' von F auf eine lotrechte Ebene und V ist das Gewicht des lotrecht über F

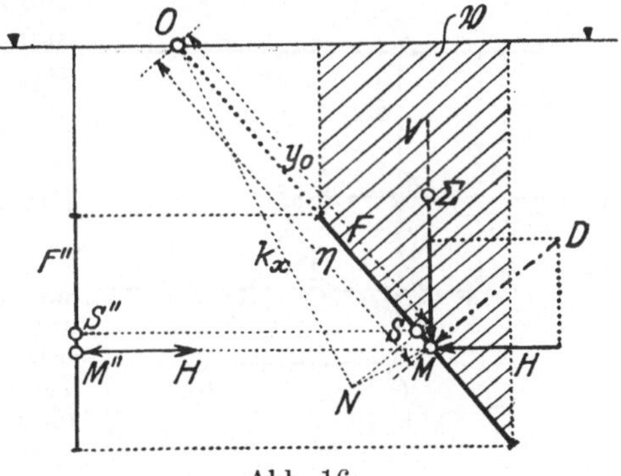

Abb. 16.

bis zum Spiegel reichenden Flüssigkeitskörpers vom Rauminhalte $\mathfrak{V}$

$$\boxed{V = \gamma\,\mathfrak{V}} \quad \cdots \cdots \cdots \cdots \quad (30)$$

Diese Regel gilt auch für die in Abb. 17 a) bis f) dargestellten Fälle; insbesondere geht die Wirkungslinie von V durch den Schwer-

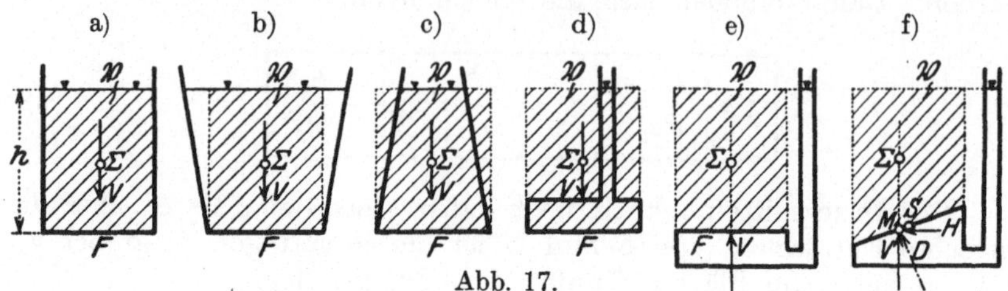

Abb. 17.

punkt Σ des über F bis zum Spiegel reichenden Flüssigkeitskörpers $\mathfrak{V}$, und zwar gleichgültig, ob dieses $\mathfrak{V}$ tatsächlich als Flüssigkeit vorhanden ist oder nicht (hydrostatisches Paradoxon).

Die Lage von H ist (Abb. 16) durch den Druckmittelpunkt M'' von F'' gegeben und M'' ist nichts anderes als die Projektion von M auf die lotrechte Ebene; andererseits ist der Angriffspunkt von V der Schwerpunkt Σ von $\mathfrak{V}$.

In Abb. 16 ist auch die zeichnerische Ermittlung von M bei gegebenem y_0 und k_x angegeben: man errichte in S ein Lot $S\,N$ auf F und mache $\overline{O\,N} = k_x$, $N\,M \perp O\,N$, dann ist: $k_x{}^2 = y_0 \cdot \overline{O\,M}$, also $\overline{O\,M} = \eta$ und M ist der gesuchte Druckmittelpunkt.

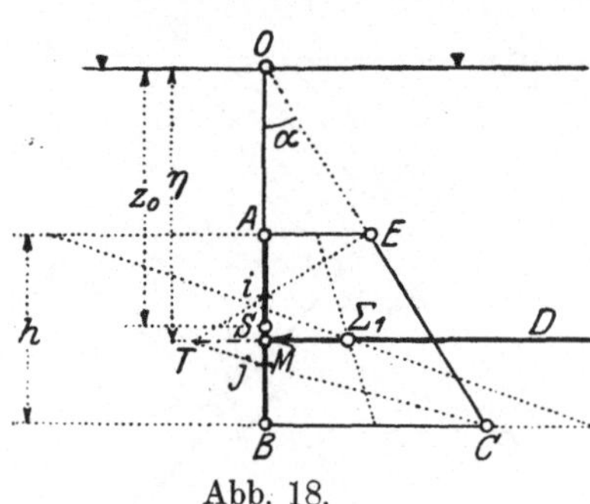

Abb. 18.

9. Beispiele. Beispiel 9. Für ein Rechteck von der Breite b und der Höhe h in einer lotrechten Ebene (Abb. 18), dessen Schwerpunkt in der Tiefe z_0 unter dem Spiegel liegt, geben die Gln. (27) und (29), da $k_0{}^2 = h^2/12$ und $z_0 = y_0$:

$$\boxed{D = \gamma\,z_0\,b\,h} \quad \text{und} \quad \boxed{\eta = y_0 + \frac{h^2}{12\,y_0}} \quad \cdots \cdots \quad (31)$$

Für das Rechteck kann M unmittelbar auf folgende Art gefunden werden: Trägt man in jeder Tiefe z den dort herrschenden Druck in wagrechter Richtung auf, so erhält man als „Belastungsfläche" das Trapez $ABCE$, dessen Seite EC gegen AB unter α geneigt ist, wobei tg $\alpha = \gamma$. Für das Rechteck ist die Größe der Trapezfläche $ABCE$ unmittelbar ein Maß für den Gesamtdruck D, und dessen Lage ist durch den Schwerpunkt Σ_1 dieser Belastungsfläche gegeben. Für die Ermittlung dieses Schwerpunktes ist die Größe von α ganz willkürlich. Die Ermittlung von Σ_1 geschieht durch irgendeine der bekannten Schwerpunktskonstruktionen des Trapezes (s. Techn. Mechanik S. 74 u. 75). Als sehr bequem erweist sich auch die folgende: Man teile AB in drei gleiche Teile und verbinde die Teilpunkte i, j mit E und C in der in der Abb. 18 angegebenen Weise; der Schnitt T dieser Verbindung ist sodann ein Punkt von D. — Wenn das Rechteck bis zum Spiegel reicht, so liegt M im tieferen Drittelpunkt der Höhe.

Die hier gegebene Konstruktion von M ist ohne Änderung auch für Rechtecke in beliebig geneigten Ebenen anwendbar.

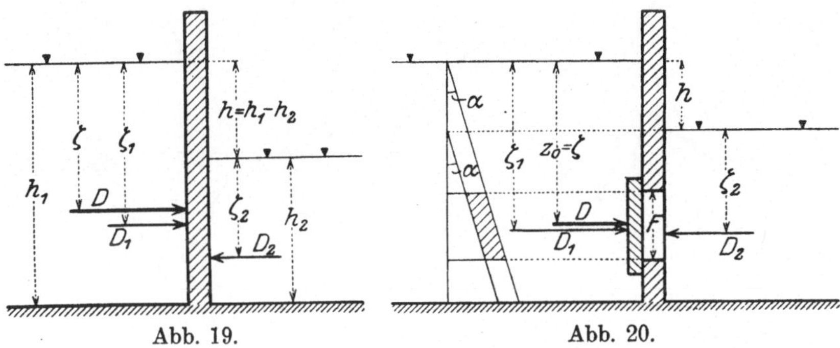

Abb. 19. Abb. 20.

Beispiel 10: Der Druck D auf die Trennungswand (Länge l) zweier Flüssigkeiten, Abb. 19, ist die Summe der von den Flüssigkeiten links und rechts hervorgerufenen Kräfte. Es ist

$$D_1 = \tfrac{1}{2}\,\gamma\, l\, h_1{}^2, \qquad D_2 = \tfrac{1}{2}\,\gamma\, l\, h_2{}^2, \qquad D = D_1 - D_2 = \tfrac{1}{2}\,\gamma\, l\,(h_1{}^2 - h_2{}^2)\,.$$

Ferner ist $\zeta_1 = \tfrac{2}{3}\,h_1$, $\zeta_2 = \tfrac{2}{3}\,h_2$ und der Momentensatz für einen im oberen Spiegel liegenden Punkt gibt:

$$D\,\zeta = D_1\,\zeta_1 - D_2\,(h + \zeta_2)\,. \quad \text{und daraus} \quad \zeta = \frac{2}{3}\,h_1 - \frac{h_2{}^2}{3\,(h_1 + h_2)}\,.$$

Beispiel 11. Der Druck D auf ein Stück der Wand, das beiderseits von Flüssigkeit benetzt ist, wie etwa auf die in Abb. 20 dargestellte Schütze von der Größe F, ergibt sich in der Form:

$$D_1 = \gamma\, F\, z_0\,, \qquad D_2 = \gamma\, F\,(z_0 - h)\,, \qquad D = D_1 - D_2 = \gamma\, F\, h\,,$$

ist also nur abhängig vom Höhenunterschied der beiden Flüssigkeitsspiegel. Der Momentensatz liefert hier die Gleichung:

$$D\,\zeta = D_1\,\zeta_1 - D_2\,(h + \zeta_2)$$

und da

$$\zeta_1 = z_0 + k_0{}^2/z_0\,, \qquad \zeta_2 = z_0 - h + k_0{}^2/(z_0 - h)\,,$$

so folgt durch Einsetzen

$$\zeta = z_0\,.$$

Die Belastungsfläche für F hat (bei gleichen Einheitsgewichten der Flüssigkeiten zu beiden Seiten der Schütze) die Form eines Parallelogramms, daher geht die Summe der Belastungen durch den Schwerpunkt S der Fläche F.

Beispiel 12. Schleusentor. Um den Druck auf die Lager A und B eines Schleusentors nach Abb. 21 zu bestimmen, werden zunächst die gesamten Wasserdrücke auf jeden Spiegel als Differenz der Wasserdrücke zu beiden Seiten der Flügel ermittelt; diese Drücke D_1 und D_2 bilden die Belastung des (im geschlossenen Zustande) als Dreigelenk wirkenden Schleusentors, für das die Gelenkdrücke A, B, C nach den bekannten Methoden (s. Techn. Mechanik, S. 47, 48) gefunden werden können. Wenn die Anordnung wie in Abb. 21 a) symmetrisch ist, so kann der Gelenkdruck C nur die Richtung $\overline{AB}$ haben, hiernach sind die

Drücke A und B mittels eines Kraftplanes Abb. 21b), unmittelbar anzugeben. Die senkrecht auf die Kanalwände ausgeübten Kräfte sind die Teilkräfte K, K von A und B. Wenn die Lagerung bei A und B in je zwei Zapfen erfolgt, so ergeben sich die wagrechten Teilkräfte auf diese beiden Zapfen nach Festlegung der Tiefenlage von D_1 und D_2, also der betreffenden Druckmittelpunkte.

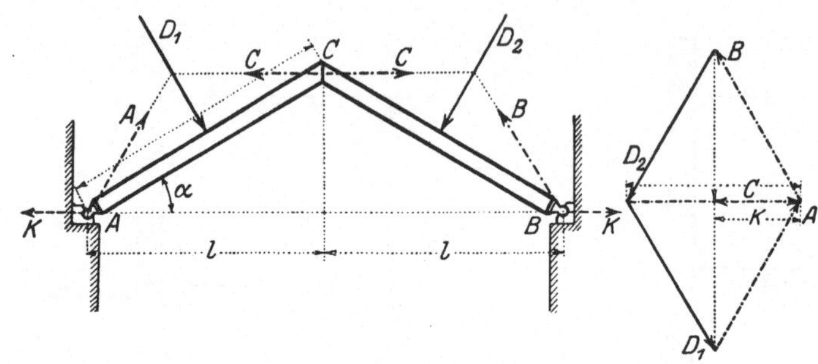

Abb. 21.

Beispiel 13. Soll die Unterteilung einer Schleuse durch Spannriegel so erfolgen, daß auf jeden Spannriegel der gleiche Wasserdruck entfällt, so daß für alle mithin dasselbe Trägerprofil genommen werden kann, so ist zur Ermittlung der Lagen dieser Spannriegel das in Abb. 22 angegebene Verfahren einzuschlagen. Für den Teil der Schleuse zwischen Ober- und Unterspiegel ist der gesamte Flüssigkeitsdruck auf einen (bis zum Oberspiegel reichenden) Streifen von der Höhe z, wenn l die Länge der Schleuse ist, nach Gl. (27):

$$D = \gamma\, F \cdot z_0 = \gamma\, l\, z \cdot z/2 = \tfrac{1}{2}\,\gamma\, l\, z^2 .$$

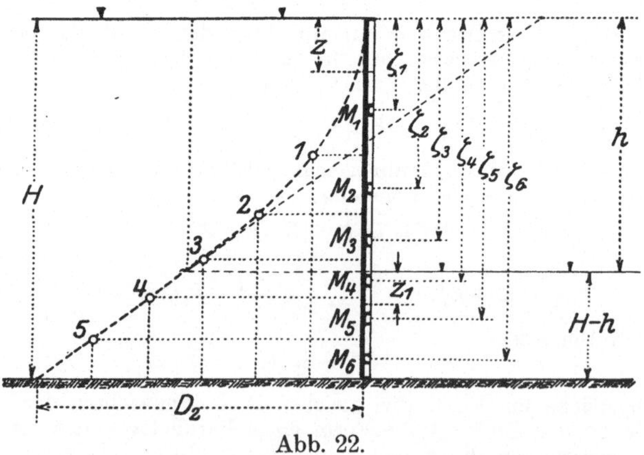

Abb. 22.

Zwischen Ober- und Unterspiegel ist also der Gesamtdruck in jeder Tiefe durch eine Parabel gegeben. Für die bis zum Unterwasserspiegel reichende Fläche ist der Gesamtdruck $D_{(z=h)} = \tfrac{1}{2}\,\gamma\, l\, h^2 = D_0$. Vom Unterspiegel abwärts ist der Einheitsdruck an jeder Stelle $\gamma \cdot h$, daher der Gesamtdruck D_1 auf eine Fläche von der Tiefe z_1, vom Unterspiegel gerechnet:

$$D_1 = \gamma\, l\, z_1 \cdot h .$$

Der Gesamtdruck auf das Flächenstück $(h + z_1)\, l$ ist daher durch $D_0 + D_1$ gegeben; diese Linie berührt die zuerst erhaltene Parabel im Punkte $z = h$, denn es ist

$$\left(\frac{dD}{dz}\right)_{z=h} = \gamma\, l\, h = \frac{dD_1}{dz_1}.$$

Soll daher die Schleuse in gleichbelastete n Felder geteilt werden, so teile man den an der Sohle erhaltenen Gesamtdruck D_2 in n gleiche Teile (in Abb. 22 sind 6 Teile angenommen) und lote die Teilungspunkte an die Drucklinie hinauf; die Höhenunterschiede zwischen den Schnittpunkten 1, 2, ... geben die gesuchten Teilflächen, in deren Druckmittelpunkten M_1, M_2, ... die Spannriegel einzusetzen sind. Für die Felder die zur Gänze unter dem Unterrpiegel liegen, fällt der Druckmittelpunkt nach Beispiel 11 in den Mittelpunkt.

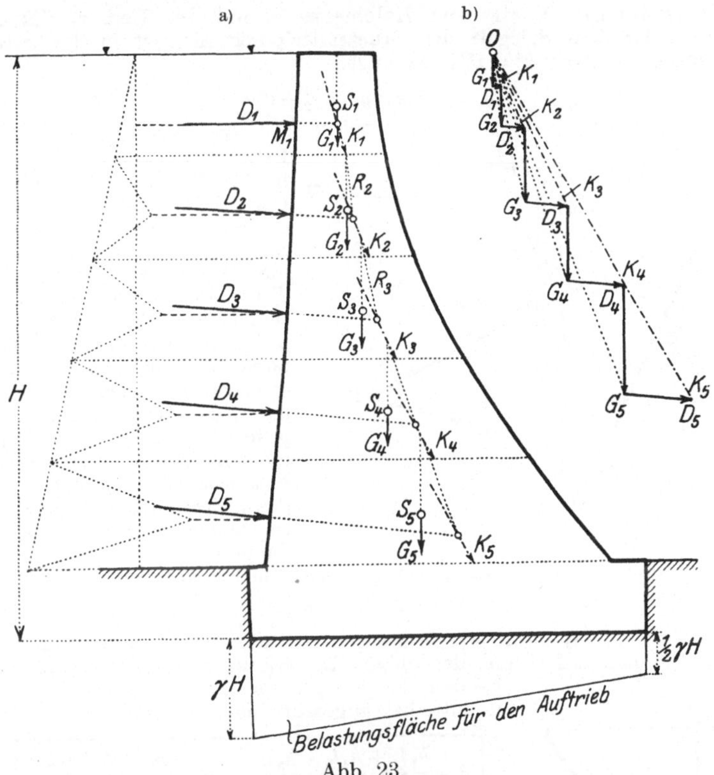

Abb. 23.

Beispiel 14. Staumauer. Die in Beispiel 9 für den Druckmittelpunkt eines Rechteckes angegebene Konstruktion kommt bei der Ermittlung der äußeren Kräfte oder der Belastungen auf eine Staumauer zur Anwendung, die eine Vorarbeit für die Ermittlung der Abmessungen der Staumauer ist. Wenn die Staumauer auf der Wasserseite schwach gekrümmt ist (Abb. 23), so kann die ganze benetzte Fläche in schmale rechteckige Streifen zerlegt und der Wasserdruck auf jeden Streifen so bestimmt werden, wie es in Beispiel 9 gezeigt wurde. Die Bestimmung der einzelnen Druckmittelpunkte M_1, M_2, usw. erfolgt am einfachsten durch Ausführung der dort angegebenen Konstruktion an den Projektionen der einzelnen Streifen auf eine lotrechte Ebene. Zu den Wasserdrücken D_1, D_2, usw. auf die einzelnen Streifen treten sodann die Eigengewichte G_1, G_2, G_3 ... der entsprechenden Mauerkörper. Man erhält $\bar G_1 + \bar D_1 = \bar K_1$, $\bar K_1 + \bar G_2 = \bar R_2$, $\bar R_2 + \bar D_2 = \bar K_2$, usw. in der aus dem Kraftplan (Abb. 22b) ersichtlichen Weise. Der aus $\bar K_1$, $\bar R_2$, $\bar K_2$, $\bar R_3$.

usw. bestehende Streckenzug gibt die Wirkungslinien der vorher genannten Teilsummen $\overline{G}_1 + \overline{D}_1\ \overline{K}_1 + \overline{G}_2$ usw. an und kann auch als Seileck für den Punkt 0 als Pol erhalten werden (Mittelkraftlinie).

Wegen der Durchlässigkeit des Erdbodens werden an der wagrechten Sohle der Mauer lotrecht nach oben gerichtete „Auftriebskräfte" auftreten, die für die Bausicherheit der Mauer von wesentlicher Bedeutung sind. Ihre Verteilung längs der Mauersohle wird meist geradlinig, die Form der „Belastungsfläche für den Auftrieb" also trapezförmig angenommen, und zwar von einem Werte $p = \gamma H$ an der inneren, bis etwa zum Werte $^1/_2\,\gamma H$ an der äußeren Kante der Sohle. Die Form dieser Belastungsfläche und insbesondere der Wert des Druckes an der äußeren Sohlenkante hängt in erster Linie von der geologischen Beschaffenheit des Baugrundes ab.

Beispiel 15. Kreis vom Halbmesser r und der Tiefe z_0 des Mittelpunktes unter dem Spiegel; der Druckmittelpunkt M liegt in der lotrechten Symmetralen, und da $k_0^2 = r^2/4$, so folgt

$$\eta = y_0 + k_0{}^2/y_0 = y_0 + r^2/4\,y_0 \qquad \dots \dots \dots \quad (32)$$

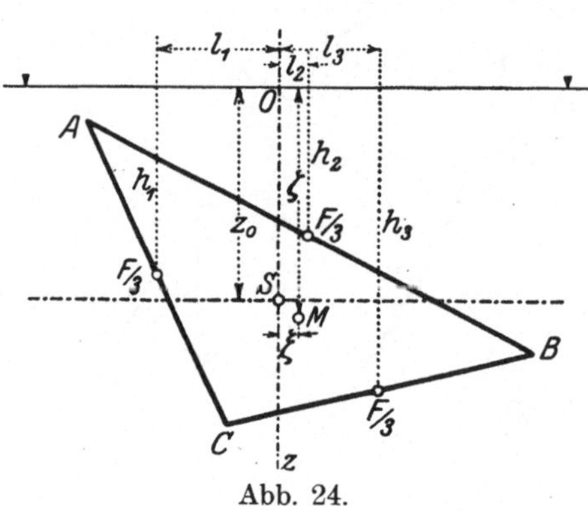

Abb. 24.

Beispiel 16. Dreieck. a) Der Druckmittelpunkt M eines beliebig in der Flüssigkeit liegenden Dreiecks ABC (Abb. 24) ergibt sich am einfachsten durch Verwertung der folgenden Bemerkung: Setzt man drei Punkte von der „Masse" $F/3$ in die Mitten der 3 Dreieckseiten, so haben diese 3 Punkte nicht nur den gleichen Schwerpunkt S wie das gegebene Dreieck, sondern sie ergeben auch in bezug auf jede Achse der Ebene das gleiche (geometrische) Trägheitsmoment und in bezug auf jedes Paar von rechtwinkeligen Achsen das gleiche (geometrische) Deviationsmoment wie das gegebene Dreieck.

Sind daher h_1, h_2, h_3 die Tiefen der Seitenmitten unter dem Spiegel, so ist

$$z_0 = (h_1 + h_2 + h_3)/3;$$

wenn ferner l_1, l_2, l_3 die Abstände der Seitenmitten von der Lotrechten durch S sind, so können auf Grund der obigen Bemerkung und der Gln. (29) die folgenden Gleichungen für die Koordinaten ξ, ζ von M unmittelbar angeschrieben werden:

$$\boxed{\ \xi = \frac{h_1\,l_1 + h_2\,l_2 + h_3\,l_3}{h_1 + h_2 + h_3}, \qquad \zeta = \frac{h_1{}^2 + h_2{}^2 + h_3{}^2}{h_1 + h_2 + h_3}\ }\ . \quad (33)$$

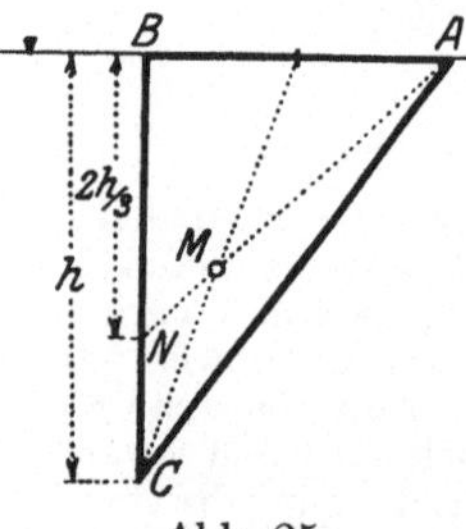

Abb. 25.

Die zeicherische Ermittlung von ξ und ζ kann auch nach den aus der Lehre von den Trägheitsmomenten bekannten Methoden erfolgen.

b) Wenn das gegebene Dreieck wie in Abb. 25 eine wagrechte, im Spiegel liegende Grundlinie, und eine lotrechte Seite hat, so kann der Druckmittelpunkt M auch direkt angegeben werden. Die Schwerlinie nach der Mitte der Grundlinie AB liefert offenbar einen geometrischen Ort für diesen und die Verbindungslinie AN, wobei der Punkt N durch $\overline{BN} = 2\,h/3$ bestimmt ist, einen zweiten, wie sich durch Zerlegung des Dreiecks in lotrechte Teilflächen ergibt. Der Schnitt dieser beiden Linien ist der gesuchte Druckmittelpunkt des Dreiecks, M.

c) Diese Betrachtung ermöglicht auch die direkte Auffindung des Druckmittelpunktes für die in Abb. 26 gegebene Lage des Dreiecks. Der Druckmittelpunkt des Rechtecks $ABCD$ ist M_1, der des oberen Dreiecks ABC, M_2, wird, wie eben erklärt, gefunden. Für den Druckmittelpunkt des unteren Dreiecks ABC ist die Verbindungslinie von B mit der Mitte der Gegenseite ein geometrischer Ort, der durch die Linie $M_2 M_1$ im gesuchten Druckmittelpunkte M geschnitten wird.

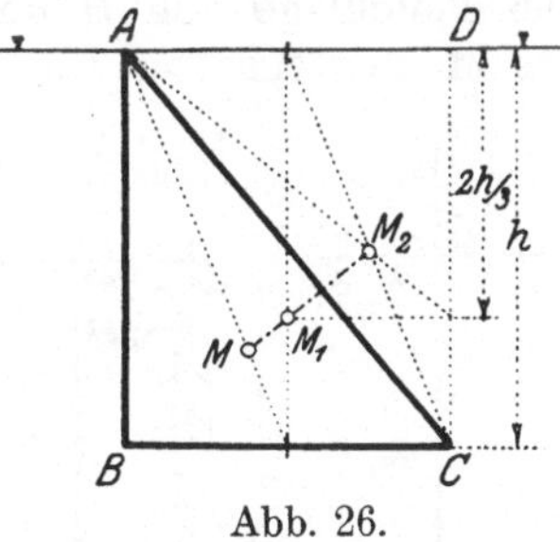

Abb. 26.

Wenn es sich darum handelt, den Druck auf ebene Flächen von verwickelterer Form zu bestimmen, so werden diese Flächen in solche Teilflächen (schmale Rechtecke, Dreiecke usw.) zerlegt, deren Teildrücke nach Größe und Lage leicht bestimmbar sind; die Zusammensetzung dieser Teildrücke nach den aus der Statik bekannten Methoden liefert den Gesamtdruck auf die gegebene Fläche der Größe und Lage nach.

10. Gekrümmte Wände. In ähnlicher Weise wie bei ebenen Flächen wird unter dem „Flüssigkeitsdruck auf ein gekrümmtes Flächenstück" die Summe der Teildrücke auf deren einzelne Flächenelemente verstanden. Diese Summe führt bei ebenen Flächen auf eine Einzelkraft, bei gekrümmten jedoch im allgemeinen auf eine Dyname, die als Druckdyname bezeichnet wird; man erkennt dies schon durch Betrachtung der Drücke auf zwei unsymmetrische, ebene und zueinander irgendwie geneigte Flächenstücke. Diese Dyname kann nach den Methoden der Statik (s. Techn. Mechanik, Erster Teil, IV) allgemein durch „Reduktion" der Teildrücke auf die einzelnen Flächenelemente nach irgendeinem Punkt O des Raumes erhalten werden. In besonderen Fällen reduziert sich diese Dyname auf eine Einzelkraft; z. B. dann, wenn das Flächenstück ein Zylinder mit wagrechter Achse ist, wenn es sich also um ein ebenes Problem handelt (s. Beispiel 17), oder auch für ein beliebiges Stück einer Kugelfläche.

Für die Bestimmung des Druckes macht es grundsätzlich keinen Unterschied, ob das Flächenstück offen, also mit einem Rand behaftet und als Stück einer Wand anzusehen oder geschlossen ist, und dann die Begrenzung eines in die Flüssigkeit eingetauchten Körpers bildet. Im ersteren Falle kann auch eine in der Spiegelfläche liegende, geschlossene Kurve den Rand des Flächenstückes bilden.

Die Festlegung dieser Druckdyname geschieht am einfachsten durch Angabe von Größe und Lage der Teildrücke nach den drei Achsen eines Cartesischen Koordinatensystems, dessen z-Achse lotrecht gerichtet ist, und der Momente um diese Achsen. Die Summe der Teildrücke nach der x- und y-Richtung bezeichnet man als Horizontaldrücke nach diesen Richtungen, die nach der z-Richtung als Vertikaldruck. Für den Sonderfall des ebenen Problems ist naturgemäß die Angabe eines Horizontaldruckes und des Vertikaldruckes ausreichend.

a) Für den Horizontaldruck in der x-Richtung auf ein Flächenelement dF ergibt sich nach den Bezeichnungen der Abb. 27 und mit $dF \cos \varphi = dF''$:

$$dH = dD \cdot \cos \varphi = \gamma z \cdot dF \cdot \cos \varphi = \gamma z \cdot dF'',$$

wenn mit dF'' die Projektion des Flächenelementes auf eine lotrechte Ebene senkrecht zu Ox bezeichnet wird; somit ist:

$$H = \gamma z_0 F'' \qquad\qquad (34)$$

Die Tiefenlage von H unter dem Spiegel ergibt sich durch Benützung des Momentensatzes für irgendeinen im Spiegel gelegenen Punkt O als Pol in der Form:

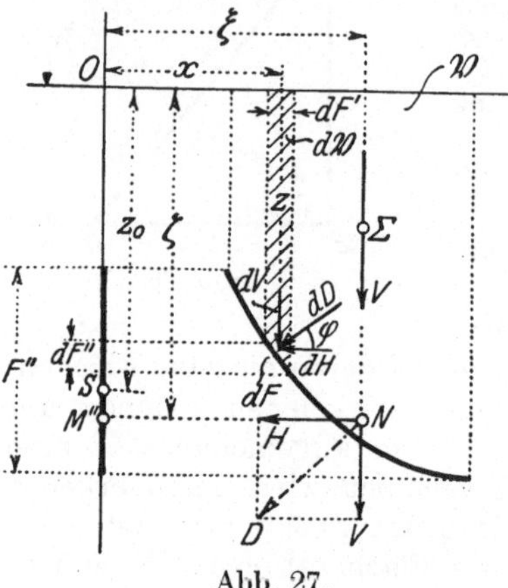

Abb. 27.

$$\zeta = z_0 + \frac{k^2}{z_0}, \qquad (35)$$

wobei k_x den Trägheitshalbmesser von F'' in Bezug auf die Schnittlinie mit dem Spiegel bedeutet.

Der Horizontaldruck H in der x-Richtung auf das gegebene krumme Flächenstück F stimmt daher überein mit dem Seitendruck auf die Projektion F'' von F auf eine zu x senkrechte Ebene.

Für geschlossene Flächen und für solche, die durch eine im Spiegel liegende geschlossene Randlinie begrenzt sind, ist daher stets $H = O$.

b) Der Vertikaldruck auf das Flächenelement dF ist gegeben durch

$$dV = dD \cdot \sin \alpha = \gamma z \cdot dF \cdot \sin \alpha = \gamma z \cdot dF' = \gamma \cdot d\mathfrak{B},$$

wenn mit $dF' = dF \cdot \sin \alpha$ die wagrechte Projektion von dF und mit $d\mathfrak{B} = z \cdot dF'$ der lotrecht über dF bis zum Spiegel reichende Raum bezeichnet wird, der (bis auf unendlich kleine Größen zweiter Ordnung) durch den Zylinderinhalt $z \cdot dF'$ bestimmt ist. Der Vertikaldruck V auf F hat daher die Größe

$$V = \gamma \mathfrak{B}, \qquad\qquad (36)$$

wenn mit $\mathfrak{B}$ der ganze über F bis zum Spiegel reichende Rauminhalt bezeichnet wird. Der Angriffspunkt Σ von V ergibt sich wieder mit Hilfe des Momentensatzes für den beliebigen Punkt O:

$$V \cdot \xi = \int x \cdot dV,$$

oder (da $V = \gamma \mathfrak{B}$, $dV = \gamma \cdot d\mathfrak{B}$):

$$\mathfrak{B} \cdot \xi = \int x \cdot d\mathfrak{B}.$$

Der Vertikaldruck ist daher durch das Gewicht $\gamma \mathfrak{B}$ des über F bis zum Spiegel reichenden Flüssigkeitskörpers $\mathfrak{B}$ und sein Angriffspunkt ist durch den Schwerpunkt Σ von $\mathfrak{B}$ gegeben.

Dies gilt auch, wenn die Fläche F wie in Abb. 28 die Grenze eines durch eine Flüssigkeit in einem „Standrohr" belasteten Flüssigkeitskörpers bildet; dann wirkt V nach oben, greift aber auch im Schwerpunkte Σ des Körpers $\mathfrak{B}$ an, der hier freilich als Flüssigkeitskörper tatsächlich nicht vorhanden ist. (Der Schnitt von V und H liegt bei einer gekrümmten Fläche nicht auf dieser.)

Wendet man dieses Ergebnis auf die Begrenzung eines in eine Flüssigkeit hineinragenden Körpers an, der entweder vollständig von Flüssigkeit umgeben ist, oder bis zu einer Wand reicht, oder auch über den Spiegel hinausragt, so ergibt sich unmittelbar, daß der **Vertikaldruck** der Flüssigkeit auf einen solchen Körper **stets nach aufwärts gerichtet und gleich dem Gewichte einer Flüssigkeitsmenge** ist, deren Rauminhalt dem Rauminhalte des eingetauchten Körpers gleich ist.

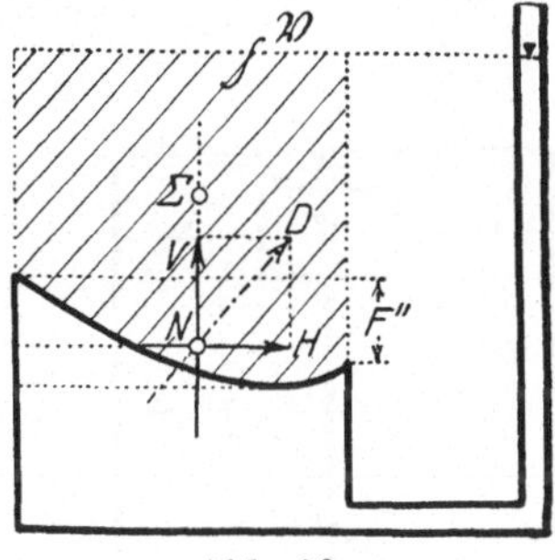

Abb. 28.

Dieses Ergebnis wird als das **Archimedische Prinzip** bezeichnet und kann auch so ausgesprochen werden: **jeder in eine Flüssigkeit eingetauchte Körper erfährt durch die Flüssigkeitsdrücke einen (statischen) „Auftrieb"**, der der Größe und Lage nach durch das Gewicht und durch den Schwerpunkt der „verdrängten Flüssigkeitsmenge" gegeben ist; $\mathfrak{B}$ nennt man kurz die „Verdrängung" (Deplacement).

Über die Anwendung dieses Satzes auf schwimmende Körper s. 11.

Beispiel 17. Der wagrechte **Halbzylinder** von der Länge l, der nach Abb. 29 ein Stück der Wand bildet, erfährt durch die Flüssigkeit den Horizontaldruck

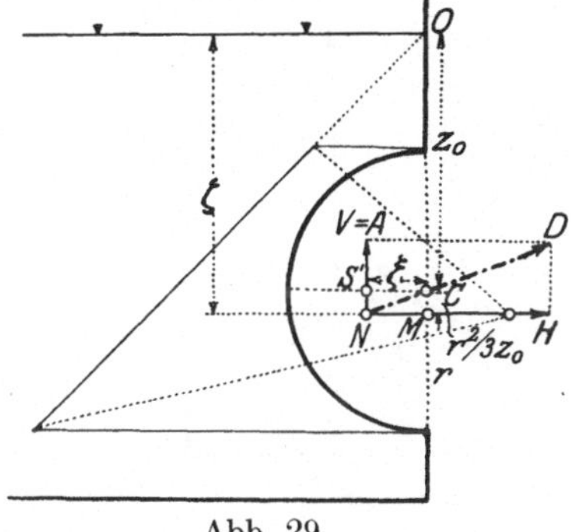

Abb. 29.

$$H = \gamma \cdot 2\,r\,l \cdot z_0 \quad \text{in der Tiefe} \quad \zeta = z_0 + \frac{(2\,r)^2}{12\,z_0} = z_0 + \frac{r^2}{3\,z_0}$$

und den Vertikaldruck V (Auftrieb) durch den Punkt S:

$$V = \gamma \cdot \frac{r^2\,\pi}{2} \cdot l, \quad \text{wobei} \quad \xi = \frac{4\,r}{3\,\pi}.$$

Die Teildrücke auf die einzelnen Flächenelemente laufen alle durch den Mittelpunkt C des Basiskreises hindurch, daher ist auch die Summe eine Einzelkraft D durch C. In der Tat gibt der Momentsatz für C identisch:

$$H \cdot (\zeta - z_0) = V \cdot \xi, \quad \text{oder} \quad H \cdot \frac{r^2}{3\,z_0} = V \cdot \frac{4\,r}{3\,\pi}.$$

Beispiel 18. Ein **Schwimmer** diene zum selbständigen Öffnen oder Schließen einer Klappe oder eines Ventils, sobald der Spiegel über eine gewisse Höhe ansteigt. In Abb. 30 möge G das Gewicht des Schwimmers, einschließlich des Stäbchens l und der Bodenklappe sein, F die Basisfläche des zylindrisch gedachten Schwimmers und f die Fläche der an ihren Rändern dicht anliegenden Bodenklappe sein. Die Höhe z, bei der das Öffnen der Klappe gerade eintritt, ist durch die Gleichung gegeben:

$$\text{Gewicht } G + \text{Bodendruck auf } f = \text{Auftrieb,}$$

oder

$$G + \gamma f z = \gamma F (z - l), \quad \text{und daraus} \quad z = \frac{G + \gamma \cdot F\, l}{\gamma\,(F - f)}.$$

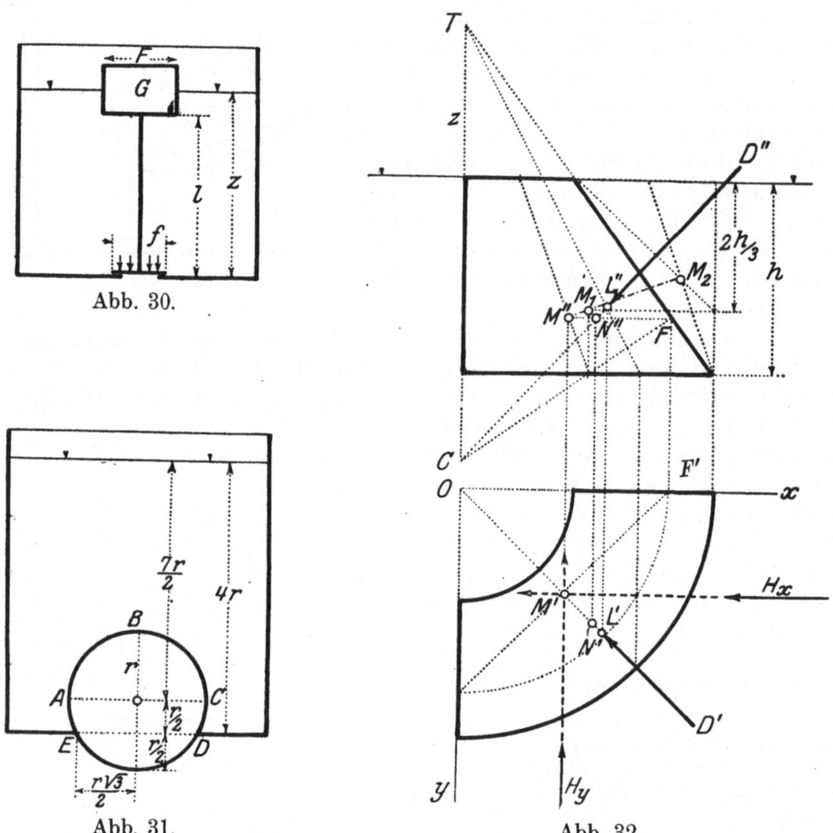

Abb. 30.

Abb. 31.

Abb. 32.

Dabei ist der Auftrieb des Stäbchens l als verschwindend klein vernachlässigt worden.

Die technisch wichtigste Anwendung solcher Schwimmer findet man bei den „Vergasern" der Benzinmotore; sie besorgen dort (durch Zwischenschaltung eines Hebels) die Schließung eines Ventils nach Erreichung einer bestimmten Spiegelhöhe.

Beispiel 19. Kugel in einer Bodenöffnung eines Gefäßes. Man ermittle die Kraft, die zum Anheben dieser Kugel vom Eigengewicht G notwendig ist (Abb. 31).

Wenn der eingetauchte Körper wie hier nicht vollständig von Flüssigkeit umgeben ist, oder am Boden eines Gefäßes — ohne Zwischenschaltung einer Flüssigkeitschicht — dicht aufruht, dann ist von dem nach der obigen

Regel berechneten Auftrieb der Druck auf die nichtgedrückte Bodenfläche in Abzug zu bringen.

Damit ist vollkommen gleichwertig, wenn man für die in Abb. 31 eingetragenen Abmessungen die folgende Summe bildet:

$G +$ Vertikaldr. auf die Halbkugel $ABC -$ Vertikaldr. auf die Kugelzone $CDEA$

$$= G + \gamma \left[r^2 \pi \cdot \frac{7r}{2} - \frac{2}{3} r^3 \pi \right] - \gamma \left[r^2 \pi \cdot \frac{7r}{2} + \frac{11 \pi r^3}{24} - \frac{3 r^2 \pi}{4} \cdot 4r \right]$$

$$= G + \gamma \left[\frac{17}{6} - \frac{23}{24} \right] r^3 \pi = G + \frac{15}{8} \pi \gamma r^3.$$

Zum Anheben der Kugel ist die Anbringung einer Kraft von dieser Größe, lotrecht nach oben gerichtet, notwendig.

Beispiel 20. Der Druck auf die Kaimauer nach Abb. 32, die die Gestalt eines Viertelkegelstutzes hat, wird in folgender Weise ermittelt: Die Horizontaldrücke H_x und H_y auf die Projektionen der Mantelfläche des Kegelstutzes auf die lotrechten Ebenen yOz und xOz sind offenbar einander gleich. Diese Projektionen sind Trapeze, deren Druckmittelpunkte M durch Zerlegung in je ein Rechteck und ein Dreieck ermittelt werden; die Druckmittelpunkte M_1 und M_2 dieser Teilflächen sind nach den früher (Beispiel 16) gegebenen Verfahren leicht angebbar, die Verbindungslinie von M_1 und M_2 ist daher ein geometrischer Ort für den Druckmittelpunkt M des Trapezes. Ein zweiter geometrischer Ort ist offenbar die Verbindungslinie der Mitten der parallelen Seiten des Trapezes; ihr Schnitt ist der gesuchte Druckmittelpunkt M.

Der Vertikaldruck V ist durch die Größe des über dem Viertelkegelmantel bis zum Spiegel reichenden Flüssigkeitskörpers $\mathfrak{B}$ und sein Ort durch den Schwerpunkt Σ von $\mathfrak{B}$ gegeben.

Denkt man sich den Kegelstutz durch Erzeugende durch die Kegelspitze T in lauter schmale Teiltrapeze zerlegt, so liegt der Druckmittelpunkt jedes solchen Teiltrapezes in derselben Höhe wie der oben bestimmte Druckmittelpunkt M, und der Druck darauf steht auf der betreffenden Teilfläche senkrecht. Die Drücke auf diese Teilflächen bilden daher einen Orthogonalkegel zu dem ursprünglichen, dessen Spitze C sei. Die Vertikaldrücke auf diese Teiltrapeze sind alle gleich groß und erfüllen gleichförmig einen Viertelzylinder, dessen Grundriß ein Viertelkreis mit dem Halbmesser OF' ist. Der Schwerpunkt dieses Viertelkreises N' ist der Angriffspunkt der Summe dieser Vertikaldrücke. Der Schnitt N'' der Lotrechten durch N' mit der Wagrechten durch M'' gibt einen Punkt des Aufrisses D'' von D, und mit C verbunden die Lage von D'' selbst.

III. Schwimmen der Körper.

11. Gleichgewicht schwimmender Körper, Tauchtiefe. Der in 10. gegebene „Satz vom Auftrieb" zeigt, daß jeder in eine Flüssigkeit eingetauchte Körper infolge der auf ihn wirkenden Flüssigkeitsdrücke „scheinbar" so viel von seinem Gewichte verliert, als das Gewicht der durch ihn „verdrängten" Flüssigkeit ausmacht. Wenn daher G das Gewicht des Körpers und $\mathfrak{B}$ der von ihm verdrängte Rauminhalt ist, so ist der Auftrieb $A = \gamma \mathfrak{B}$ und das nach Abzug des Auftriebes verbleibende „scheinbare Gewicht" ist:

$$\boxed{G' = G - A = G - \gamma \mathfrak{B}} \qquad \cdots \cdots (37)$$

Beispiel 21. Verfahren zur Bestimmung des Einheitsgewichtes eines Körpers. Sei γ_1 das Einheitsgewicht eines Körpers, also $G = \gamma_1 \mathfrak{B}$, so wird das scheinbare Gewicht durch das Eintauchen in eine Flüssigkeit vom Einheitsgewichte γ:

$$G' = G - \gamma\,\mathfrak{B} = G\left(1 - \frac{\gamma}{\gamma_1}\right), \qquad \text{daraus folgt} \quad \frac{\gamma_1}{\gamma} = \frac{G}{G - G'}.$$

Durch unmittelbare Bestimmung von G und G' mittels einer Wage kann daher das Einheitsgewicht eines Körpers erhalten werden, vorausgesetzt, daß $\gamma_1 > \gamma$ ist. Bei feinen Wägungen muß gemäß dieser Formel auch der Auftrieb des Körpers und der Gewichtstücke in der Luft in Rechnung gezogen werden.

Wenn der Auftrieb $A = \gamma\,\mathfrak{B}$, den der Körper in der Flüssigkeit erfährt, seinem Gewichte G gerade gleich wird, so verschwindet das scheinbare Gewicht G' und der Körper schwimmt im Wasser. Wenn dabei der Körper keinen weiteren Bedingungen unterworfen ist, so nennt man das Schwimmen ein freies.

Die Bedingungen für das Gleichgewicht eines schwimmenden Körpers sind daher: 1. das Eigengewicht G des Körpers muß gleich sein dem Auftrieb der Flüssigkeit:

$$\boxed{G = A = \gamma \cdot \mathfrak{B}}\;; \quad\ldots\ldots\ldots \quad (38)$$

2. der Schwerpunkt S des Körpers muß in derselben Lotrechten liegen wie der Schwerpunkt Σ der Verdrängung, und zwar liegt in den meisten Fällen S lotrecht über Σ.

Die Verbindungslinie von S und Σ nennt man eine Schwimmachse des Körpers; für jeden Körper gibt es im allgemeinen mehrere solcher Schwimmachsen, deren Aufsuchung die Erfüllung der eben genannten Bedingungen verlangt. Bei homogenen symmetrischen Körpern ist durch jede Symmetrieachse von vornherein je eine Schwimmachse des Körpers gegeben. Die Entfernung des tiefsten Punktes des Körpers in der Schwimmlage vom Spiegel bezeichnet man als seine Tauchtiefe T. Die Ebene, in der der Flüssigkeitsspiegel den Körper in einer Schwimmlage schneidet, nennt man eine Schwimmebene des Körpers. Die durch die Form des schwimmenden Körpers über der Schwimmebene noch mögliche Vermehrung der Verdrängung nennt man die Reserveschwimmkraft in der betreffenden Schwimmlage.

Beispiel 22. Jeder Schwimmlage eines homogenen Körpers vom Einheitsgewicht γ_1 entspricht einer Schwimmlage desselben Körpers in umgekehrter Stellung mit derselben Schwimmachse und Schwimmebene, aber dem Einheitsgewichte $\gamma - \gamma_1$.

Sei nach Abb. 33 S der Schwerpunkt des Körpers, Σ und Σ' die Mittelpunkte der verdrängten Flüssigkeit und des Restkörpers, $\mathfrak{B}$ und $\mathfrak{B}'$ die Rauminhalte, dann ist für Gleichgewicht $(G = A)$

$$(\mathfrak{B} + \mathfrak{B}')\,\gamma_1 = \mathfrak{B}\cdot\gamma,$$

daraus folgt unmittelbar $\qquad \mathfrak{B}'\,\gamma_1 = \mathfrak{B}\,(\gamma - \gamma_1)$

und weiter $\qquad\qquad\quad \mathfrak{B}'\,\gamma = (\mathfrak{B} + \mathfrak{B}')\,(\gamma - \gamma_1).$

Es kommt also auf dasselbe hinaus, ob man das Schwimmen eines Körpers vom Rauminhalte $\mathfrak{B} + \mathfrak{B}'$ mit der Verdrängung $\mathfrak{B}$ und dem Einheitsgewichte γ_1 oder das Schwimmen des umgekehrten Körpers mit der Verdrängung $\mathfrak{B}'$ und dem Einheitsgewicht $\gamma - \gamma_1$ betrachtet.

Beispiel 23. Homogene zylindrische Walze vom Halbmesser r und der Länge l. Die Bedingung $G = A$ gibt, wenn γ_1 das Einheitsgewicht der Walze ist (Abb. 34):

$$r^2 \pi l \gamma_1 = \tfrac{1}{2} r^2 (2\varphi - \sin 2\varphi) l \gamma .$$

Die Lage der Schwimmebene ist daher durch φ und dieses durch die Gleichung bestimmt:

$$2\varphi - \sin 2\varphi = 2\pi \gamma_1/\gamma ,$$

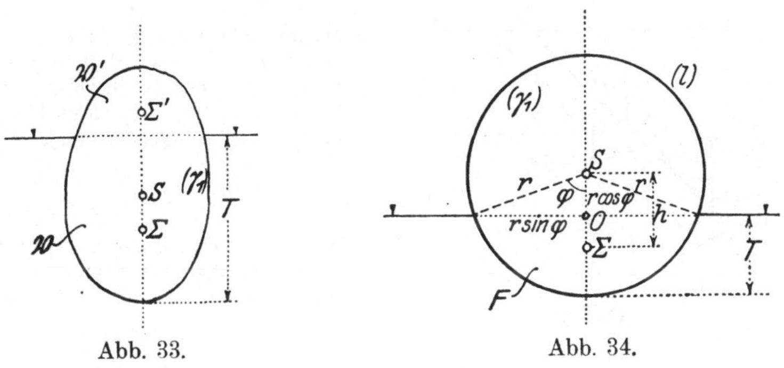

Abb. 33.   Abb. 34.

und die Tauchtiefe T ist sodann

$$T = r (1 - \cos\varphi).$$

Beispiel 24. Für ein homogenes rechtwinkeliges Vierflach von quadratischer Grundfläche mit der Seite a und der Kantenlänge l sind bei wagrechter Lage von l zwei symmetrische Schwimmlagen sofort angebbar. Für die erste, Abb. 35a, ist die Tauchtiefe gegeben durch ($G = A$):

$$a^2 l \gamma_1 = a T l \gamma , \qquad T = a \gamma_1/\gamma , \qquad (\text{für } \gamma_1 < \gamma \text{ ist } T < a).$$

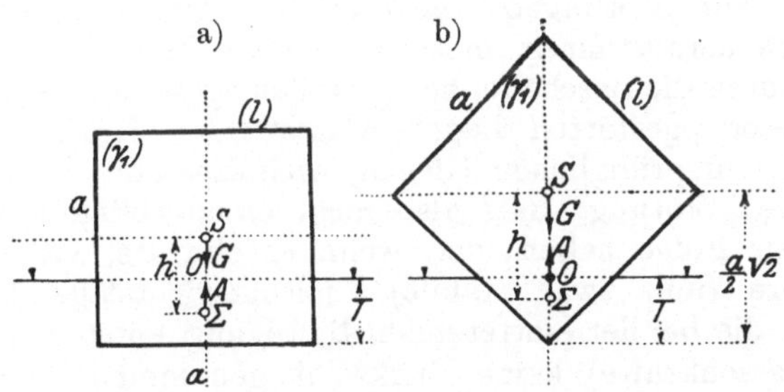

Abb. 35.

Für die zweite (Abb. 35b) ist:

$$a^2 l \gamma_1 = T^2 l \gamma , \qquad T = a \sqrt{\gamma_1/\gamma} ;$$

und zwar ist im zweiten Falle für $\dfrac{\gamma_1}{\gamma} < \dfrac{1}{2}$, $T < \dfrac{a}{2}\sqrt{2}$, d. h. der Spiegel liegt

unter S und für $\dfrac{1}{2} < \dfrac{\gamma_1}{\gamma} < 2$ ist $\dfrac{a}{2}\sqrt{2} < T < a\sqrt{2}$, d. h. der Spiegel liegt über S.

Für welche Werte des Einheitsgewichtes γ_1 gibt es außer diesen symmetrischen, die unmittelbar angebbar sind, noch unsymmetrische Schwimmlagen?

Beispiel 25. Schwimmen mit Nebenbedingungen. Wenn der in Wasser schwimmende Körper teilweise unterstützt ist, so sind (nach dem aus der Statik bekannten Vorgange) zu Eigengewicht und Auftrieb noch die Auflagerdrücke hinzuzunehmen; die Gleichgewichtsbedingungen für die so ergänzte Kraftgruppe dienen sodann zur Bestimmung der Schwimmlagen und der Auflagerdrücke.

Die Gleichgewichtslage eines· an einem Ende A gelenkig gelagerten dünnen Stabes $\overline{AB} = 2\,l$ vom Querschnitt f und dem Einheitsgewicht γ_1 ergibt sich durch Bildung der Momente um den Drehpunkt A (da $\overline{AC} = 2\,\overline{A\,\Sigma} = h/\cos\varphi$) nach Abb. 36:

$$\gamma_1\,f\cdot l\cdot\frac{1}{2}\,l\sin\varphi = \gamma\,f\,\frac{h}{\cos\varphi}\cdot\frac{h}{2\cos\varphi}\cdot\sin\varphi.$$

Daraus folgt zunächst die Lösung $\sin\varphi = 0$, also $\varphi = 0$ oder $\varphi = \pi$: und außerdem ergibt sich die Lösung

$$\cos\varphi = \frac{h}{l}\sqrt{\frac{\gamma}{\gamma_1}}\,,$$

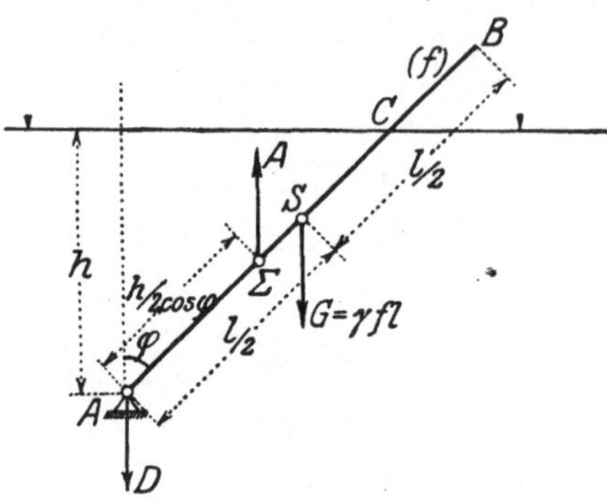

Abb. 36.

vorausgesetzt, daß $\dfrac{h}{l}\sqrt{\dfrac{\gamma}{\gamma_1}} < 1$. Die Projektionsgleichung nach der Lotrechten gibt den bei A auftretenden Gelenkdruck D.

12. Statische Stabilität freischwimmender Körper.

Soll die Schwimmlage eines in Wasser freischwimmenden Körpers, also etwa eines Schiffes, praktisch brauchbar sein, so muß sie eine Lage sicheren oder stabilen Gleichgewichtes sein. Man versteht darunter folgendes: Für Störungen irgendwelcher Art, die den Körper aus dieser Lage herausführen, müssen — ohne besondere Vorkehrungen, vielmehr durch die Beschaffenheit des Gleichgewichtszustandes selbst — die in dieser „gestörten Lage" auftretenden Kräfte das Bestreben zeigen, den ursprünglichen Gleichgewichtszustand wiederherzustellen. Eine solche „Störung" darf also nicht einen völligen „Umsturz" des Körpers zur Folge haben, der, wenn er einträte, zur Einrückung in eine andere (und zwar stabile) Gleichgewichtslage führen würde. Wenn auf die bei der eintretenden Bewegung entstehenden Trägheitskräfte (Massenkräfte) keine Rücksicht genommen, sondern nur auf die ·Größen und die Tendenz der auftretenden Kräfte geachtet wird, so spricht man von statischer Stabilität. Bei schwimmenden Körpern ist für das Vorhandensein einer Stabilität dieser Art die Erfüllung einer bestimmten Bedingung erforderlich, zu deren Herleitung wir uns nun wenden. Dabei wird angenommen, daß die Körperform in der Umgebung der Schwimmebene keine scharfen Absätze oder Unstetigkeiten des Querschnitts aufweisen möge (es sollen also plötzliche Querschnittsübergänge von der Art ausgeschlossen werden, wie sie z. B. bei den Schwimmkörpern der Wasserflugzeuge aus bestimmten, mit den Bedingungen des Abflugs und der Landung in Zusammenhang stehenden Gründen verwendet werden).

Wenn eben von „Störungen irgendwelcher Art" gesprochen wurde, so möge diese stark unbestimmte Ausdrucksweise nunmehr dadurch zu einer bestimmteren gestaltet werden, daß fernerhin nur Stellungen des Körpers in naher Umgebung der Schwimmlage in Betracht gezogen werden, bei denen mithin die Kräfte und Angriffspunkte nur kleine (in der Sprache der Annäherungsmathematik: unendlich kleine) Verschiebungen gegen die Gleichgewichtslage erfahren haben.

Für die Beurteilung der Beschaffenheit des Gleichgewichtszustandes wird sonach das Verhalten der an dem Körper angreifenden Kräfte bei einer beliebigen kleinen Verschiebung aus der Gleichgewichtslage heraus geprüft. In der Bewegungslehre wird gezeigt, daß irgendeine unendlich kleine (infinitesimale) Bewegung eines starren Körpers durch Zusammensetzung von 3 Verschiebungen nach und 3 Drehungen um drei beliebige zueinander senkrechte Achsen des Raumes erhalten werden kann. Der freischwimmende Körper ist nun bei einer Verschiebung in der Richtung der Lotrechten zum Spiegel jedenfalls stabil, da bei einem weiteren Eintauchen wegen der zunehmenden Verdrängung der Auftrieb größer wird, das Gewicht aber gleich bleibt; bei der Verschiebung nach der Längs- und Querrichtung in der Schwimmebene und bei der Drehung um die lotrechte Schwimmachse zeigt der schwimmende Körper die Merkmale indifferenten Gleichgewichts.

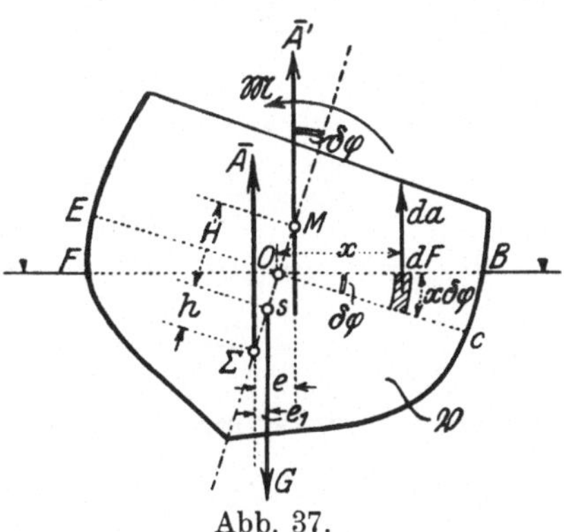

Abb. 37.

Die Stabilitätsbetrachtung hat sich daher auf die Ermittlung der Kräfte zu beschränken, die bei den Drehungen des Körpers um zwei in der Schwimmebene liegende Achsen auftreten. Wenn bei der Drehung um eine in Abb. 37 lotrecht zur Zeichenebene laufende Achse keine Einzelkraft nach irgendeiner Richtung auftreten soll (welche jedenfalls eine Verschiebung des Körpers bedingen würde), so muß der Auftrieb in der gedrehten Lage ebenso groß sein wie in der ursprünglichen. Es muß also etwa bei einer Drehung um den Winkel $\delta\varphi$ nach rechts der auf der rechten Seite (r) neu hinzutretende gleich dem auf der linken (l) in Wegfall kommenden Auftrieb sein; da der durch Eintauchen des Stückchens $x\,dF\cdot\delta\varphi$ entstehende Auftrieb die Größe $da = \gamma\,x\,dF\cdot\delta\varphi$ hat, so muß daher die Gleichung bestehen:

$$\int da = \gamma\,\delta\varphi\cdot\int_{(r)} x\,dF - \gamma\,\delta\varphi\cdot\int_{(l)} x\,dF = 0, \quad \text{d. h.} \quad \int_{(F)} x\,dF = 0,$$

d. h. die Drehachse muß durch den Schwerpunkt O der Schwimmebene hindurchgehen, oder die Schnittlinie der alten mit der neuen Schwimmachse ist unter der angegebenen Bedingung stets eine Schwerlinie. Die Größe des Auftriebes A erleidet also bei dieser Drehung keine Änderung, wie steht es aber mit seiner Wirkungslinie?

In der gedrehten Lage bleibt S Angriffspunkt des Gewichtes; zu dem ursprünglichen Auftrieb $\overline{A}$ in Σ sind aber in der gedrehten Lage die Anteile hinzugetreten, die durch Eintauchen des keilförmigen Stückes OBC und Austauchen von OEF erwachsen; diese Anteile geben ersichtlich um jede Achse des Raumes, also auch um die Achse O ein Drehmoment $\mathfrak{M}$, das dem Momente (G, A) stets entgegen wirkt. Die betrachtete Schwimmlage ist nun (im statischen Sinne) stabil, wenn dieses in der gedrehten Lage auftretende zusätzliche Moment $\mathfrak{M}$ das Drehmoment $(\overline{G}, \overline{A})$ überwiegt und den Körper in seine ursprüngliche Schwimmlage zurückzuführen strebt, und als labil, wenn dies nicht der Fall ist.

Das rechts eintauchende Stück OBC gibt mithin um O ein im positiven Sinne (links herum) drehendes Moment von der Größe

$$\mathfrak{M}_{(r)} = \int\limits_{(r)} x\, da = \gamma \cdot \delta\varphi \cdot \int\limits_{(r)} x^2\, dF$$

und das links austauchende Stück gibt ein Moment von der Größe

$$\mathfrak{M}_{(l)} = \int\limits_{|(l)} x\, da = \gamma \cdot \delta\varphi \cdot \int\limits_{(l)} x^2\, dF$$

im gleichen Sinne; ihre Summe gibt das „Rückführungsmoment":

$$\mathfrak{M} = \mathfrak{M}_{(r)} + \mathfrak{M}_{(l)} = \gamma\, \delta\varphi \cdot \int\limits_{(F)} x^2\, dF = \gamma \cdot \delta\varphi \cdot J_0',$$

wenn $\int x^2\, dF = J_0'$, dem (geometrischen) Trägheitsmoment der Schwimmfläche in bezug auf die Achse O gesetzt wird.

Sei ferner $\overline{S\Sigma} = h$, $e_1 = h \sin(\delta\varphi) \sim h \cdot \delta\varphi$, und $A = \gamma\, \mathfrak{V}$, wenn $\mathfrak{V}$ die Verdrängung bedeutet, so liefert die oben ausgedrückte Bedingung für die Stabilität bezüglich der Drehung um die Achse O die Gleichung:

$$\mathfrak{M} > A \cdot e_1, \quad \text{also} \quad \gamma \cdot \delta\varphi \cdot J_0' > \gamma\, \mathfrak{V} \cdot h \cdot \delta\varphi$$

oder

$$\boxed{h < J_0'/\mathfrak{V}} \qquad \ldots \ldots \ldots \ldots \quad (39)$$

Die Größen h, J_0', $\mathfrak{V}$ sind durch die Größe und Form des eingetauchten Körpers allein bestimmt. Wenn an Stelle des Zeichens $<$ das Zeichen $>$ bestünde, so wäre die Gleichgewichtslage instabil oder labil, bei Bestehen des Gleichheitszeichens indifferent.

Das Hinzutreten von $\mathfrak{M}$ zu A bedeutet eine Parallelverschiebung von A nach A' um ein Stück e, das nach den Regeln der Statik gegeben ist durch

$$e = \frac{\mathfrak{M}}{A} = \frac{J_0' \cdot \delta\varphi}{\mathfrak{V}} \qquad \ldots \ldots \ldots \quad (40)$$

Den Schnittpunkt M von A' mit der Schwimmachse nennt man das Metazentrum des Körpers für die betreffende Drehung, und $\overline{SM} = H$ die metazentrische Höhe. Da mit Benützung der Gl. (40)

$$H = \frac{e}{\sin(\delta\varphi)} - h = \frac{J_0'}{\mathfrak{V}} - h$$

ist, so kann die Stabilitätsbedingung (39) auch durch die folgende, mit ihr völlig gleichwertige. aber etwas anschaulichere ersetzt werden:

$$\boxed{H = \overline{SM} = \frac{J_0'}{\mathfrak{V}} - h > 0}, \quad \ldots \ldots \quad (41)$$

d. h. für die Stabilität einer bestimmten Schwimmlage bezüglich der Drehung um die Achse O ist notwendig und hinreichend, daß das Metazentrum bezüglich dieser Drehung oberhalb des Schwerpunktes liegt.

Für die Stabilität ist sonach das Trägheitsmoment J_0' der Schwimmfläche in bezug auf sämtliche Drehachsen durch O von Wesenheit. Stabilität ist daher für die Drehungen um alle durch O gehenden Achsen sicher vorhanden, wenn die Bedingung (41) für das kleinste mögliche J_0' erfüllt ist. Aus der Lehre von den Trägheitsmomenten ist bekannt, daß es immer ein solches kleinstes J_0' gibt. Wir erhalten damit den Satz:

Für die (statische) Stabilität der Schwimmlage eines Körpers ist die Erfüllung der Bedingung (41) für die Achse des kleinsten Trägheitsmomentes der Schwimmfläche durch O notwendig.

Das den Körper in seine ursprüngliche Schwimmlage zurückführende Drehmoment (A', G) von der Größe

$$\mathfrak{N} = \gamma \cdot \mathfrak{V} \cdot H \sin\delta\varphi = \gamma \, \{J_0' - h\,\mathfrak{V}\} \cdot \delta\varphi, \quad \ldots \ldots \quad (42)$$

für das kleinste mögliche J_0' berechnet, bezeichnet man auch als Standsicherheitsmoment. Für eine stabile Schwimmlage ist nach Gl. (41)

$$\mathfrak{N} > 0 \quad \ldots \ldots \quad (43)$$

[Für transatlantische Dampfer ist etwa $H = 0,3$ m, für Kriegsschiffe $H = 1$ m und darüber.]

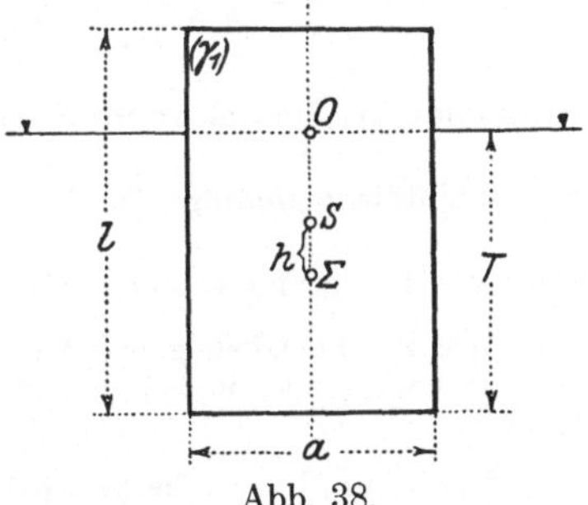

Abb. 38.

Beispiel 26. Rechtwinkliges Vierflach von quadratischer Grundfläche a^2 und der Seitenlänge l.

a) In aufrechter Lage nach Abb. 38 ergibt sich die Tauchtiefe T durch die Gleichung $(A = G)$:

$$\gamma_1 \, a^2 \, l = \gamma \, a^2 \, T, \quad \text{woraus} \quad T = l \cdot \gamma_1/\gamma.$$

Die in Gl. (39) auftretenden Größen sind nun

$$h = \frac{l}{2} - \frac{T}{2} = \frac{l}{2}\left(1 - \frac{\gamma_1}{\gamma}\right), \qquad \mathfrak{V} = a^2 \, T = a^2 \, l \, \gamma_1/\gamma;$$

die Trägheitsmomente der quadratischen Schwimmfläche durch O sind alle gleich
groß und zwar ist

$$J_0' = a^4/12\,.$$

Die Stabilitätsbedingung (39) liefert daher:

$$\frac{l}{2}\left(1-\frac{\gamma_1}{\gamma}\right) < \frac{a^4}{12\,a^2\cdot l\,\gamma_1/\gamma}\,,$$

und daraus folgt:

$$\frac{a}{l} > \sqrt{6\,\frac{\gamma_1}{\gamma}\left(1-\frac{\gamma_1}{\gamma}\right)}\,.$$

b) In der Lage nach Abb. 35a) ist (wenn $a < l$) zu setzen (s. Beispiel 24):

$$T = a\,\frac{\gamma_1}{\gamma}\,,\qquad h = \frac{a}{2} - \frac{T}{2} = \frac{a}{2}\left(1-\frac{\gamma_1}{\gamma}\right)\,,\qquad \mathfrak{B} = a\,T\,b\,,\qquad J_0' = a^3\,l/12\,.$$

Die Gl. (39) ergibt jetzt:

$$\frac{\gamma_1}{\gamma}\left(1-\frac{\gamma_1}{\gamma}\right) < \frac{1}{6}\,,\qquad\text{oder}\qquad \left(\frac{\gamma_1}{\gamma}\right)^2 - \frac{\gamma_1}{\gamma} + \frac{1}{6} > 0$$

und daraus, da für $T < a$: $\gamma_1/\gamma < 1$ sein muß:

$$1 > \frac{\gamma_1}{\gamma} > \frac{\sqrt{3}-1}{2} = 0{,}366\ldots\,,$$

wobei zu bemerken ist, daß unter diesen Bedingungen für alle Abmessungen
des Vierflachs Stabilität besteht, sobald nur $a < l$ ist.

c) In der Lage nach Abb. 35b) ist, da Σ vom Flüssigkeitsspiegel den Abstand $T/3$ hat:

$$T = a\,\sqrt{\frac{\gamma_1}{\gamma}}\,,\qquad h = \frac{a\sqrt{2}}{2} - \frac{2\,T}{3} = a\left[\frac{\sqrt{2}}{2} - \frac{2}{3}\sqrt{\frac{\gamma_1}{\gamma}}\right]\,,$$

$$\mathfrak{B} = T^2\,l = a^2\,l\,\frac{\gamma_1}{\gamma}\,,\qquad J_0' = \frac{1}{12}\,(2\,T)^3\cdot l = \frac{2\,a^3\,l}{3}\left(\sqrt{\frac{\gamma_1}{\gamma}}\right)^3\,,$$

wobei $2\,T < l$ vorausgesetzt wurde. Die Gl. (39) gibt nun:

$$\left[\frac{\sqrt{2}}{2} - \frac{2}{3}\sqrt{\frac{\gamma_1}{\gamma}}\right] < \frac{2}{3}\sqrt{\frac{\gamma_1}{\gamma}}\,,\qquad\text{und daraus}\qquad \frac{\gamma_1}{\gamma} > \frac{9}{32}\,.$$

Würde nun der Spiegel unter S liegen, so wäre $T < \dfrac{a\sqrt{2}}{2}$, also $\dfrac{\gamma_1}{\gamma} < \dfrac{1}{2}$, da aber

die Stabilitätsbedingung $\dfrac{\gamma_1}{\gamma} > \dfrac{9}{32}$ gibt, so zeigt dies, daß das Gleichgewicht des

Vierflachs in der Lage Abb. 35b) nur stabil ist, wenn $\dfrac{9}{32} < \dfrac{\gamma_1}{\gamma} < \dfrac{1}{2}$ ist.

Wie ist die Gleichgewichtslage in dem Fall beschaffen, wenn der Spiegel
über S liegt, und wie bei den etwa vorhandenen unsymmetrischen Schwimmlagen?

Beispiel 27. Für die zylindrische Walze nach Abb. 34 erhält man, wenn
F die Fläche des eintauchenden Kreisabschnittes bezeichnet und wenn $r\sin\varphi < l$:

$$h = \frac{(2\,r\sin\varphi)^3}{12\,F}\,,\qquad \mathfrak{B} = F\,l\,,\qquad J_0' = \frac{1}{12}\,(2\,r\sin\varphi)^3\,l\,,$$

d. h.
$$h = J_0'/\mathfrak{B}\,,$$

das Gleichgewicht dieser Walze ist indifferent; dies läßt sich ohne Rechnung
voraussagen, da bei irgendeiner Drehung der Walze die Lage der Kräfte $(G,\,A)$
gegeneinander in keiner Weise verändert wird.

Beispiel 28. Gasglocke. Die Gl. (39) gibt auch die Bedingung für die Sicherheit des Schwimmens der Glocke eines sog. Gasometers. Wir nehmen die Glocke ursprünglich mit Gas vom normalen atmosphärischen Luftdruck bis zum Rande gefüllt an uud tauchen sie nach Abb. 39 — mit dem offenen Rande nach unten — in Wasser ein. Der Rauminhalt der Glocke sei $v_0 = R^2 \pi H_1$, wenn von der flachen Kugeldecke abgesehen wird. Wegen des Eigengewichtes G der Glocke wird ihr unterer Rand bis zu einer Tiefe $T + f$ einsinken; dabei wird das Gas auf den Rauminhalt v_1 und den Druck p_1 zusammengedrückt und das Wasser in der Glocke bis zur Höhe T steigen; f ist ein Maß für den Unterschied der Drücke innen und außen. — Es ist daher

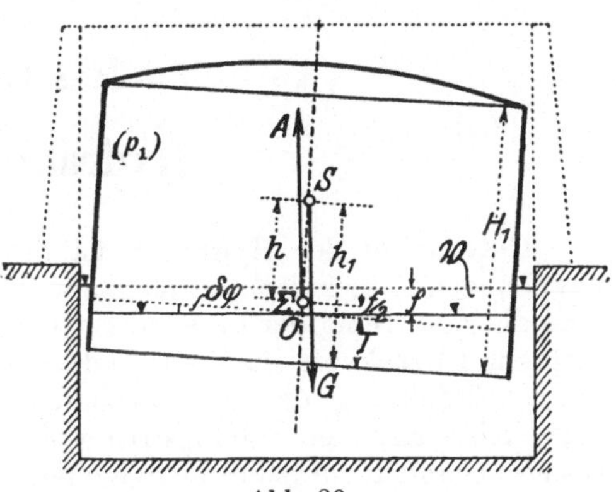

Abb. 39.

$$(p_1 - p_0)\, F = G \,,$$

$$f = \frac{p_1 - p_0}{\gamma} = \frac{G}{F\gamma}\,,$$

wobei $F = R^2 \pi$ den Querschnitt der Glocke bedeutet. Für die Drucksteigerung von p_0 auf p_1 kann das Boyle-Mariottesche Gesetz in der Form angesetzt werden:

$$p_0\, v_0 = p_1\, v_1 \,,$$

und da

$$v_0 = F \cdot H_1 \,, \qquad v_1 = F(H_1 - T) \,,$$

so folgt durch Einsetzen:

$$T = H_1 - \frac{v_1}{F} = H_1 - \frac{p_0}{p_1} \cdot \frac{v_0}{F} = \frac{p_1 - p_0}{p_1} \cdot H_1 = \frac{G}{G + F p_0} \cdot H_1 \,.$$

Wenn wieder die Decke der Glocke nahezu als eben angenommen wird, so folgt bei überall gleicher Wandstärke für die Höhe des Schwerpunktes der Glocke über dem unteren Rande

$$h_1 = \frac{2 R \pi H_1 \cdot H_1/2 + R^2 \pi \cdot H_1}{2 R \pi H_1 + R^2 \pi} = \frac{H_1 (H_1 + R)}{2 H_1 + R} \,.$$

Als „Verdrängung" $\mathfrak{W}$ ist hier jener Rauminhalt zu verstehen, der innerhalb der Glocke zwischen den Flüssigkeitsspiegeln innen und außen liegt; der Schwerpunkt Σ von $\mathfrak{W}$ ist der Angriffspunkt des Auftriebes. Daraus folgt

$$h = \overline{\Sigma S} = h_1 - T - \frac{f}{2} = \frac{H_1 (H_1 + R)}{2 H_1 + R} - \frac{G}{G + F p_0} H_1 - \frac{G}{2 F \gamma}\,,$$

$$\mathfrak{W} = R^2 \pi \cdot f$$

und die Bedingung für das sichere Schwimmen der Gasglocke lautet nach Gl. (39)

$$h < J_0'/\mathfrak{W} \,,$$

wenn $J_0' = R^4 \pi/4$ wieder das geometrische Trägheitsmoment der Schwimmfläche für eine durch O gehende, im Spiegel liegende Achse bedeutet.

Zweiter Teil.

Hydraulik.

Gegenstand der Hydraulik ist die Erforschung der Flüssigkeitsbewegungen in technischen Anlagen und natürlichen Gerinnen, insbesondere die Ermittlung der in jedem Sonderfalle auftretenden Geschwindigkeits- und Druckverteilung, sowie des notwendigen Energieverbrauches.
Unter Einführung der vereinfachenden „eindimensionalen" Betrachtungsweise und der reibungsfreien Flüssigkeit werden folgende Probleme behandelt: Ausfluß aus Gefäßen, Druck von Flüssigkeitstrahlen
auf ruhende und bewegte Gefäßwände, Mischung (Stoß). Die Einführung der Flüssigkeitsreibung führt auf die Unterschiede zwischen
laminarer und turbulenter Strömung. Das Poiseuillesche Gesetz.
Rohrleitungen, Kanäle, Flüsse, Stau. Das Problem des Flüssigkeitswiderstandes. Allgemeine Strömung der Flüssigkeiten in 2 und 3 Dimensionen und Anwendung auf die Theorie der Tragflügel und Luftschrauben.

I. Einführung des eindimensionalen Ansatzes.

13. Kennzeichnung der Probleme der Hydraulik. Die Notwendigkeit, für die in der Technik vorkommenden und meist sehr
verwickelten Bewegungserscheinungen der Flüssigkeiten Gesetze zu
erhalten, die einfach und handlich genug sind, um praktische Verwendung zu finden und dabei die beobachtbare Wirklichkeit doch
getreu genug wiedergeben, führte zu einer besonderen Auffassung der
hieher gehörigen Probleme. Der nächstliegende Weg, die Flüssigkeit
als eine nach den drei Raumdimensionen stetig ausgebreitete Masse
zu betrachten, von denen jedes Teilchen unter der Einwirkung seiner
Umgebung steht, und deren sämtliche Teilchen im Laufe der Bewegung gewisse Verschiebungen gegeneinander erleiden, lieferte nur
in ganz vereinzelten Fällen brauchbare Ergebnisse in dem eben gekennzeichneten Sinne. Im allgemeinen erwies er sich, abgesehen von
grundsätzlichen Schwierigkeiten, über die noch zu sprechen sein wird,
als viel zu umständlich und zeitraubend, als daß er eine Erledigung —
in irgendeiner brauchbaren Art — der in großer Mannigfaltigkeit
sich darbietenden Probleme hätte liefern können. Dieser Umstand

führte sehr bald, nachdem man seit der Mitte des 18. Jahrhunderts begonnen hatte, die Erscheinungen der uns umgebenden Natur aus gewissen „Elementargesetzen" abzuleiten und zu „erklären", zu einer Entfremdung der solche exakte Gesetze und Ansätze benützenden „theoretischen Hydrodynamik" und der technischen „Hydraulik", die sich mit den Ergebnissen jener Wissenschaft nicht begnügen konnte, da sie vielfach zu Widersprüchen führte und viele wichtige Fragen unbeantwortet ließ. Erst in neuester Zeit, und zwar vorwiegend unter dem Einflusse der Flugtechnik, die heute als eine der wichtigsten der in dieses Gebiet gehörigen Problemgruppen anzusehen ist, scheinen die Bestrebungen, beide Wissenszweige einander zu nähern und zu einer großen und einheitlichen wirklichkeitstreuen Wissenschaft auszubauen, Aussicht auf Erfolg zu gewinnen.

Von der Erreichung dieses Zieles sind wir heute freilich noch weit entfernt, und augenblicklich befinden wir uns ohne Zweifel in einer Übergangszeit in dieser voraussichtlichen Entwicklung, die auch auf die Darstellungsweise dieses Gegenstandes notwendig von Einfluß sein muß. Eine Anzahl von Problemen der Hydraulik kann schon heute in einer Weise dargestellt werden, die einen organischen Aufbau dieser Wissenschaft erkennen läßt, bei anderen ist man jedoch noch ganz auf eine „summarische Auffassung" und auf die Versuchswerte angewiesen, die in der vor uns liegenden Zeit des Vorwaltens der Versuche erhalten worden sind. Das Ziel einer einführenden Darstellung der Hydraulik nach ihrem heutigen Stande kann nur sein, ihre Gesetze unter möglichster Verwertung allgemeiner Ansätze zu entwickeln und diese Ansätze auf Grund besonderer und jedesmal genau formulierter Annahmen zu erweitern, um so allmählich zu einer befriedigenden und zutreffenden Lösung der einschlägigen Probleme zu gelangen.

Diese Annahmen müssen natürlicherweise im Einklang mit den Erfahrungstatsachen über die Beschaffenheit der Flüssigkeiten und in Übereinstimmung mit dem vorliegenden umfangreichen Versuchsmaterial getroffen werden, das seinen Wert auch weiterhin behalten wird. Auf diese Weise wird es verständlich, daß die technische Hydraulik in ihrer heutigen Form kein einheitliches und fertiges Lehrgebäude darstellt, vielmehr in allen ihren Teilen noch die unverkennbaren Merkmale und auch die Notwendigkeiten forschreitender Entwicklung in sich trägt. Es ist unvermeidlich, daß diese Merkmale auch einer elementaren und einführenden Darstellung wie der vorliegenden anhaften müssen.

14. Der Begriff des Stromfadens. Für die Darstellung der Gesetze, welche die in der Hydraulik betrachteten Flüssigkeitsbewegungen beherrschen, ist die Einführung eines einfachen, die Wirklichkeit idealisierenden Gebildes erforderlich, das als Objekt für die Anwendungen der Gesetze der Mechanik geeignet ist. Wenn dieses Gebilde der angegebenen Bedingung genügen soll, so müssen sich an ihm naturgemäß die wesentlichen Bestimmungsstücke wiederfinden, die auch für das abzubildende Problem selbst kennzeichnend sind. Diese Bestimmungsstücke sind teils geometrischer Natur, wie Längen, Querschnitte, Höhenunterschiede, teils mechanischer, wie Geschwindigkeiten, Beschleunigungen, Drücke, Kräfte usw. Es möge hier beiläufig daran erinnert werden, daß jedes Gebilde, das der „theoretischen" Untersuchung zugrunde gelegt werden kann, naturgemäß etwas ganz anderes ist als irgendein „wirklich" vorliegender Gegenstand — so wie z. B. auch der starre Körper in der gewöhnlichen Mechanik nur als ein Grenzfall der im gewöhnlichen Sinne festen Körper anzusehen ist, und auch die vollkommen elastischen Körper der Elastizitätstheorie nur ein ungefähres, freilich in vieler Hinsicht zutreffendes und brauchbares Abbild der „wirklichen" Körper darstellen.

Das Gebilde, das in der Hydraulik zur Darstellung der einfachsten Strömungserscheinungen benutzt wird, ist der Stromfaden oder die Stromröhre; wenn dabei zum Ausdruck gebracht werden soll, daß bei der Aufstellung der für diesen geltenden Gesetze von allen Reibungen oder Widerständen abgesehen werden soll, die „Verluste" irgendwelcher Art mit sich bringen, so möge dies im folgenden durch die genauere Bezeichnung: idealer oder reibungsfreier Stromfaden geschehen. Dieses einfachste Gebilde kann nun, wie wir sehen werden, durch allmähliche Erweiterung seiner Eigenschaften auch zur Darstellung verwickelterer und, mit einer für die praktischen Rechnungen hinreichenden Genauigkeit, auch der „wirklichen" Strömungserscheinungen dienen, die bei der Bewegung von Flüssigkeiten in Röhren, Kanälen und Flüssen usw. beobachtet werden.

Die meisten dieser Flüssigkeitsbewegungen bieten dem Betrachter anscheinend ein Bild vollständiger Regellosigkeit dar, insofern als die einzelnen Flüssigkeitsteilchen ohne erkennbare Gesetzmäßigkeit durcheinander laufen und sowohl von Ort zu Ort, wie auch am gleichen Orte von Zeit zu Zeit veränderliche Zustände aufweisen. Nur bei langsamen Bewegungen zwischen glatten Wänden mit allmählichen Querschnittsübergängen (insbesondere bei konstanten Querschnitten) und unter zeitlich unveränderlichen Verhältnissen gelingt es, geordnete Bewegungen zu erhalten, bei denen sich die einzelnen Flüssigkeitsteilchen in ausgerichteten, nebeneinander verlaufenden Bahnen vorwärtsbewegen. Die Bahnkurve eines Flüssigkeitsteilchens, die unter diesen einfachen Verhältnissen durch die Tangentenrichtungen zugleich auch die Richtungen der Geschwindigkeiten aller ihrer Punkte angibt, nennt man eine Stromlinie; die Gesamtheit der Stromlinien durch alle Punkte einer quergestellten kleinen Fläche nennt man einen Stromfaden oder eine Stromröhre. Gelegentlich versteht man darunter auch den substantiellen Inhalt der darin bewegten, flüssigen Materie.

Es handelt sich nunmehr zunächst darum, die Bewegungsgesetze eines solchen Stromfadens darzustellen, von dessen seitlichen Grenz- oder Mantelflächen wir annehmen wollen, daß sie aus irgendwelchen festen Körpern bestehen.

15. Durchflußgleichung. Von der in der Stromröhre bewegten Flüssigkeit setzen wir voraus, daß sie deren Querschnitte in allen Teilen vollständig erfüllt, so daß nirgends Hohlräume entstehen (eine Verdichtung ist wegen der vorausgesetzten Unzusammendrückbarkeit der vollkommenen Flüssigkeiten ausgeschlossen und kommt nur bei Gasen in Betracht). Wenn F den Querschnitt der Stromröhre an irgendeiner Stelle und V die „mittlere Geschwindigkeit" der Flüssigkeit bei der Strömung durch F angibt, so bezeichnet man das Produkt

$$\boxed{Q = FV} \qquad \ldots \ldots \ldots \ldots \quad (44)$$

als die Durchflußmenge oder den Durchfluß in 1 sek; die vollständige Raumerfüllung der strömenden Flüssigkeit wird durch die Kontinuitätsbedingung ausgedrückt, die besagt, daß Q für alle Querschnitte der Stromröhre den gleichen Wert hat; wenn also verschiedene Querschnitte und die dazugehörigen mittleren Geschwindigkeiten durch gleiche Zeiger 0, 1 ... bezeichnet werden, so wird die Kontinuitätsbedingung in der Form ausgedrückt:

$$\boxed{Q = FV = F_0 V_0 = F_1 V_1 = \ldots = \text{konst.}} \quad \ldots \ldots \quad (45)$$

Diese Gleichung heißt die Durchflußgleichung oder Kontinuitätsgleichung für den Stromfaden. — Die Dimension von Q ist $[L^3/T]$, ihre Einheit 1 m³/sek.

16. Die Bewegungsgleichung des idealen Stromfadens. Jedes Teilchen eines solchen Stromfadens steht einerseits unter dem Einflusse von gewissen eingeprägten Kräften, die raumhaft verteilt anzunehmen sind und als welche bei den praktischen Anwendungen nahezu ausschließlich die Schwere (d. h. das Eigengewicht der Flüssigkeitsteilchen) in Betracht kommt; andererseits steht jedes Teilchen unter der Wirkung der umgebenden Teilchen, mit denen es in Berührung ist, und diese Wirkung gibt sich durch die Flächendrücke kund, die längs der Oberfläche des betrachteten Teilchens auf dieses übertragen werden.

Für die Aufstellung der Bewegungsgleichungen dient naturgemäß das d'Alembertsche Prinzip, das, für die Bewegungsrichtung des Teilchens angewendet, einen Ausdruck für die Beschleunigung, also die eigentliche Bewegungsgleichung ergibt, während es für die Richtung senkrecht dazu den Führungsdruck liefert, den die Stromröhre als Führung auf die durchbewegte Flüssigkeit ausübt. Die Bewegung dieser Flüssigkeit soll zunächst als stationär angenommen werden, d. h. die Geschwindigkeiten sollen nur längs des Stromfadens örtlich veränderlich sein, aber in jedem Punkt von der Zeit unabhängig sein.

Wir wollen nun annehmen, daß das Teilchen, dessen Beschleunigung ermittelt werden soll, die ganze Breite der Stromröhre einnimmt, wie dies in Abb. 40 dargestellt ist; seine Länge sei $\varDelta l$, der Querschnitt an der betrachteten Stelle F, daher seine Masse

$$\varDelta M = \varrho F \cdot \varDelta l.$$

Bei veränderlichem Querschnitt ist F eine Funktion der Bogenlänge etwa der mittleren Stromlinie, also $F = F(s)$; ebenso wird der Druck p als eine Funktion von s allein anzusehen sein und wird in jedem Querschnitt als konstant angenommen.

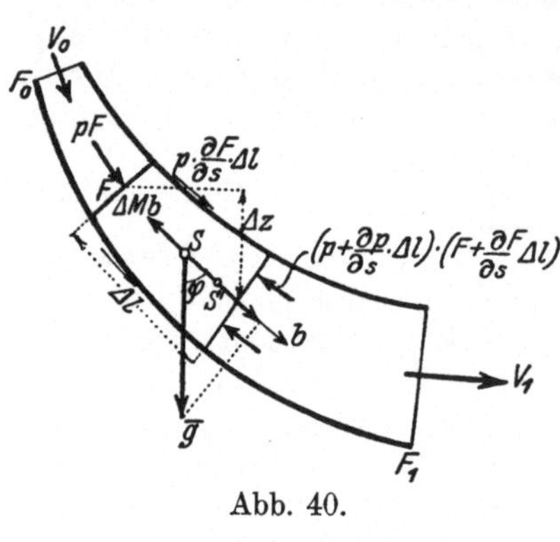

Abb. 40.

Von eingeprägten Beschleunigungen ist nach dem oben Gesagten lediglich $\overline{g}$ vorhanden, und wenn die positive z-Achse lotrecht nach aufwärts angenommen wird, so entfällt in die Bewegungsrichtung die Teilkraft $\Delta M \cdot g \cos\varphi$, wobei

$$\cos\varphi = -\frac{dz}{ds}.$$

Von Oberflächenkräften kommen die von den Normaldrücken herrührenden Teile zur Wirkung, und zwar:

a) auf die eine Stirnfläche pF in der Bewegungsrichtung des Teilchens,

b) auf die Mantelfläche $p\dfrac{dF}{ds}\Delta l$ in der Bewegungsrichtung des Teilchens[1]),

c) auf die andere Stirnfläche $\left(p + \dfrac{dp}{ds}\Delta l\right)\left(F + \dfrac{dF}{ds}\Delta l\right)$ entgegen der Bewegungsrichtung des Teilchens.

Da von Reibungskräften abgesehen wird, so kommen in tangentialer Richtung keinerlei Widerstandskräfte ins Spiel. Die Trägheitskraft ist $\Delta M \cdot b$, und damit folgt die Bewegungsgleichung

$$\Delta M \cdot b = pF + p \cdot \frac{dF}{ds} \cdot \Delta l - \left(p + \frac{dp}{ds}\Delta l\right)\left(F + \frac{dF}{ds}\Delta l\right) - \Delta M \cdot g \frac{dz}{ds}.$$

Für stationäre Bewegung kann auch die Geschwindigkeit als eine Funktion des Weges s allein angesehen werden, so daß

$$b = \frac{dV}{dt} = \frac{dV}{ds}\cdot\frac{ds}{dt} = V\frac{dV}{ds} = \frac{1}{2}\frac{dV^2}{ds}$$

zu setzen ist; nach Einsetzen des Wertes von ΔM, Streichung der Glieder 2. Ordnung und nach einigen unmittelbar ersichtlichen Kür-

---

[1]) Die auf die Mantelfläche in der Bewegungsrichtung wirkende Kraft ist nur bei veränderlichem Querschnitt des Stromfadens vorhanden. Die Querschnittszunahme längs der Länge Δl ist $\dfrac{dF}{ds}\Delta l$, und der Druck kann gleich dem arithmetischen Mittel der auf die beiden Stirnflächen des Teilchens wirkenden Drücke gesetzt werden und ist gleich p zu setzen, wenn in der Kraftgröße Glieder 2. Ordnung vernachlässigt werden.

zungen erhält man daher aus der vorigen die „Lagrange-Eulersche Bewegungsgleichung für den idealen Stromfaden" in der Form

$$b \equiv \frac{dV}{dt} \equiv V\frac{dV}{ds} = \frac{1}{2}\frac{dV^2}{ds} = -\frac{1}{\varrho}\frac{dp}{ds} - g\frac{dz}{ds} \qquad \ldots \quad (46)$$

Die Tangentialbeschleunigung des Teilchens ist also gleich der negativen Änderung des Druckes längs der Bogenlänge, durch die Dichte ϱ dividiert, vermehrt um die Komponente der Beschleunigung der Schwere in der Richtung der Tangente.

17. Die Druckgleichung. Die Bewegungsgleichung in der Form (46) läßt sich für die vollkommene Flüssigkeit ($\varrho =$ konst.) unmittelbar integrieren und liefert nach Division durch g (da $\varrho g = \gamma$):

$$\frac{V^2}{2g} + \frac{p}{\gamma} + z = \frac{V_0^2}{2g} + \frac{p_0}{\gamma} + z_0 = \text{konst.} \qquad \ldots \quad (47)$$

eine Gleichung, die man als **Bernoullische Gleichung, als Energiegleichung** oder kurz als **Druckgleichung** bezeichnet, und die den Ausgangspunkt für viele Rechnungen in der Hydraulik darstellt. Sie besagt, daß **für alle Teilchen eines idealen Stromfadens die Summe aus der Geschwindigkeitshöhe, der Druckhöhe und der absoluten Höhe — (von irgendeinem Ausgangshorizont gerechnet) konstant ist.** In der Gl. (47) sind diese Größen für die „Eintrittstelle" mit dem Zeiger 0 versehen.

Was hier als **Druck** (p) bezeichnet wird, wird in der Hydraulik meist **statischer Druck** genannt, während als **hydraulischer Druck** die Größe $p + \gamma V^2/2g$ bezeichnet wird.

Bemerkungen über die Messung des Druckes p. Der Druck in irgendeinem Punkte einer Flüssigkeit wird durch die Höhe der Flüssigkeitsäule in einem seitlich angesetzten und geschlossenen Manometerrohr (Piëzometer) gemessen; es ist dabei günstig, eine feine Bohrung zu verwenden und die Ränder gut abzurunden (Abb. 41), wobei jeder Grat am Lochrand und alle Auf- oder Einbeulungen zu vermeiden sind.

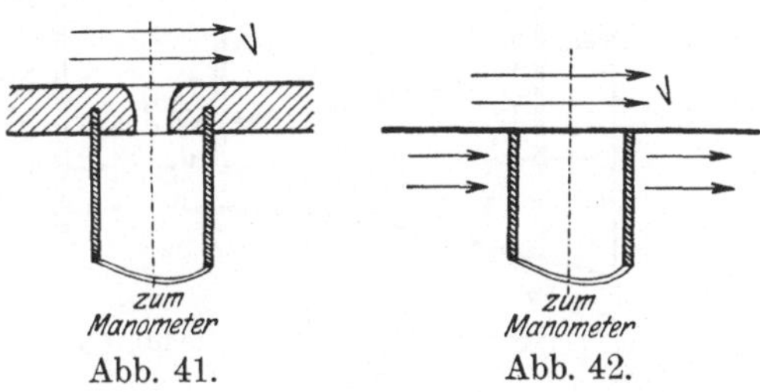

Abb. 41.   Abb. 42.

Durch Verwertung desselben Gedankens kann auch der Druck an irgendeiner Stelle im Innern der Strömung gemessen werden. Es wird dabei eine dünne — in der Mitte durchlochte Scheibe (Sersche Scheibe, Abb. 42), an die ein dünnes Rohr angelötet ist, an die betreffende Stelle geführt, während das angesetzte Rohr wieder mit einem Manometer verbunden wird. Da durch Schrägstellungen der Scheibe leicht Fehler entstehen, ist es günstiger, statt der Scheibe einen kleinen Körper in „Stromlinienform", Abb. 43, zu verwenden, der innen hohl und mit kleinen Öffnungen versehen ist und dessen Innenraum wieder durch ein Rohr oder einen Schlauch an ein Manometer angeschlossen wird. Ist das Manometer am zweiten Schenkel offen, so erhält man, wie in der Statik gezeigt, den „Überdruck" oder „Unterdruck" über den atmosphärischen Luftdruck, ist es geschlossen und luftleer gemacht, so ergibt sich der

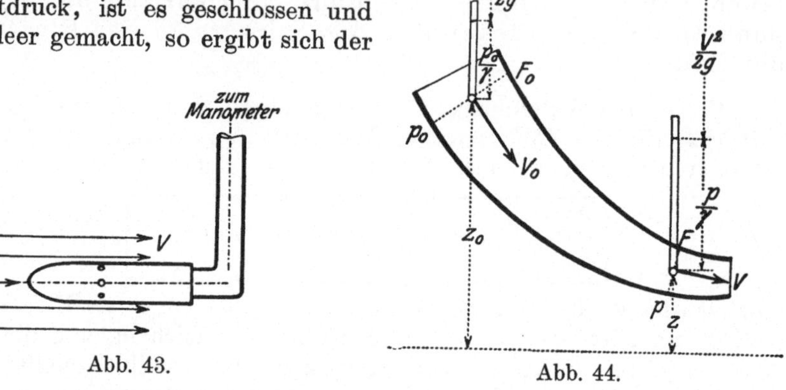

Abb. 43.

Abb. 44.

absolute Druck, d. h. der Druck über den Wert 0 im luftleeren Raum. —

Mit Hilfe einer solchen Druckanzeige kann die Aussage der Gl. (47) in die folgende anschauliche Form gebracht werden. Wird an jeder Stelle eines idealen Stromfadens (Abb. 44) durch ein seitlich ange-

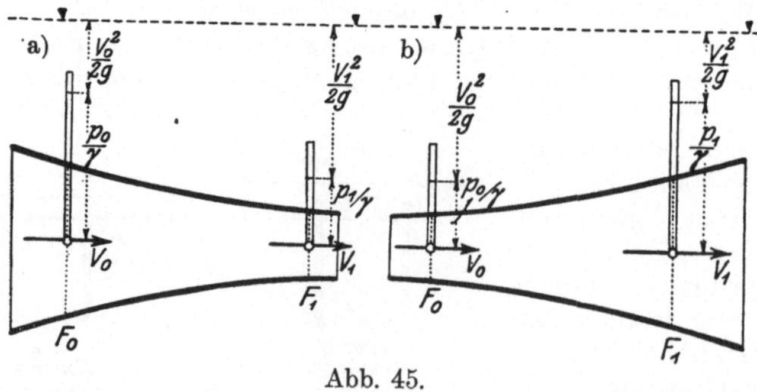

Abb. 45.

setztes Manometerrohr die „Druckhöhe" p/γ und darüber noch die „Geschwindigkeitshöhe" $V^2/2\,g$ angesetzt, so gelangt man für alle Punkte des Stromfadens zu derselben wagrechten Ebene, die man als das ideelle Niveau des Stromfadens bezeichnet. Der Grund dafür, warum für alle Punkte des Stromfadens ein einheitliches Niveau erreicht wird, liegt in dem Umstande, daß keinerlei Verluste berücksichtigt wurden, und daß die 3 Teile; $V^2/2\,g$, p/γ, und z als die 3 Bestandteile der Energie der Flüssigkeit anzusehen sind, deren Summe bei verlustloser Umformung erhalten bleiben muß.

Beispiel 29. Der Wassermesser von Venturi gestattet die Bestimmung der Durchflußmenge einer Wasserleitung durch zwei Manometeranzeigen p_0, p_1 an einer Rohrverengung von F_0 auf F_1, die nach Abb. 45a in das Wasserleitungsrohr eingeschaltet wird. Liegen die beiden Stellen 0 und 1 in gleicher Höhe, so ist $z_0 = z_1$ und die Druckgleichung gibt unmittelbar:

$$\frac{V_1{}^2 - V_0{}^2}{2\,g} = \frac{p_0 - p_1}{\gamma}.$$

Nimmt man hierzu die Durchflußgleichung

$$F_0\,V_0 = F_1\,V_1\,, \qquad V_1 = V_0 \cdot F_0/F_1\,,$$

so folgt durch Einsetzen in die frühere Gleichung

$$F_0{}^2\,V_0{}^2 \left(\frac{1}{F_1{}^2} - \frac{1}{F_0{}^2} \right) = 2\,g \cdot \frac{p_0 - p_1}{\gamma}$$

und daher ist die Durchflußmenge

$$Q = F_0\,V_0 = \sqrt{\frac{2\,g\,(p_0 - p_1)}{\gamma\,(1/F_1{}^2 - 1/F_0{}^2)}} \qquad \ldots \ldots \ldots \quad (48)$$

Theoretisch könnte statt der Rohrverengung ebensogut eine Rohrerweiterung (Abb. 45b) verwendet werden, in der die Geschwindigkeitsenergie in Druckenergie „umgesetzt" wird, es zeigt sich jedoch, daß wegen der Zähigkeit der Flüssigkeit diese Umformung nicht in derselben nahezu verlustlosen Weise möglich ist, wie die Verengung, und daß — wie immer bei derartigen verzögerten Strömungen von Flüssigkeiten an Gefäßwänden oder an Wänden eingetauchter Körper — eine Erscheinung eintritt, die die vollständige Raumerfüllung durch den Flüssigkeitsstrom und damit die (nahezu) restlose Überführung von Geschwindigkeits- in Druckenergie verhindert: nämlich die Ablösung der Strömung von der Wand.

Beispiel 30. Die Pitotsche Röhre dient zur Messung der Geschwindigkeit an irgendeiner Stelle der Flüssigkeit. Sie besteht aus einem vorne offenen, der Strömung entgegengestellten und diese möglichst wenig störenden Röhrchen (Abb. 46), das lotrecht nach oben abgebogen ist. In der Rohrmündung kommt die Flüssigkeit zur Ruhe, d. h. es entsteht dort ein Druck p_1, der durch die Gleichung gegeben ist:

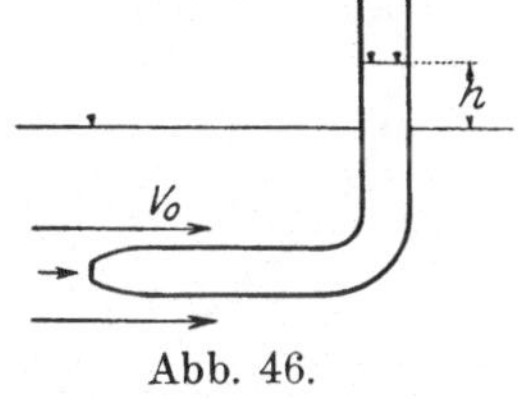

Abb. 46.

$$\frac{p_1}{\gamma} + 0 = \frac{p_0}{\gamma} + \frac{V_0{}^2}{2\,g}\,,$$

wenn p_0 der Druck und V_0 die Geschwindigkeit in der ungestörten Flüssigkeit bedeuten. Infolge des Überdruckes $p_1 - p_0 = \gamma\,V_0{}^2/2\,g$, der auch als Staudruck bezeichnet wird, wird die Flüssigkeit im lotrechten Schenkel um ein Stück h ansteigen und es ist nach den Regeln der Statik:

$$h = \frac{p_1 - p_0}{\gamma}\,, \qquad \text{und daher} \qquad V_0 = \sqrt{2\,g \cdot \frac{p_1 - p_0}{\gamma}} = \sqrt{2\,g\,h} \qquad \cdot \cdot \ (49)$$

Vor die Wurzel wird dann noch ein Berichtigungsfaktor geschrieben, der durch Versuche (Eichung) bestimmt wird, und der den Einfluß der Zähigkeit des Wassers und der Störung durch das Gerät selbst berücksichtigen soll.

Geräte dieser Art werden als Staugeräte bezeichnet; eine Ausführung hiervon ist in Abb. 47 gegeben; sie ergibt die „Staudruckhöhe" $V_0^2/2\,g$ unmittelbar als Differenz der hydraulischen Druckhöhe $\dfrac{p_0}{\gamma}+\dfrac{V_0^2}{2g}$ in dem einen Schenkel und der statischen Druckhöhe p_0/γ in dem anderen und auf diese Weise V_0. —

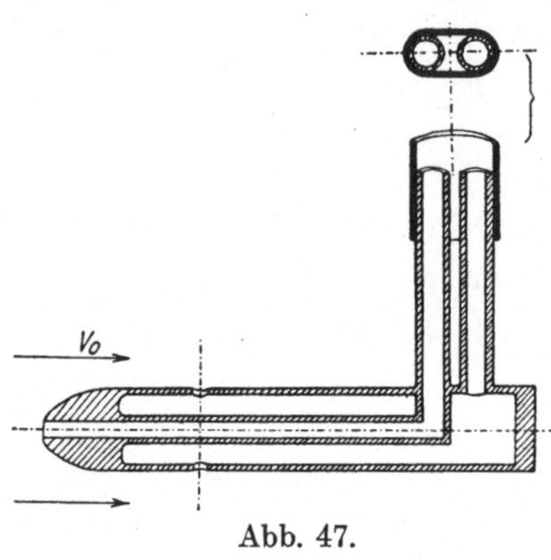

Abb. 47.

In dieser Form werden die Staugeräte auch zur Messung der Geschwindigkeit von Luftströmungen verwendet; die Ablesung der Druckhöhen erfolgt dann meist auf einem Mikromanometer, einem U-Rohr mit Alkohol als Sperrflüssigkeit, das eine feine Teilung besitzt und an dem die Ablesung durch eine Lupe geschieht (s. Beisp. 4a).

Beispiel 31. Saugwirkung der Stromfäden. Wenn an irgendeiner Stelle eines Stromfadens der Druck p kleiner wird, als der Druck p_0 der Atmosphäre, so herrscht an dieser Stelle ein Unterdruck, und dieser ist imstande, aus einem tiefer liegenden Gefäß Flüssigkeit anzusaugen; die Tiefe, bis zu welcher dieses Ansaugen eintreten kann, ist die dem Druckunterschiede $p_0 - p$ entsprechende Druckhöhe $(p_0 - p)/\gamma$. Selbstverständlich darf an keiner Stelle einer Strömung der Druck absolut $= 0$ oder < 0 werden, da sonst ein Abreißen des Stromfadens eintreten würde.

Aus der Druckgleichung liest man unmittelbar die Bedingung für das Eintreten eines Unterdruckes an einer bestimmten Stelle eines idealen Stromfadens

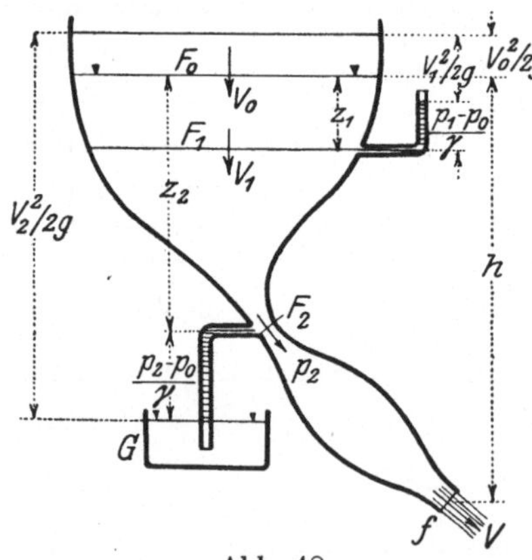

Abb. 48.

ab. Sei z_1 die lotrechte Entfernung irgendeines Querschnittes f des Stromfadens vom Spiegel, so gilt (Abb. 48)

$$\frac{p_1}{\gamma}+\frac{V_1^2}{2g}=\frac{p_0}{\gamma}+\frac{V_0^2}{2g}+z_1\,,$$

daraus folgt der Überdruck im Querschnitt f:

$$\frac{p_1 - p_0}{\gamma}=z_1-\frac{V_1^2-V_0^2}{2\,g}\,,$$

welche Gleichung sich mit Benützung der Durchflußgleichung

$$F_0\,V_0 = F_1\,V_1 = f\,V$$

und der Gleichung $V^2/2\,g = h$ auch so schreiben läßt:

$$\frac{p_1 - p_0}{\gamma}=z_1-\frac{f^2\,V^2}{2\,g}\left(\frac{1}{F_1^2}-\frac{1}{F_0^2}\right)=z_1-h\,f^2\left(\frac{1}{F_1^2}-\frac{1}{F_0^2}\right).$$

Nimmt man nun an, daß der Querschnitt F_0 an der Eintrittstelle 0 sehr groß, also $1/F_0^2 \sim 0$ sei, so folgt (angenähert):

$$\frac{p_1 - p_0}{\gamma}=z_1-h\,\frac{f^2}{F_1^2} \quad\cdot\cdot\cdot\cdot\cdot\cdot\cdot\cdot\cdot\cdot\cdot\quad (50)$$

Eine solche Gleichung gilt für jeden Querschnitt F_1 des Stromfadens, der klein gegen F_0 ist. — Der Überdruck $p_2 - p_0$ an einer Stelle 2 etwa wird also negativ, sobald $p_2 < p_0$, d. h. sobald die Bedingung erfüllt ist:

$$z_2 < h\,f^2/F_2^2\,,$$

d. h. es muß

$$\boxed{\frac{F_2}{f} < \sqrt{\frac{h}{z_2}}}\,, \quad\quad\quad\quad\quad\quad (51)$$

das Verhältnis des betreffenden Querschnittes gegen den Ausflußquerschnitt muß also kleiner sein als eine gewisse Zahl, die von den Höhen der beiden Querschnitte abhängt.

Die Größe der dabei auftretenden Unterdruckhöhe ist nach Gl. (50)

$$H_2 = \frac{p_0 - p_2}{\gamma} = h\,\frac{f^2}{F_2^2} - z_2\,, \quad\quad\quad\quad (52)$$

d. h. bis zu dieser Tiefe kann das Gefäß G gesenkt werden, ohne daß die Saugwirkung des Stromfadens aufhört. — Alle diese Aussagen gelten nur bei Abwesenheit aller Verluste, die jedoch gerade hiebei ziemlich erheblich ausfallen können.

Eine Anwendung dieser Eigenschaft des Stromfadens, an passend angeordneten Stellen eine Saugwirkung zu erzeugen, wird bei den Saugstrahlpumpen praktisch verwertet; bei ihnen wird die Führung des Stromfadens an solchen Unterdruckstellen (s. u. Abb. 91) geöffnet, durch diese Öffnung wird Wasser oder Luft angesaugt und gemeinsam mit dem „Betriebswasser" des Stromfadens fortgeleitet. Die genauere Einsicht in die dabei herrschenden Vorgänge verlangt die Berücksichtigung der auftretenden Verluste (Näheres hierüber s. 36).

Im Wasserbau wird die Saugwirkung bei den Heberüberfällen in größerem Maßstabe verwendet (s. Beispiel 4c).

Wie schon hervorgehoben, gibt die Druckgleichung die wichtigste Grundlage für die Rechnungen der praktischen Hydraulik ab. Da sie jedoch an sich die stets vorhandenen Widerstände, insbesondere die von der Zähigkeit der Flüssigkeit herrührenden, nicht berücksichtigt, muß sie durch Einführung besonderer Widerstandsglieder „erweitert" werden; man spricht dann von der „erweiterten Druckgleichung", die jedoch keineswegs mehr wie die Gl. (47) ein Integral der Bewegungsgleichung darstellt, sondern einen summarischen Ansatz, zu dem man in Ermanglung genauerer Einsichten genötigt ist. Über die Form der auf diese Weise im einzelnen erhaltenen Ansätze wird späterhin ausführlich zu berichten sein.

II. Ausfluß von Flüssigkeiten aus Gefäßen.

18. Das Toricellische Gesetz. Die Druckgleichung kann vor allem dazu verwendet werden, die Ausflußgeschwindigkeit einer Flüssigkeit aus einem Gefäße bei festem Oberspiegel, also bei stationärer Strömung, zu bestimmen. Wir wollen dabei zunächst die Voraussetzung machen, daß der ganze Verlauf der betrachteten Flüssigkeitsströmung annähernd die Bedingungen des idealen Stromfadens erfüllt; dies wird der Fall sein, wenn entweder das Gefäß selbst eine solche Form hat (Abb. 49 a), daß das Auftreten einer Störung tunlichst vermieden wird, oder wenn es sich um eine kleine, gut abgerundete Ausflußöffnung an beliebiger Stelle des Gefäßes handelt (Abb. 49 b).

Wenn also die ganze Flüssigkeit als idealer Stromfaden angesehen werden kann, so lautet zunächst die Druckgleichung mit den in der Abb. 49 eingetragenen Bezeichnungen

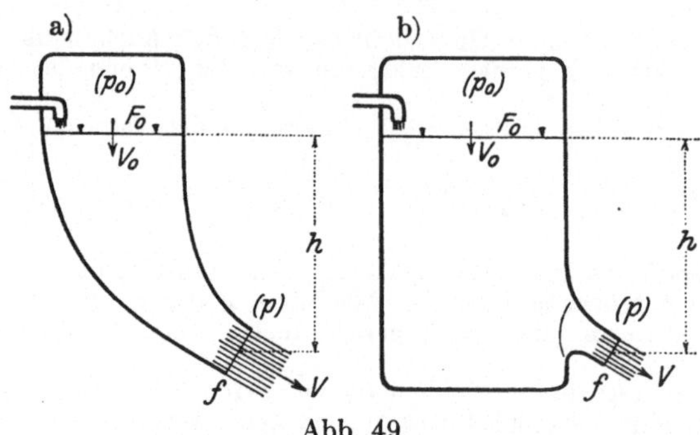

Abb. 49.

$$\frac{V^2}{2\,g} + \frac{p}{\gamma} = \frac{V_0^{\,2}}{2\,g} + \frac{p_0}{\gamma} + h.$$

Nimmt man hierzu die Durchflußgleichung $fV = F_0 V_0$, und setzt

$$f/F_0 = n \;(\text{meist viel} < 1), \quad \text{also} \quad V_0 = n\,V,$$

so ergibt sich

$$\boxed{V = \sqrt{\frac{2\,g\,[h + (p_0 - p)/\gamma]}{1 - n^2}}} \quad \ldots \ldots \ldots (53)$$

Den im Zähler des Bruches auftretenden Ausdruck $h + (p_0 - p)/\gamma = H$ bezeichnet man auch als **wirksame Druckhöhe**.

In dem besondern Fall, wenn auf den Spiegel des Gefäßes und bei der Ausflußöffnung derselbe Druck herrscht, ist $p_0 = p$, und daher:

$$V = \sqrt{\frac{2\,g\,h}{1 - n^2}}; \quad \ldots \ldots \ldots \ldots (54)$$

wenn überdies die Ausflußöffnung **klein** gegen die Spiegelfläche ist, ist $n \sim 0$, und es ergibt sich das **Toricellische Gesetz**:

$$\boxed{V = \sqrt{2\,g\,h}}, \quad \ldots \ldots \ldots \ldots (55)$$

wonach die Geschwindigkeit des ausfließenden Wassers der Fallgeschwindigkeit eines Punktes im Schwerefelde durch die Höhe h gleich ist.

Manchmal wird die ungleichförmige Verteilung der Geschwindigkeit im Stromfaden durch Hinzufügung eines Beiwertes α zum Geschwindigkeitsgliede in der Druckgleichung berücksichtigt, so daß diese in der Form angesetzt wird

$$\alpha \frac{V^2}{2\,g} + \frac{p}{\gamma} + h = \text{konst.}, \quad \text{wobei} \quad \alpha = 1{,}1 \text{ bis } 1{,}2,$$

doch wird auf diese Korrektur gewöhnlich keine Rücksicht genommen.

19. Einfluß der Zähigkeit. Einschnürung. a) Zähigkeit. Die tatsächlich beobachtete Ausflußgeschwindigkeit stellt sich nun, auch wenn die Form des Gefäßes äußerlich den Bedingungen des idealen Stromfadens genügt, immer kleiner heraus, als der in Gl. (55) angegebene Wert $\sqrt{2\,gh}$. Die Ursache dieses Fehlbetrages liegt in der Zähigkeit, die sich durch das Auftreten von Reibungswiderständen im Innern der Flüssigkeit, insbesondere in der Nähe der Gefäßwände kundgibt; es tritt ein Verlust auf, für dessen Größe ein bestimmter Bruchteil des theoretischen Wertes $\sqrt{2\,gh}$ angesetzt wird; es wird demnach gesetzt:

$$\boxed{V = \psi \cdot \sqrt{2\,gh}}, \quad (\psi < 1) \ \ldots \ldots \ldots (56)$$

Und zwar ist nach J. Weisbach:

$$\left.\begin{array}{l} \text{bei } h = 0{,}02 \text{ m} : \psi = 0{,}96 \\ \text{bei } h = 103 \text{ m} : \psi = 0{,}995 \end{array}\right\} \text{ im Mittel } \psi = 0{,}97,$$

so daß im Mittel 3 vH. des theoretischen Wertes der Geschwindigkeit verloren gehen.

Setzt man

$$V = \psi\,\sqrt{2\,gh} = \sqrt{2\,gh_1},$$

so kann dieser Verlust, wie es in der Hydraulik üblich ist, als Widerstandshöhe h_w eingeführt werden; es ist

$$h_w = h - h_1 = h_1\left(\frac{1}{\psi^2} - 1\right) = \left(\frac{1}{\psi^2} - 1\right)\cdot\frac{V^2}{2\,g} = \zeta_1\cdot\frac{V^2}{2\,g} \ \ . \ \ . (57)$$

wenn $\zeta_1 = \dfrac{1}{\psi^2} - 1 \sim 0{,}065$ als Widerstandsziffer, herrührend von der Zähigkeit, eingeführt wird; die Widerstandshöhe h_w wird dabei stets als Teil der dem Ausfluß entsprechenden Geschwindigkeitshöhe betrachtet und stellt den Arbeitsverlust für 1 kg oder den Leistungsverlust für 1 kg/sek des durchfließenden Wassers dar.

b) Einschnürung. Ist die Ausflußöffnung nicht gut abgerundet, sondern scharfkantig in dünner Wand, so tritt eine Erscheinung ein, die man als Einschnürung (Kontraktion) des ausfließenden Strahles bezeichnet und die die ausfließende Wassermenge noch weiter vermindert.

Der Bewegungsvorgang, der etwa beim Ausfluß aus einer Bodenöffnung vorliegt, ist dann in folgender Weise zu beschreiben: Aus dem Innern des Gefäßes strömt die Flüssigkeit von allen Seiten gegen die Öffnung hin (Abb. 50). Da die Richtung der Geschwindigkeit in der Nähe der unteren Begrenzungsebene des Gefäßes dieser parallel sein muß, und eine plötzliche Richtungsänderung, ein Knick in den Stromlinien nicht eintreten kann (da die Geschwindigkeit nicht 0 wird), so muß die Richtung der Geschwindigkeit nahe am Rande der Ausfluß-

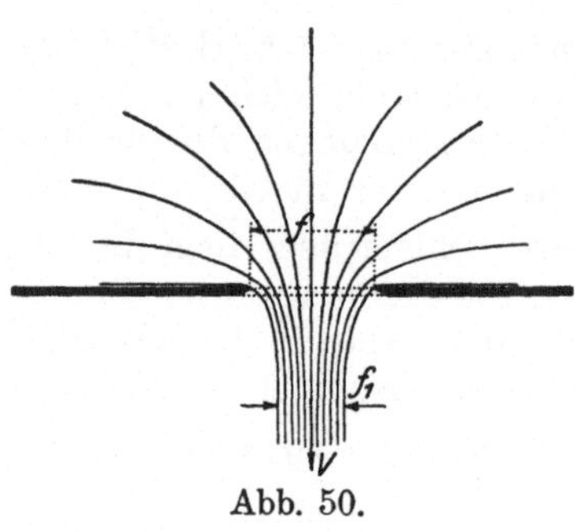
Abb. 50.

öffnung zunächst noch wagrecht bleiben, wodurch die Einschnürung des Ausflußstrahles zustande kommt: diese wagrechte Geschwindigkeit nimmt allerdings rasch ab, so daß die Bahnen der Teilchen schon in einiger Entfernung von der Öffnung als lotrecht betrachtet werden können. Durch das Hinzutreten der Flüssigkeit von allen Seiten wird sonach der Querschnitt des ausfließenden Strahls verkleinert, sowie beim Gedränge einer Menschenmenge beim Austritt durch ein Tor die Anzahl der in jeder Zeiteinheit austretenden Personen verkleinert wird.

Sei f der Querschnitt der Ausflußöffnung und f_1 der Querschnitt des austretenden Strahls, so nennt man:

$$\frac{f_1}{f} = \frac{\text{Strahlquerschnitt}}{\text{Lochquerschnitt}} = \alpha = \text{Einschnürungszahl} \qquad . \ . \ (58)$$

und die Ausflußmenge ist daher

$$Q = f_1 \cdot V = \alpha f \cdot \psi \sqrt{2\,g\,h} = \mu f \cdot \sqrt{2\,g\,h} \ , \ . \ . \ . \ . \ (59)$$

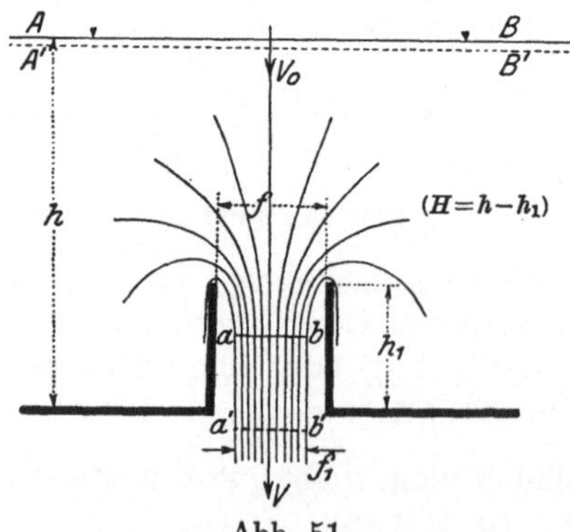
Abb. 51.

worin

$$\mu = \alpha\,\psi = \text{Ausflußzahl} \ . \ (60)$$

Für einen besonderen Fall läßt sich nun die Einschnürungszahl α genau ermitteln, nämlich für die Bordasche Mündung, die gleichzeitig eine untere Grenze für α liefert; sie besteht aus einem nach innen eingesetzten zylindrischen Stutzen (Abb. 51).

Das natürliche Hilfsmittel für Rechnungen dieser Art ist der Impulssatz, der sich für alle Betrachtungen dieser Art in der Hydraulik als außerordentlich verwendbar erweist; er besagt, daß für irgendeine beliebig abgegrenzte Menge der Flüssigkeit die Änderung der Bewegungsgröße in der Zeiteinheit gleich ist

dem zeitlichen Mittelwert der Summe der auf diese Menge
einwirkenden Kräfte für die Zeiteinheit. Meistens hat man
es in der Hydraulik mit zeitlich konstanten Kräften zu tun.

Betrachten wir die Wassermasse zwischen der freien (seitlich
irgendwie begrenzten) Oberfläche AB und dem eingeschnürten Querschnitt ab, so wird am Ende der sehr kleinen Zeit Δt diese selbe
Wassermasse in die benachbarte Lage $A'B'a'b'$ gekommen sein.
Wegen der stationären (permanenten oder „beständigen") Beschaffenheit der Strömung ist die Bewegungsgröße der Flüssigkeit zwischen
den Querschnitten $A'B'$ und a, b am Ende von Δt dieselbe wie am
Anfang, da jedes Teilchen durch ein anderes mit gleicher und gleich-
gerichteter Geschwindigkeit ersetzt wird. Die Änderung der Bewegungsgröße der betrachteten Flüssigkeitsmasse reduziert sich daher
auf den Unterschied zwischen den Bewegungsgrößen der in $ABA'B'$
und $aba'b'$ enthaltenen gleichen Flüssigkeitsmassen ΔM; bezeichnet
man die erste Bewegungsgröße mit $\Delta M \cdot V_0$, die zweite mit $\Delta M \cdot V$,
beide in der Lotrechten (z) genommen, so gilt

$$\frac{\Delta M \cdot V - \Delta M \cdot V_0}{\Delta t} = \Sigma Z, \quad \ldots \ldots \ldots (61)$$

wobei ΣZ die Summe der in der z-Richtung auf die betrachtete
Flüssigkeitsmasse wirkenden Kräfte bedeutet. Für die Teilchen in
$ABA'B'$ sind die Geschwindigkeiten sehr klein; wir können daher
$V_0 \sim 0$ setzen. Da ferner der Rauminhalt des Teilchens

$$ab\,a'b' = f_1 \cdot \Delta s = f_1 \cdot V \cdot \Delta t$$

ist, so ist dessen Masse

$$\Delta M = \frac{\gamma}{g} f_1 V \cdot \Delta t;$$

und mit $V^2 = 2gH$, wobei $H = h - h_1$, gibt die linke Seite der Gl. (61):

$$\frac{\Delta M \cdot V}{\Delta t} = \frac{\gamma}{g} f_1 V^2 = \frac{\gamma}{g} f_1 \cdot 2gH = 2\gamma f_1 H \quad \ldots \ldots (62)$$

In der Richtung der Lotrechten setzen sich die Kräfte (ΣZ) aus dem
Eigengewichte und den Drücken der Luft auf die Oberfläche zusammen; beide werden durch den Druck des Bodens aufgehoben, bis
auf den Druck auf die Ausflußöffnung f; die Größe des auf f lasten-
den Druckes ist nun

$$\Sigma Z = (p_0 + \gamma H)f - p_0 f = \gamma f H,$$

somit geht die Gl. (61) über in

$$2\gamma f_1 H = \gamma f H,$$

woraus endlich folgt

$$\boxed{\alpha = f_1/f = 1/2} \quad \ldots \ldots \ldots \ldots (63)$$

Bei dieser Ableitung, die ganz ebenso auch für Seitenöffnungen
auszuführen ist, ist die Gl. $V^2 = 2gH$ benützt worden, die offenbar
nur eine Näherung vorstellt, da der Wert von V u. a. auch von der

Höhe h_1 des einspringenden Stutzens abhängen wird. Jedenfalls ist tatsächlich $V^2 < 2\,g\,H$ zu setzen und daher folgt $\alpha > 1/2$, was auch in Wirklichkeit beobachtet wird[1]).

Die theoretische Bestimmung der genaueren Werte der Ausflußzahlen ist eine sehr verwickelte Aufgabe, weshalb man bei ihrer Festlegung heute noch vorwiegend auf Versuche angewiesen ist, über deren Ergebnisse im nächsten Abschnitte das wichtigste berichtet wird.

20. Ausflußzahlen für Boden- und Seitenöffnungen. Für den Wert der Ausflußzahl μ ist nicht nur die Form und die Tiefenlage der Ausflußöffnung von Bedeutung, sondern auch die Form des Gefäßes selbst in der Nähe der Ausflußöffnung. Es zeigt sich, daß der Einfluß der Gefäßwände und des Bodens erst verschwindet, wenn sie um die 2 bis 3 fachen Abmessungen der Ausflußöffnung von dieser entfernt sind. Beim Verschwinden des Einflusses der Gefäßform kann sich die Einschnürung des ausfließenden Strahles unbehindert ausbilden, und man spricht dann von vollkommener Einschnürung. Treten jedoch die Seitenwände des Gefäßes näher an die Ausflußöffnung heran, so werden die Bewegungsrichtungen der zur Öffnung hinfließenden Wasserteilchen schon teilweise in die Ausflußrichtung fallen und die Einschnürung wird mehr oder weniger aufgehoben — die Einschnürung wird unvollkommen.

Aus der großen Zahl der sich hiebei ergebenden Möglichkeiten sind nur jene experimentell geprüft worden, die technisch von Bedeutung waren. Sie betreffen insbesondere Boden- und Seitenöffnungen mit rechteckigen und kreisförmigen Querschnitten und Gefäßformen, die bei Gerinnen zur Anwendung kommen. Die im folgenden mitgeteilten Zahlen stellen nur einen kleinen Teil des umfangreichen Versuchsmaterials dar, das auf diesem Gebiete namentlich durch die Arbeiten von Poncelet, Lesbros und J. Weisbach erhalten worden ist.

A. Bodenöffnungen. Für scharfkantige Bodenöffnungen von beliebiger Form in ebener Wand, also bei vollkommener Einschnürung, ist zu setzen:
$$\alpha = 0{,}61 \text{ bis } 0.64 \ (\text{gewöhnlich } 0{,}64)$$
und die Ausflußzahl (mit $\psi = 0{,}97$):
$$\mu = \alpha\,\psi = 0{,}64 \cdot 0{,}97 = 0{,}62 \ \ldots \ldots \ldots \ (64)$$

Durch Führungswände, die im Inneren des Gefäßes längs der Öffnungen angebracht werden, wird die Einschnürung behindert, man spricht dann von teilweiser Einschnürung und erhält die hiefür geltende Ausflußzahl nach Versuchen von Bidone und Weisbach in der Form
$$\mu' = \mu\left(1 + \varkappa \cdot \frac{\text{eingefaßte Länge}}{\text{ganzer Öffnungsumfang}}\right), \ \ldots \ (65)$$

wobei für Kreise $\varkappa = 0{,}128$, für kleine Quadrate $\varkappa = 0{,}152$, für kleine Recktecke $\varkappa = 0{,}134$, für größere bis $0{,}157$ und für μ der bei vollkommener Einschnürung geltende Wert $(0{,}62)$ zu setzen ist.

---

[1]) Eine genauere Untersuchung zeigt, daß die Voraussetzungen der obigen Betrachtungen gerade im Fall des einspringenden Ansatzes ziemlich genau erfüllt sind.

Auch durch eine der Ausflußöffnung vorgelagerte Verengung des Gefäßes (Abb. 52) wird die Einschnürung unvollkommen, da hier die Flüssigkeitsteilchen auch an den Wänden schon vor der Ausflußöffnung teilweise in lotrechte Bahnen gedrängt werden. Sei f' der Querschnitt des Gefäßes vor der Ausflußöffnung f und $n = f/f' \ (<1)$, so ist nach Weisbach für die Ausflußzahl μ' in diesem Falle zu setzen $(\mu = 0{,}62)$:

1. für kreisförmige Öffnungen: $\mu' = \mu\,[1 + 0{,}0456\,(14{,}82^n - 1)]$

2. für rechteckige Öffnungen: $\mu' = \mu\,[1 + 0{,}076\,(9^n - 1)]$

$$\left.\begin{array}{r}\\ \\\end{array}\right\} \quad (66)$$

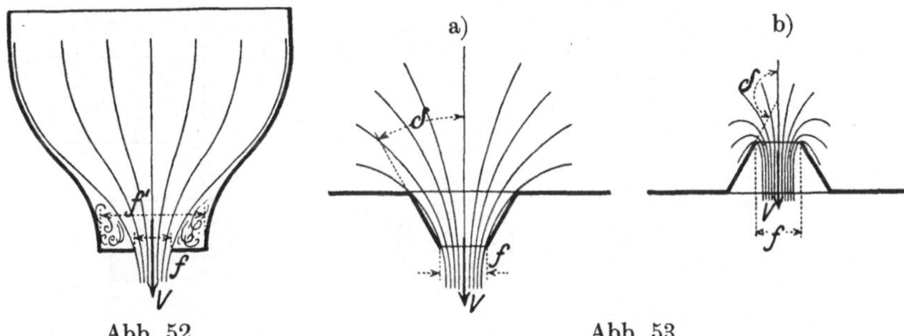

Abb. 52.   Abb. 53.

Durch kegelförmige Ansatzröhren, die nach außen ragen, (Abb. 53a, $0 < \delta < \pi/2$, $\cos\delta > 0$) wird die Einschnürung ebenfalls teilweise behindert, dagegen verschärft, wenn das Ansatzrohr nach innen angesetzt ist (Abb. 53b, $\pi/2 < \delta < \pi$, $\cos\delta < 0$); für beide Fälle läßt sich nach Weisbach die Ausflußzahl μ' in der Form darstellen:

$$\mu' = \mu\,[1 + 0{,}332\cos^3\delta + 0{,}1684\cos^4\delta]. \quad \ldots \quad (67)$$

Beispiel 32. Ein Behälter in Form eines Prismas sei bis zu einer Höhe von $h = 3$ m mit Flüssigkeit gefüllt. Wieviel Wasser fließt innerhalb einer Stunde durch eine Bodenöffnung von $f = 10$ cm² aus, wenn der Spiegel durch einen Zufluß auf gleicher Höhe erhalten wird und die Ausflußzahl $\mu = 0{,}62$ beträgt? Nach Gl. (59) ist die Ausflußmenge in 1 Sekunde:

$$Q = \mu\,f\sqrt{2gh} = 0{,}62\cdot 0{,}001\cdot\sqrt{2\cdot 9{,}81\cdot 3} = 0{,}00478 \ \text{m}^3/\text{sek},$$

daher in 1 Stunde (da $60\cdot 60 = 3600$):

$$Q_1 = 3600\cdot 0{,}00478 = 17{,}2 \ \text{m}^3/\text{Stde.},$$

B. Seitenöffnungen. Die Gl. (59) für die Ausflußmenge aus einer Öffnung f wird auch verwendet, wenn die Öffnung in einer lotrechten oder geneigten Seitenwand des Gefäßes liegt; in diesem Falle wird Gl (59) nur für einen schmalen wagrechten Streifen von der Größe $df = x\cdot dz$ der Ausflußöffnung als gültig angesehen (Abb. 54) und die durch diese Öffnung ausfließende Menge in der Form angesetzt:

$$dQ = \mu\,df\cdot\sqrt{2gz} = \mu\sqrt{2g}\cdot x\sqrt{z}\cdot dz,$$

wobei z die Entfernung des Flächenteilchens vom Spiegel ist. Die gesamte Ausflußmenge ergibt sich sodann als die Summe aller dQ, wofür (unter Benutzung des Mittelwertsatzes der Integralrechnung) gesetzt wird:

$$Q = \mu \sqrt{2g} \int_h^H x \sqrt{z}\, dz \quad \ldots \ldots \ldots \quad (68)$$

Da durch die Form der Ausflußöffnung $x = x(z)$ gegeben ist, kann das Integral ohne weiteres, wenn nicht rechnerisch, so doch sicher numerisch oder zeichnerisch ausgewertet werden.

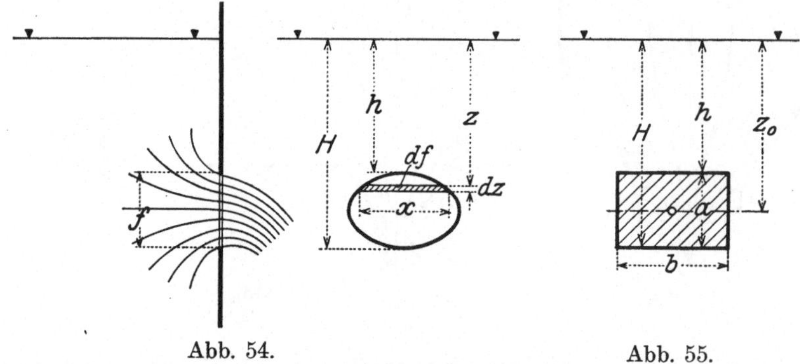

Abb. 54.   Abb. 55.

Die ganze Schwierigkeit liegt wieder in der Wahl der Ausflußzahl μ, die, wie gesagt, theoretisch schwierig zu ermitteln ist; man hat sich auch hier wieder durch Versuche geholfen und ist in allen Fällen, wo Versuche nicht vorliegen, zu Schätzungen gezwungen.

Beispiel 33. Rechteckige und kreisförmige Seitenöffnung.

a) Für das Rechteck nach Abb. 55 ist $x = b = $ konst., und daher gibt die Gl. (68):

$$Q = \mu b \sqrt{2g} \int_h^H \sqrt{z}\, dz, \quad \text{d. h.} \quad Q = \tfrac{2}{3} \mu b \sqrt{2g}\, [H^{3/2} - h^{3/2}] \quad \ldots \ldots \quad (69)$$

Für kleine und tiefliegende Ausflußöffnungen kann man diesem Ausdruck noch eine etwas andere Form geben, die für praktische Rechnungen bequemer ist. Man führt die Tiefe z_0 des Schwerpunktes unter dem Spiegel ein und setzt:

$$\begin{cases} H = z_0 + a/2, \\ h = z_0 - a/2. \end{cases}$$

Wenn man dann aus dem Klammerausdruck in Gl. (69) $z_0^{3/2}$ heraushebt und die Binome $H^{3/2} = z_0^{3/2} \cdot (1 + a/2z_0)^{3/2}$ und $h^{3/2} = z_0^{3/2} (1 - a/2z_0)^{3/2}$ nach dem binomischen Lehrsatz nach Potenzen von $a/2z_0$ entwickelt, so folgt

$$Q = \mu_1 a b \sqrt{2g z_0}, \quad \ldots \ldots \ldots \ldots \quad (70)$$

worin

$$\mu_1 = \mu \left[1 - \frac{1}{96} \left(\frac{a}{z_0} \right)^2 - \cdots \right].$$

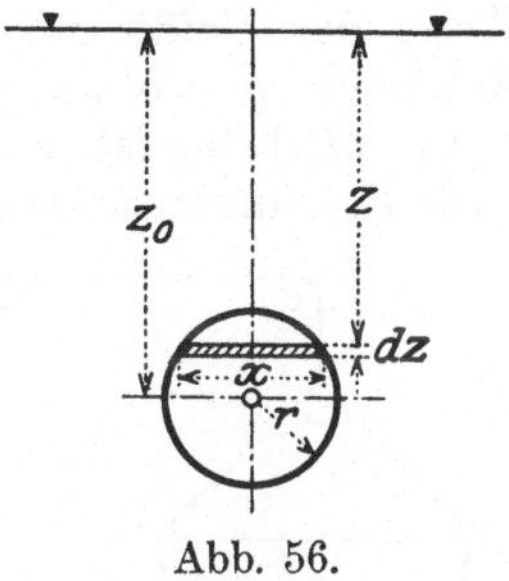

b) Für den Kreis nach Abb. 56 ist

$$x^2/4 + (z_0 - z)^2 = r^2, \quad \text{also} \quad x = 2\sqrt{r^2 - (z_0 - z)^2};$$

die Ausflußmenge in 1 sek kann wieder nach Gl. (68) berechnet und die auftretende Quadratwurzel nach Potenzen von r/z_0 entwickelt werden. Man erhält

$$\boxed{Q = \mu_2 \cdot r^2 \pi \sqrt{2 g z_0}}, \quad \dots \dots \quad (71)$$

worin

$$\mu_2 = \mu \left[1 - \frac{1}{32} \left(\frac{r}{z_0} \right)^2 - \dots \right].$$

Abb. 56.

In der folgenden Zahlentafel sind die Ausflußzahlen nach Messungen von Poncelet, Lesbros und Weisbach für eine Anzahl von verschiedenen Abmessungen und Tiefenlagen der Öffnungen bei vollkommener Einschnürung aus scharfkantigen, rechteckigen und kreisförmigen Öffnungen angegeben.

Ausflußzahlen μ_1, μ_2 für Seitenöffnungen
(nach Poncelet, Lesbros, Weisbach).

h in m	a) Rechteck: $Q = \mu_1 \cdot ab \cdot \sqrt{2 g z_0}$					z in m	b) Kreis: $Q = \mu_2 \cdot r^2 \pi \cdot \sqrt{2 g z_0}$				
	Rechteckhöhe a in cm						Öffnungshalbmesser r in cm				
	20	10	5	2	1		15	5	2	1	0,3
0,05	0,58	0,60	0,62	0,64	0,68	0,10	—	—	0,61	0,62	—
0,5	0,60	0,62	0,63	0,63	0,65	0,50	0,59	0,60	0,61	0,61	0,64
1,0	0,60	0,62	0,63	0,63	0,63	1,0	0,59	0,60	0,60	0,60	0,62
3,0	0,60	0,60	0,61	0,61	0,61	6,0	0,59	0,60	0,60	0,60	0,60

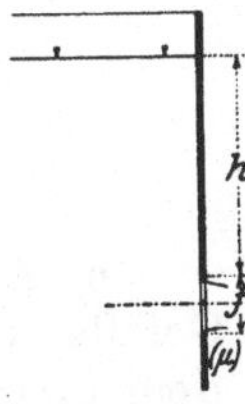

Abb. 57.

Von den eben genannten Forschern wurden auch versuchsmäßig die Änderungen untersucht, die durch gewisse Vorbauten vor die Ausflußöffnung, wie sie in Form von Ansatzgerinnen und dergleichen bei älteren hydraulischen Anlagen vorkommen, hervorgerufen werden. [Bezüglich des Einflusses von Ansatzröhren an die Ausflußöffnung s. 34.]

21. Besondere Ausflußvorgänge.

a) Ausfluß aus bewegten Gefäßen. Eine gleichförmige Bewegung des Gefäßes nach irgendeiner Richtung ändert nichts an dem Ausflußvorgange. Wenn dagegen ein Gefäß etwa mit gleichbleibender Beschleunigung b gehoben wird, so ist dies mit einer Vergrößerung der Beschleunigung der Schwere g auf den Wert $b + g$ gleichwertig und die Ausflußgeschwindigkeit (und zwar die relative Ausflußgeschwindigkeit in bezug auf das bewegte Gefäß) ist nach dem Toricellischen Gesetz für die Druckhöhe h:

$$\boxed{V = \sqrt{2 \, (g + b) \, h}} \quad \dots \dots \dots \quad (72)$$

Wenn das Gefäß mit der Beschleunigung b sinkt, so tritt in diesem Ausdruck $g - b$ an die Stelle von $g + b$, und wenn insbesondere $b = g$ wird, so ist $V = 0$, d. h. aus einem freifallenden Gefäß findet auch bei unverschlossener Öffnung kein Ausfluß statt.

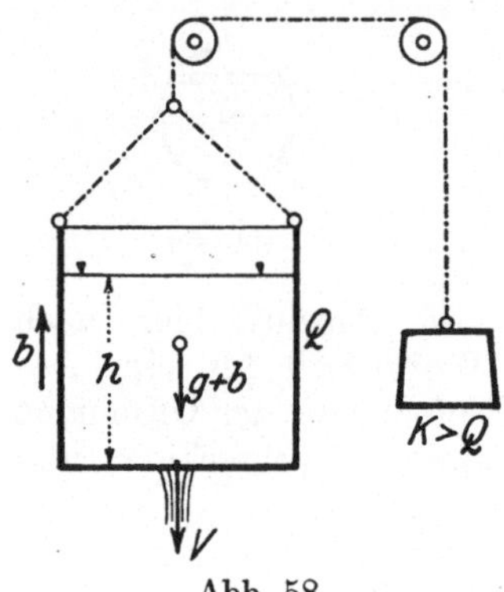

Abb. 58.

Beispiel 34. Wenn ein Gefäß vom Gewichte Q (samt Inhalt) durch ein über zwei Rollen laufendes Seil (Abb. 58) mit einem Gewichte $K(> Q)$ verbunden ist, so ist die Beschleunigung b der eintretenden gleichförmig beschleunigten Bewegung (nach dem d'Alembertschen Prinzipe)

$$b = g \cdot \frac{K - Q}{K + Q}$$

und die Ausflußgeschwindigkeit ist nach Gl. (72):

$$V = \sqrt{2\,(g + b)\,h} = \sqrt{\frac{4\,K\,g\,h}{K + Q}}\,.$$

b) Ausfluß unter innerem Überdruck. In der Gl. (53) ist auch der Ausdruck für die Geschwindigkeit beim Ausfluß aus einem Gefäße unter innerem Überdruck allein enthalten (Abb. 59)

$$V = \sqrt{\frac{2\,g \cdot (p_0 - p)}{\gamma}} \quad \ldots \ldots \ldots \quad (73)$$

c) Ausfluß unter Wasser. Für die Geschwindigkeit aus einem Gefäße von der Höhe h_1, dessen Öffnung in einer Tiefe h_2 unter dem Spiegel einer Wassermenge mündet (Abb. 60), gilt die Gleichung

$$V = \sqrt{2\,g\,(h_1 - h_2)} = \sqrt{2\,g\,h}\,, \quad \ldots \ldots \quad (74)$$

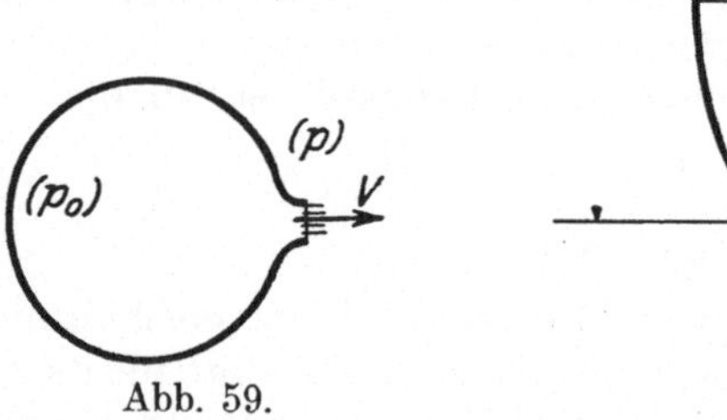

Abb. 59.

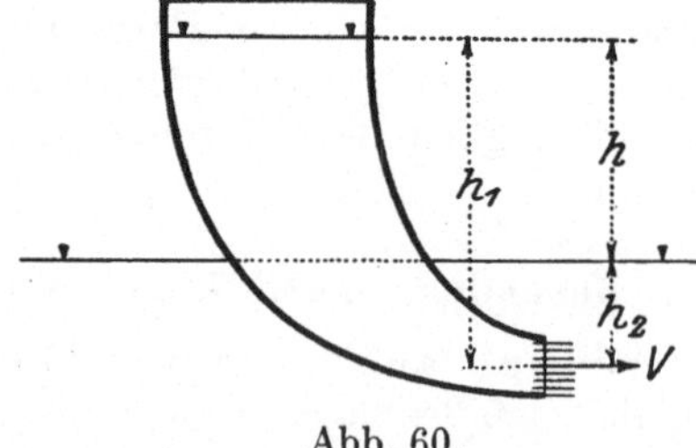

Abb. 60.

die besagt, daß für die Größe der Ausflußgeschwindigkeit in diesem Falle lediglich der Höhenunterschied der Wasserspiegel von Bedeutung ist. Sofern hierbei eine Einschnürung stattfindet, ist eine Einschnürungszahl α' einzuführen und außerdem wegen der Reibungsverluste die Zahl $\psi \sim 0{,}97$ vorzusetzen. Nach Versuchen von Weisbach ist bei Ausfluß unter Wasser $\alpha' = 0{,}98\ \alpha$ zu setzen, wenn α die Einschnürungszahl bei Ausfluß in freie Luft bezeichnet.

Der Ausfluß unter Wasser kommt z. B. bei den Grundablässen der Stauweiher u. dgl. vor, zu deren Beurteilung auch besondere Versuche angestellt wurden.

Nach derselben Gl. (74) wird (ohne Rücksicht auf den Verlust durch die Zähigkeit) die Strömungsgeschwindigkeit in einer Röhre berechnet, die zwei Gefäße verbindet, deren Spiegel den Höhenunterschied h aufweisen.

Beispiel 35. Ausgleichszeit und Füllzeit von Schleusenkammern. Die Gl. (74) für die Ausflußgeschwindigkeit unter Wasser wird dazu benützt, um die Ausgleichs- oder Füllzeit von Schleusenkammern zu ermitteln. Dabei werden in erster Näherung die Massenkräfte der bewegten Flüssigkeit außer acht gelassen, was bei langsamer Füllung kein Bedenken hat.

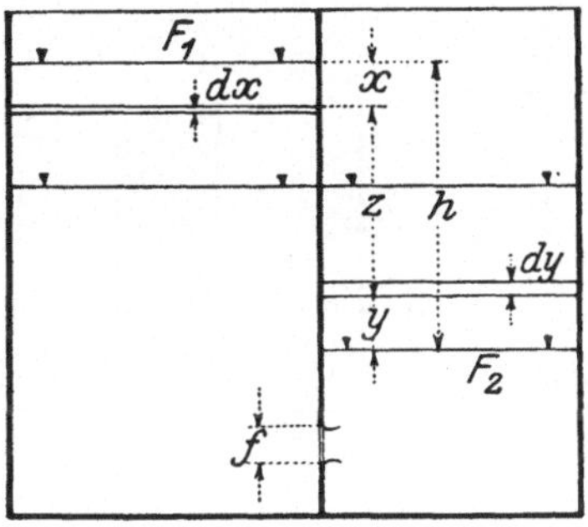

Sei etwa der linke Spiegel (Abb. 61) um x gesunken, der rechte um y gestiegen, so ist der Höhenunterschied z maßgebend für die Größe der Ausflußgeschwindigkeit in diesem Augenblicke. Die Kontinuität der Strömung liefert die Gleichungen:

Abb. 61.

$$F_1\, dx = F_2\, dy = \mu f \sqrt{2\, g z}\, dt$$

und aus $x + y + z = h$ folgt: $dx + dy = - dz$, daher

$$\mu f \sqrt{2\, g}\left(\frac{1}{F_1} + \frac{1}{F_2}\right) \cdot dt = -\frac{dz}{\sqrt{z}},$$

so daß die Ausgleichszeit T bis $z = 0$ durch die Gleichung gegeben ist:

$$\mu f \sqrt{2\, g}\left(\frac{1}{F_1} + \frac{1}{F_2}\right) \cdot T = -\int_{h}^{0} \frac{dz}{\sqrt{z}} = 2\left[\sqrt{z}\right]_0^h = 2\sqrt{h}$$

oder

$$T = \frac{2\, F_1\, F_2\, \sqrt{h}}{\mu f \sqrt{2\, g}\,(F_1 + F_2)}. \quad \ldots \ldots \ldots \ldots \quad (75)$$

Die Füllzeit aus einer **großen** Kammer, deren Spiegel in unveränderlicher Höhe angenommen wird, ergibt sich daraus für $F_1 = \infty$:

$$T = \frac{2\, F_2\, \sqrt{h}}{\mu f \sqrt{2\, g}} = \frac{2\, F_2\, h}{\mu f \sqrt{2\, g h}}. \quad \ldots \ldots \ldots \ldots \quad (76)$$

[Vgl. Beisp. 38, Gl. (92).]

Werden die Massenkräfte berücksichtigt, so erhält man Schwingungen der bewegten Flüssigkeit, die unter dem Einfluß der stets vorhandenen Widerstände allmählich zur Ruhe kommen.

d) Die (angenäherte) Berücksichtigung der **Zuströmgeschwindigkeit** c bei allen Ausflußproblemen geschieht dadurch, daß aus dem tatsächlichen Spiegel durch Aufsetzen der Höhe $c^2/2\, g$ ein „ideeller Spiegel" ermittelt wird, gegen den die wirksamen Druckhöhen der einzelnen Elemente in der Gl. (69) usw. gerechnet werden. An Stelle der Gl. (69) für rechteckige Ausflußöffnungen wird dann gesetzt:

$$Q = \tfrac{2}{3}\mu b \sqrt{2\, g}\left[(H + c^2/2\, g)^{3/2} - (h + c^2/2\, g)^{3/2}\right] \quad . \quad . \quad (77)$$

usw. Inwieweit bei dieser Auffassung die Ausflußzahlen abzuändern sind, bleibt einer besonderen Untersuchung vorbehalten, allgemein liegen hiefür nur wenig Anhaltspunkte vor.

Da die Zuströmgeschwindigkeit zur Ausflußöffnung jedoch in den meisten Fällen sehr klein ist, so kann diese Korrektur, die übrigens oft eine erhebliche Vermehrung der Rechenarbeit mit sich bringt, außer Betracht bleiben.

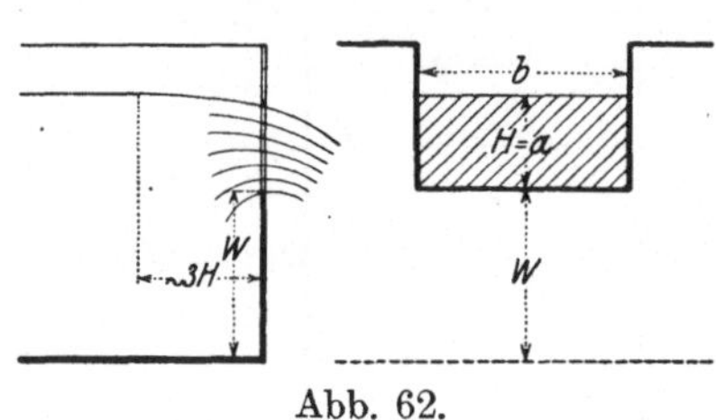

Abb. 62.

22. Überfälle. Wenn der obere Rand der Ausflußöffnung bis an den Wasserspiegel heranreicht, also $h = 0$ wird, dann spricht man von einem Überfall, und zwar, wie es zumeist vorkommt, von einem rechteckigen, wenn der Querschnitt Rechteckform hat (Abb. 62).

Aus Gl. (69) erhält man unmittelbar für $h = 0$, $H = a$: wenn $ab = Hb = f$:

$$Q = \tfrac{2}{3}\mu b H \sqrt{2gH} = \tfrac{2}{3}\mu f \sqrt{2gH} \ . \quad . \quad . \quad . \quad . \quad (78)$$

Da unmittelbar über der Unterkante der Wasserspiegel bereits eine Senkung erfahren hat, so hat man H in einer Entfernung von etwa $3\,H$ von der Unterkante stromaufwärts zu messen.

Auch hier läuft die rechnerische Ermittlung von Q auf die richtige Wahl von μ hinaus. Nach Versuchen von Bazin gelten bei freiem Strahl (Abb. 63a) über einer scharfen Überfallkante, bei vollkommener Einschnürung (auch an den Seiten) und verschiedener Wehrhöhe W für $2\,\mu/3$ die in der folgenden Zahlentafel gegebenen Werte:

Ausflußzahl $2\,\mu/3$ für rechteckige Überfälle.

H in m	Wehrhöhe W in m		
	0,2	0,5	1,0
0,1	0,46	0,44	0,43
0,3	0,50	0,45	0,43
0,5	—	0,46	0,44

Eine Zusammenfassung seiner eigenen im Flußbaulaboratorium in Karlsruhe angestellten Messungen gibt die empirische Formel von Th. Rehbock:

$$Q = \left(1{,}787 + \frac{2{,}925}{1050\,H - 3} + 0{,}236\,\frac{H}{W}\right) b\,H^{3/2}, \ . \quad . \quad . \quad (79)$$

worin H die Überfallhöhe und W die Wehrhöhe in m bedeuten.

Bei unvollkommener Einschnürung durch nahe herantretende Seiten- und Bodenwände des Zufuhrkanals, welcher Fall von verschiedenen Forschern untersucht wurde, fand z. B. Weisbach, daß statt μ die folgenden Werte zu setzen sind:

$$\mu_1 = \mu\,(1 + 1{,}718\,n^2), \quad \text{wenn} \quad b < B \atop \mu_1 = \mu\,(1{,}041 + 0{,}37\,n^2), \quad \text{„} \qquad b = B \left.\right\} \cdot \ \cdot \ \cdot \ (80)$$

wobei

$$n = \frac{\text{Überfallquerschnitt}}{\text{Kanalquerschnitt}},$$

b die Breite der Ausflußöffnung und B die Breite des Kanals sind.

Was die Formen der austretenden Strahlen betrifft, die gleichfalls das μ entscheidend beeinflussen, so ist insbesondere bei Überfällen eine große Mannigfaltigkeit von solchen beobachtet worden; eine Zusammenstellung verschiedener Fälle gibt Abb. 63a) bis e).

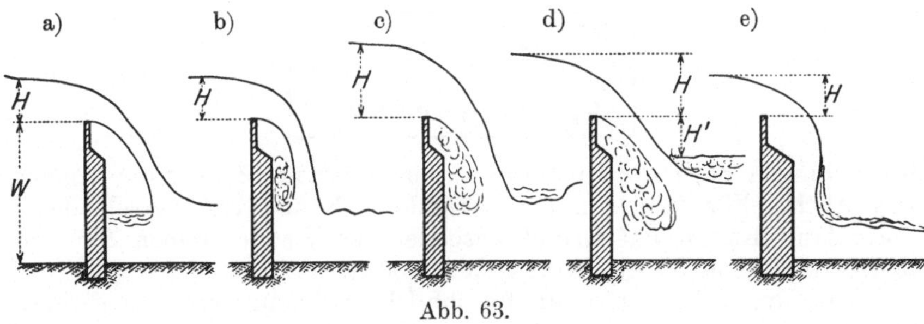

Abb. 63.

a) Der freie oder gelüftete Strahl stellt sich ein, wenn für unbehinderten Luftzutritt unter den Strahl gesorgt ist.

b) Der gedrückte oder ungelüftete Strahl bildet sich aus, wenn etwa $H < 0{,}4\,W$ und wenn nicht für genügenden Luftzutritt zu dem Raume unter dem Strahl gesorgt ist. Dieser Strahl springt zwar weniger weit als der freie, liefert aber, da unter dem Strahl ein luftverdünnter Raum und dadurch eine Saugwirkung entsteht, mehr Wasser als dieser.

c) Der unterfüllte Strahl entsteht bei Luftabschluß des Raumes unter dem Strahl und $H \geq 0{,}4\,W$, wobei sich dieser Raum mit wirbelndem Wasser füllt. Oft findet dabei die Erhebung auf dem Unterspiegel — ein Wassersprung — erst entfernt vom Wehr statt, und dann tritt eine weitere Vergrößerung der Durchflußmenge auf.

d) Der Tauchstrahl tritt auf, wenn $H + H' \leq 3\,W/4$; der Wassersprung rückt in die Nähe des Wehres, wodurch ein Teil des fallenden Strahles von wirbelndem Wasser bedeckt wird.

e) Der haftende Strahl tritt auf, wenn die Wehrtafel nicht zu dünn ist, und die Überfallkante auf der stromaufgekehrten Seite liegt; er liefert bis zu $^3/_{10}$ mehr Wasser als der freie mit gleichem H.

23. Wehre. Bei den Wehren, die in den meisten Fällen gemauerte Einbauten in die Flußläufe darstellen, liegen die Verhältnisse insofern anders, als ihre Oberkante — die Wehrkrone — nicht scharf ist, wie bei den experimentell geprüften Überfällen angenommen wurde, sondern Formen zeigt, die dem besonderen Material und den besonderen baulichen Bedingungen angepaßt sind. Es kommen Wehre mit ebenen, dreieckförmigen und abgerundeten „Kronen", mit und ohne Böschungen stromauf- und stromabwärts vor.

Nach Messungen von Bazin steigt der Strahl über eine scharfkantige Überfallöffnung um etwa $0{,}1\,H$ an und erreicht die Wagrechte durch die Oberkante des Überfalls wieder in einer Entfernung von $0{,}66\,H$. Wenn daher die Breite a der Wehrkrone $> 0{,}66\,H$ ist, so wird notwendigerweise die Form des Strahls durch das Wehr beeinflußt.

Bezeichnet Q die Überfallmenge des freien Strahls, so ergibt sich für die Überfallmenge Q_1 über ein Wehr mit rechteckiger Krone von der Breite a, wenn

$H/a =$	0,5	1	2
$Q_1 =$	$0{,}8\,Q$	$0{,}88\,Q$	Q

Abrundungen nach der Richtung stromaufwärts erhöhen diese Mengen wesentlich. Für Wehre mit abgerundeter Krone von verschiedener Form fand Bazin auf Grund ausgedehnter Versuchsreihen für verschiedene Höhen H: $Q_1 = 0{,}9\,Q$ bis $1{,}06\,Q$.

Die Gln. (77) und (78), die für die Überfallmenge erhalten wurden, können auch dazu dienen, die umgekehrte Frage zu lösen: wie groß muß die Wehrhöhe W gemacht werden, damit in einem Flußlaufe eine Erhöhung des Spiegels um einen gewissen Betrag H eintritt? Das Wehr hat ja gerade die Aufgabe, den Flüssigkeitsspiegel oberhalb desselben zu erhöhen, anzustauen; die durch das Wehr bedingte Erhöhung H des Wasserspiegels über seine natürliche Lage nennt man die Stauhöhe.

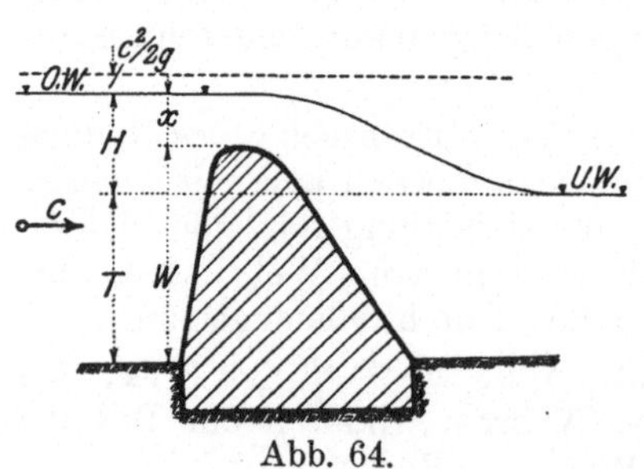

Abb. 64.

Gegeben sei also die Durchflußmenge Q (m³/sek), die Breite B (m) und die Tiefe T (m) des Flußlaufes, sowie die Stauhöhe H (m). Man bestimme die Wehrhöhe W (m), die zur Erreichung dieser Stauhöhe H erforderlich ist.

Es können hierbei zwei Fälle eintreten:

a) Wenn das Wehr über den ungestörten Spiegel hervorragt, so erhält man ein Überfallwehr (Abb. 64), bei dem die zuvor gefundene Gl. (78) für den rechteckigen Überfall anzuwenden ist. Wenn (nach 21d)) auch die Zuströmungsgeschwindigkeit c des Wassers durch Ermittlung des ideellen Spiegels — um $c^2/2\,g$ gegen den ursprünglichen erhöht — berücksichtigt wird,

so ergibt sich die über das Wehr fließende Wassermenge nach Gl. (69)
$[H = x + c^2/2\,g,\ h = c^2/2\,g]$:

$$Q = \tfrac{2}{3}\,\mu_1\,B\,\sqrt{2\,g}\,[(x + c^2/2\,g)^{3/2} - (c^2/2\,g)^{3/2}] \quad \ldots \quad (81)$$

worin in der Regel $2\,\mu_1/3 = 0,46$ gesetzt werden kann. Aus dieser
Gleichung rechnet man x, und daraus die Wehrhöhe

$$\boxed{W = H + T - x} \quad \ldots \ldots \ldots \quad (82)$$

b) Wenn dagegen der ungestörte Spiegel höher als die Wehrkrone liegt, so wird der Überfall unvollkommen, es ergibt sich ein Grundwehr. Für die Werte der hierfür geltenden Ausflußzahlen liegen heute noch sehr unzureichende Angaben vor. Nach Weisbach wird die zwischen Ober- und Unterspiegel austretende Wassermenge als „Überfall" nach Gl. (78), die vom Unterspiegel bis zur Wehrkrone liegende als „Ausfluß unter Wasser" Gl. (74) behandelt; für beide werden besondere Werte der Ausflußzahlen eingeführt und so ein Anhaltspunkt für die über das Wehr fließende Wassermenge Q gewonnen. Nach den Bezeichnungen der Abb. 65 wird daher angesetzt, wenn wieder der um $c^2/2\,g$ erhöhte ideelle Spiegel eingeführt wird:

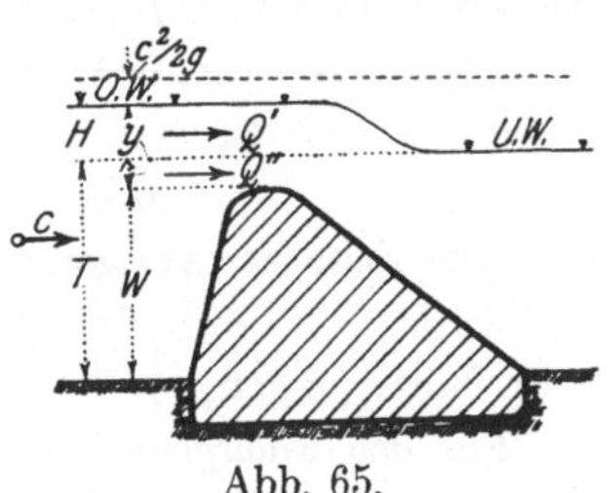

Abb. 65.

$$Q = \text{Überfall} + \text{Ausfluß unter Wasser}$$

$$= \tfrac{2}{3}\,\mu_1\,B\,\sqrt{2\,g}\,[(H + c^2/2\,g)^{3/2} - (c^2/2\,g)^{3/2}] + \mu_2\,B\,y\,\sqrt{2\,g\,(H + c^2/2\,g)}. \quad (83)$$

Als ungefähre Angaben können gelten: $\mu_1 = \mu_2 = 0,63$. Wird aus dieser Gleichung y ermittelt, so folgt für die Wehrhöhe

$$\boxed{W = T - y} \quad \ldots \ldots \ldots \ldots \quad (84)$$

Für ruhiges Oberwasser ist in Gl. (83) $c = 0$ zu setzen.

Die Gl. (83) gestattet auch, zu erkennen, wann ein Grundwehr und wann ein Überfallwehr anzuwenden ist. Ein Grundwehr kommt offenbar nur dann zur Ausführung, wenn das aus Gl. (83) gerechnete y tatsächlich positiv ausfällt. Wird y dagegen negativ, so tritt die Wehrkrone über den Unterspiegel heraus, und es ist ein Überfallwehr anzuwenden. Wir erhalten daher für $c = 0$ die Unterscheidung:

$$\boxed{\begin{array}{l} \text{Grundwehr: wenn } y > 0, \quad \text{oder} \quad Q > 0,42\,B\,H\,\sqrt{2\,g\,H} \\ \text{Überfallwehr: } \quad \text{\textquotedblright} \quad y < 0, \quad \text{\textquotedblright} \quad Q < 0,42\,B\,H\,\sqrt{2\,g\,H} \end{array}} \quad (85)$$

Die Abweichungen gegen den genaueren Ausdruck (mit $c \neq 0$) sind in den meisten Fällen geringfügig.

Beispiel 36. In einem Fluß mit dem Durchfluß $Q = 70$ m³/sek sind an zwei Stellen 1 und 2 Wehre einzubauen, für welche folgende Angaben gelten:

Stelle 1: Breite der Wehrkrone $B = 120$ m, Stauhöhe $H = 3$ m,

„　2:　„　　„　　„　　$B = 80$ m,　　„　　$H = 0,4$ m.

Es ist zu entscheiden, ob ein Grundwehr oder ein Überfallwehr anzuwenden ist. Man erhält nach Gl. (85) für die

Stelle 1: $0,42\,B\,H\sqrt{2\,g\,H} = 1158$ m³/sek $> Q$, daher Überfallwehr,

„　2: $0,42\,B\,H\sqrt{2\,g\,H} = 39$ m³/sek $< Q$,　„　Grundwehr.

Beispiel 37. Ein Fluß führt 62 m³/sek, wovon 26 m³/sek unmittelbar oberhalb des Wehres in den Oberwassergraben eines Elektrizitätswerkes abgeleitet werden, während sich der Rest von 36 m³/sek über das Wehr ergießt und im Unterwasser mit $T = 1,9$ m Wassertiefe abfließt. Die Wehrhöhe ist $W = 1,3$ m über der Sohle (Grundwehr!), die Wehrkrone hat $B = 15$ m Länge. Wie hoch ist der Stau H?

Nimmt man die Zuströmgeschwindigkeit schätzungsweise mit 1,5 m/sek an, so ist $c^2/2g = 0,115$ m und die Gl. (83) gibt, da $\sqrt{2\,g} = 4,43$ m$^{1/2}$/sek und $y = T - W = 0,6$ m:

$$36 = 0,42 \cdot 15 \cdot 4,43 \cdot [(H+0,115)^{3/2} - 0,115^{3/2}] + 0,63 \cdot 15 \cdot 0,6 \cdot 4,43 \cdot (H+0,115)^{1/2}$$
$$= 27,91\,[(H+0,115)^{3/2} - 0,039] + 25,12\,(H+0,115)^{1/2}.$$

Aus dieser Gleichung ist H zu bestimmen. Nach einigen Versuchen findet man für

$$H + 0,115 = \quad 0,5, \quad\quad 0,6, \quad\quad 0,7$$

die rechte Seite der vorigen Gleichung

$$= 26,55, \quad 31,36, \quad 36,32.$$

Es ist daher (ungefähr) $H + 0,115 = 0,7$, d. h. $H = 0,585$ m.

Für den Flußquerschnitt oberhalb des Wehres hat man nun:

$$(T + H)\,B = (1,9 + 0,585) \cdot 15 = 37,3 \text{ m}^2$$

und für die Zuströmgeschwindigkeit c, da die 62 m³/sek bis nahe an das Wehr fließen:

$$c = 62 : 37,3 = 1,66, \quad \text{womit} \quad c^2/2g = 0,140$$

folgen würde. Der Unterschied dieses Wertes gegen den früheren 0,115 kann außer Betracht bleiben. Für die Erzielung einer größeren Genauigkeit wäre die Rechnung mit dem jetzt gefundenen Wert $c^2/2g = 0,140$ zu wiederholen.

24. Ausfluß- und Entleerungszeit. A. Ausfluß aus Bodenöffnungen. Die Gl. (59) für die Menge der aus einem Gefäß ausströmenden Flüssigkeit wird nicht nur angewendet, wenn es sich, wie wir bisher stets angenommen haben, um einen beständigen oder stationären Ausflußvorgang handelt, bei dem die Geschwindigkeit V dauernd denselben Wert behält, sondern auch dann, wenn die für V maßgebende Druckhöhe h veränderlich ist, wie dies bei der Frage nach der Ausflußzeit und Entleerungszeit von Behältern vorkommt. Dabei wird die — stets sicher vorhandene — Veränderlichkeit der Ausflußzahl μ mit der Druckhöhe h außer Betracht gelassen und für μ der gewöhnlich eingeführte Wert (0,62) während des ganzen Vorgangs gültig angenommen.

Nimmt man zunächst an, ein Behälter von beliebiger Form (Abb. 66) besitze auch einen Zufluß q m³/sek, so gilt für die Druckhöhe h und die Ausflußöffnung f folgendes:

$$\left.\begin{array}{l}\text{die Oberfläche steigt} \\ \text{„\quad„\quad beharrt} \\ \text{„\quad„\quad sinkt}\end{array}\right\} \text{ je nachdem } \quad q \gtreqless \mu\,f\sqrt{2\,g\,h} \quad . \quad (86)$$

Wenn im letzteren Falle der Spiegel schon bis zur Tiefe z gesunken ist, so ist der Überschuß des Ausflusses über den Zufluß in der Zeit dt: $(\mu f \sqrt{2gz} - q) \cdot dt$ und um diesen Betrag ist der Spiegel mit dem Flächeninhalt $F = F(z)$ weiter gesunken. Es ist daher

$$(\mu f \sqrt{2gz} - q)\, dt = - F(z)\, dz; \quad \ldots \ldots \quad (87)$$

wenn nun $q/\mu f \sqrt{2g} = \sqrt{k}$ gesetzt wird, so folgt:

$$dt = \frac{F(z)\, dz}{q - \mu f \sqrt{2gz}} = \frac{1}{\mu f \sqrt{2g}} \cdot \frac{F(z)\, dz}{\sqrt{k} - \sqrt{z}}.$$

Es ist daher die Ausflußzeit bis zur Tiefe z:

$$\boxed{\; t = \frac{1}{\mu f \sqrt{2g}} \int_h^z \frac{F(z)\, dz}{\sqrt{k} - \sqrt{z}} \;} \quad \ldots \ldots \quad (88)$$

Für $z = k$ ist der Zufluß q gleich dem Ausfluß geworden, der Spiegel nähert sich einer Grenzlage, die er nicht unterschreitet; die Zeit bis zur Erreichung dieser Grenzlage ist durch die Gl. (88) gegeben, wenn für die obere Grenze des Integrals $z = k$ gesetzt wird.

Damit das so entstehende Integral

$$\int_h^k \frac{F(z)\, dz}{\sqrt{k} - \sqrt{z}}$$

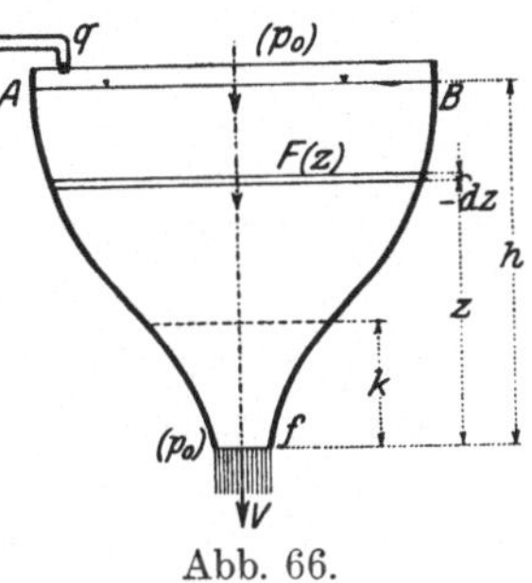

Abb. 66.

einen endlichen Wert behält, muß $F(z)/(\sqrt{k} - \sqrt{z})$ für $z = k$ von niedrigerer als 1. Ordnung in $1/(k - z)$ unendlich groß werden; wenn daher ε eine beliebig kleine, von Null verschiedene, positive Zahl bedeutet, und $g(z)$ eine reguläre Funktion ist, so muß

$$\frac{F(z)}{\sqrt{k} - \sqrt{z}} = \frac{g(z)}{(k - z)^{1-\varepsilon}}, \quad \text{also} \quad F(z) = g(z) \cdot \frac{\sqrt{k} - \sqrt{z}}{(k - z)^{1-\varepsilon}}$$

sein. Setzt man nun

$$g(z) = g_1(z)\, (\sqrt{k} + \sqrt{z}),$$

wobei $g_1(z)$ wieder eine reguläre Funktion ist, so folgt:

$$F(z) = g_1(z) \cdot (k - z)^{\varepsilon}, \quad \ldots \ldots \ldots \ldots \quad (89)$$

d. h. wenn $F(z)$ für $z = k$ von irgendeiner noch so kleinen Ordnung ε verschwindet, so würde die Gl. (88) eine endliche Ausflußzeit ergeben; es ist jedoch zu bemerken, das diese Betrachtung physikalisch ohne Bedeutung ist, da die Ausflußöffnung f, die doch an der tiefsten Stelle zu denken ist, selbst eine endliche Größe haben muß. Bei dieser einfachen Theorie kommt daher für die Zeit bis zur Erreichung der Grenzlage des Spiegels immer unendlich heraus.

Bei fehlendem Zufluß ($q = 0$, $k = 0$) erhält man nach Gl. (88) für $z = 0$ die Entleerungszeit T(sek) des Behälters:

$$T = \frac{1}{\mu f \sqrt{2g}} \int_0^h \frac{F(z)\,dz}{\sqrt{z}} \qquad \cdots \cdots \cdots \quad (90)$$

Beispiel 39. Prismatischer Behälter. Für $F = F_0 = $ konst. (Abb. 67) erhält man [für $q \neq 0$, $k \neq 0$]:

$$t = \frac{F_0}{\mu f \sqrt{2g}} \int_h^z \frac{dz}{\sqrt{k} - \sqrt{z}} = \frac{2F_0}{\mu f \sqrt{2g}} \left[\sqrt{k} - \sqrt{z} + \sqrt{k} \log \frac{\sqrt{h} - \sqrt{k}}{\sqrt{z} - \sqrt{k}}\right] . \quad (91)$$

Die Zeit bis zur Erreichung der Grenzlage $z = k$ ergibt sich hier tatsächlich unendlich.

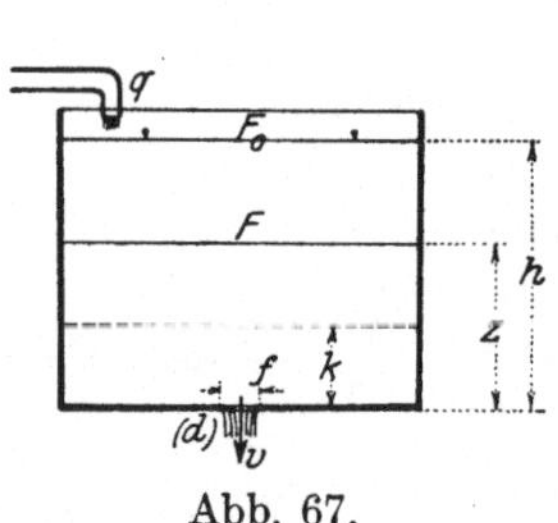

Abb. 67.
Abb. 68. 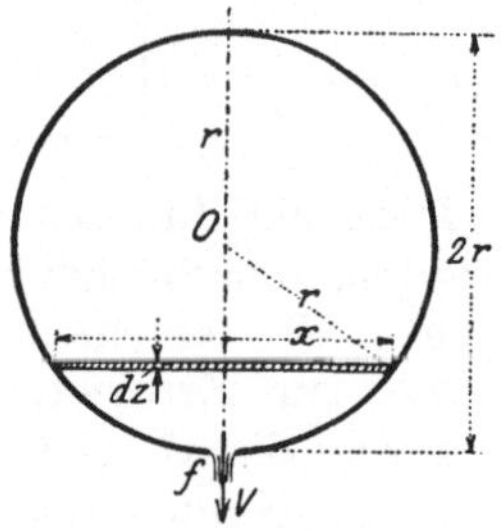

Für die Entleerungszeit bei fehlendem Zufluß ($q = 0$) folgt nach Gl. (90):

$$T = \frac{F_0}{\mu f \sqrt{2g}} \int_0^h \frac{dz}{\sqrt{z}} = \frac{2F_0}{\mu f \sqrt{2g}} \left[\sqrt{z}\right]_0^h = \frac{2F_0\sqrt{h}}{\mu f \sqrt{2g}} = \frac{2F_0 h}{\mu f \sqrt{2gh}} \quad \cdot \; \cdot \quad (92)$$

Da $F_0 h$ der Rauminhalt des gefüllten Behälters und $\mu f \sqrt{2gh}$ die in 1 sek ausfließende Menge bei der Druckhöhe h ist, so sieht man aus dieser Gleichung, daß die Entleerungszeit doppelt so groß ist wie die Zeit, die bei stets gefülltem Behälter, also stationärem Vorgang, für den Ausfluß einer Menge $F_0 h$ von der Größe des Behälterinhaltes nötig ist.

Beispiel 39. Für einen Behälter in Kugelform (Abb. 68) ist $F = x^2 \pi/4$, und da $x^2/4 + (r - z)^2 = r^2$, so ist $x^2/4 = 2rz - z^2$; daher ist die Entleerungszeit beim Ausfluß durch eine Öffnung f nahe dem untersten Punkte:

$$T = \frac{\pi}{\mu f \sqrt{2g}} \int_0^{2r} \frac{2rz - z^2}{\sqrt{z}}\,dz = \frac{8}{5} \cdot \frac{4r^3 \pi/3}{\mu f \sqrt{2g \cdot 2r}}, \quad \cdots \cdots \quad (93)$$

d. h. die Entleerungszeit ist 8/5 der zum Ausfluß des Kugelinhaltes bei gleichbleibender Druckhöhe $2r$ nötigen Zeit.

B. Ausfluß aus Seitenöffnungen. Derselbe Vorgang wie bei Bodenöffnungen wird auch zur Bestimmung der Ausflußzeit bei Seitenöffnungen angewendet. Für die Phase des Vorganges, bei der

der Spiegel bis zur Oberkante der Ausflußöffnung (Abb. 69) rückt, hat man — bei rechteckiger Ausflußöffnung — die für den Ausfluß durch eine Seitenöffnung geltende Gl. (69) anzuwenden, von da ab die für den rechteckigen Überfall geltende Gl. (78). Auch bei dieser (angenäherten!) Rechnung wird in der Regel für den ganzen Vorgang für μ ein festbleibender Wert angenommen, wodurch die Ausführung der Rechnung möglich wird.

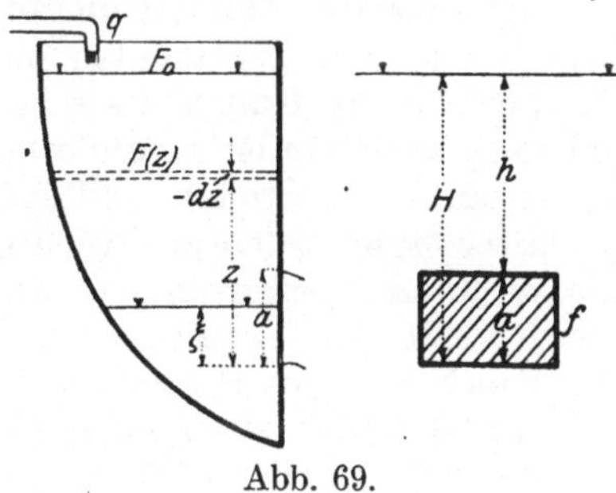
Abb. 69.

Ein Sinken des ursprünglichen Spiegels tritt ein, sobald der Zufluß

$$q < \tfrac{2}{3}\,\mu\,b\,\sqrt{2\,g}\,[H^{3/2} - h^{3/2}].$$

Für die Tiefe z liefert die Durchflußgleichung ähnlich wie früher (Abb. 69)

$$\{\tfrac{2}{3}\,\mu\,b\,\sqrt{2\,g}\,[z^{3/2} - (z-a)^{3/2}] - q\}\,dt = -\,F(z)\,dz$$

und die Ausflußzeit für die Zeit des Sinkens des Spiegels bis zur Oberkante der Ausflußöffnung wird:

$$T_1 = \int\limits_a^H \frac{F(z)\,dz}{\tfrac{2}{3}\,\mu\,b\,\sqrt{2\,g}\,[z^{3/2} - (z-a)^{3/2}] - q} \quad \ldots \ldots (94)$$

Von hier an ist die für rechteckigen Überfall geltende Gl. (78) heranzuziehen; die Kontinuität der Strömung liefert die Gl.:

$$\{\tfrac{2}{3}\,\mu\,b\,\sqrt{2\,g}\,\zeta^{3/2} - q\}\,dt = -\,F(\zeta)\cdot d\zeta,$$

und daraus ergibt sich die Ausflußzeit bis zur Unterkante der Öffnung:

$$T_2 = \int\limits_0^a \frac{F(\zeta)\,d\zeta}{\tfrac{2}{3}\,\mu\,b\,\sqrt{2\,g}\,\zeta^{3/2} - q} \quad \ldots \ldots \ldots (95)$$

Die ganze Zeit für die Entleerung bis zur Unterkante der Ausflußöffnung ist:

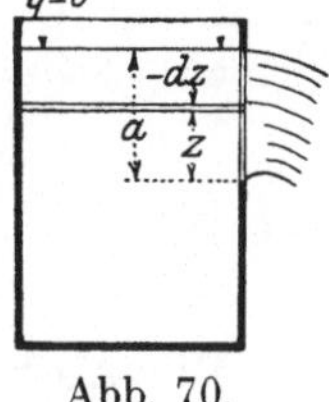
Abb. 70.

$$T = T_1 + T_2 \ldots \ldots \ldots (96)$$

Beispiel 40. Für die Entleerungszeit durch einen rechteckigen Überfall (Abb. 70) aus einem prismatischen Gefäße ist $F = F_0$ zu setzen, und daher gilt bei fehlendem Zufluß ($q = 0$):

$$T_2 = \frac{3}{2}\,\frac{F_0}{\mu\,b\,\sqrt{2g}}\int\limits_0^a \frac{dz}{z^{3/2}} = \frac{3\,F_0}{\mu\,b\,\sqrt{2g}}\left[-\frac{1}{\sqrt{z}}\right]_0^a = \frac{3\,F_0}{\mu\,b\,\sqrt{2g}}\left[\frac{1}{\sqrt{0}} - \frac{1}{\sqrt{a}}\right] = \infty,$$

ein Ergebnis, das die Unzulänglichkeit der getroffenen Annahme für diesen Fall dartut.

III. Kräfte von bewegten Flüssigkeiten auf ihre Führungen.

25. Kräfte von Stromfäden auf ruhende Führungen. Wir betrachten einen Stromfaden mit der Durchflußmenge Q m³/sek, der die Form eines Kanals zwischen zwei Schaufeln einer Turbine von beliebig, aber stetig veränderlichem Querschnitt hat, so daß er das Gefäß an allen Stellen vollkommen ausfüllt. Dann stellt sich die praktisch außerordentlich wichtige Frage nach der Kraft ein, die von diesem Flüssigkeitstrom auf das Gefäß ausgeübt wird. Man nennt diese Kraft den **Druck des Stromfadens auf das Gefäß** oder die **Reaktion des Stromfadens.**

Diese Kraft ist offenbar gleichwertig mit der Summe der Drücke, die die Flüssigkeit auf die einzelnen Flächenelemente der Gefäßwände ausübt. Mit Hilfe des d'Alembertschen Prinzips hat es keine Schwierigkeit, den gesuchten Ausdruck für die Summe dieser Drücke zu erhalten. Viel einfacher und anschaulicher als durch diese Summierung erhält man das gesuchte Ergebnis jedoch mit Hilfe des **Impulssatzes,** auf den schon früher (19b) als auf ein brauchbares Hilfsmittel für alle derartigen Betrachtungen hingewiesen wurde.

Wir können den Impulssatz wie zuvor in folgender Form aussprechen: **Die vektorielle Änderung der Bewegungsgröße einer beliebig abgegrenzten Flüssigkeitsmasse (oder allgemeiner: einer beliebig abgegrenzten Gruppe von Körpern) in der Zeiteinheit ist gleich dem zeitlichen Mittelwert der Summe der auf diese Masse einwirkenden Kräfte für die Zeiteinheit, und zwar der flächenhaft verteilten Kräfte auf die Grenzen und der raumhaft verteilten auf das Innere der Flüssigkeitsmasse. Ein ähnlicher Satz gilt bezüglich der Momente.** Bezeichnet $\mathfrak{B}$ den Vektor der gesamten Bewegungsgröße der abgegrenzten Flüssigkeitsmasse, $\Sigma \overline{K}$ die Summe der Kräfte, $\mathfrak{D}$ den Schwung (Drall oder Moment der Bewegungsgröße) in bezug auf einen beliebigen Punkt O des Raumes, $\Sigma \overline{\mathfrak{M}}$ die Summe der Momente der Kraft in bezug auf O, so läßt sich der Impulssatz auch durch die beiden Gleichungen aussprechen (s. Techn. Mechanik, III. Teil, VII):

$$\boxed{\frac{d\overline{\mathfrak{B}}}{dt} = \Sigma \overline{K}, \qquad \frac{d\overline{\mathfrak{D}}}{dt} = \Sigma \overline{\mathfrak{M}}} \quad \ldots \ldots \quad (97)$$

Die Abgrenzung denkt man sich dabei so ausgeführt, daß man um die einbezogenen Flüssigkeitsmassen eine **Kontrollfläche** gelegt denkt und nachsieht, welche Änderungen diese eingeschlossenen Massen erfahren, ferner die Kräfte in Ansatz bringt, die auf den Rand dieser Kontrollfläche und im Innern einwirken.

Wenden wir diesen Satz auf die durch die ebene Führung der Abb. 71 strömende Flüssigkeitsmasse an, für die $\overline{c}_1$, $\overline{c}_2$ die Geschwindigkeiten beim Eintritt und beim Austritt[1]) und Q den Durchfluß bezeichnen, und legen die Kontrollfläche durch den Umriß des Gefäßes und die Grenzflächen F_1 und F_2, so wird diese Masse am Ende einer kleinen Zeit $\varDelta t$ in die punktierte Lage gelangen. Während im Innern jedes Teilchen durch ein gleichbeschaffenes mit der gleichen Geschwindigkeit ersetzt wird, im ganzen also im Innern keine Änderung der Bewegungsgröße statt hat, fällt beim Eintritt die Bewegungsgröße $\varrho \cdot Q\, \bar{c}_1 \cdot \varDelta t$ fort und kommt beim Austritt die Bewegungsgröße $\varrho \cdot Q\, \bar{c}_2 \cdot \varDelta t$ neu hinzu; denn $\varrho\, Q \cdot \varDelta t$ ist die in der Zeit $\varDelta t$ bei A fortfallende und bei B hinzutretende Masse $(\varrho = \gamma/g)$.

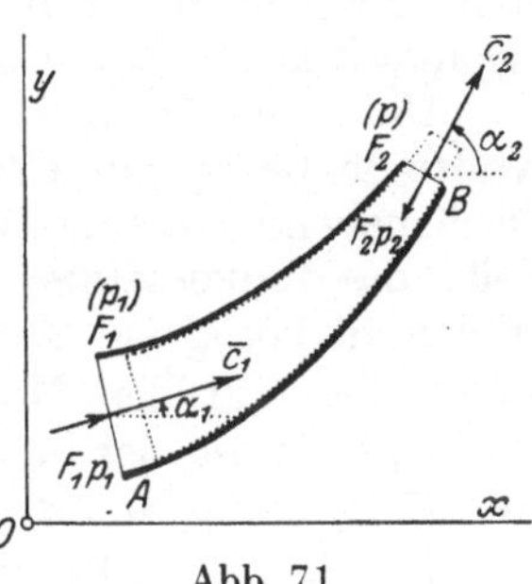

Die beim Eintritt fortfallende Bewegungsgröße ist daher

$$\overline{\varDelta\mathfrak{B}_1} = \varrho\, Q\, \bar{c}_1\, \varDelta t,$$

die beim Austritt hinzutretende:

$$\overline{\varDelta\mathfrak{B}_2} = \varrho\, Q\, \bar{c}_2\, \varDelta t,$$

Abb. 71.

beide haben die Richtungen der bezüglichen Geschwindigkeiten $\bar{c}_1$ und $\bar{c}_2$, weshalb die Striche über diese gesetzt wurden. Die Änderung der Bewegungsgrößen in 1 sek gibt daher die **auf die Flüssigkeit einwirkende Kraft** $(-\bar{K})$

$$-\bar{K} = \frac{\overline{\varDelta\mathfrak{B}_2} - \overline{\varDelta\mathfrak{B}_1}}{\varDelta t}$$

und nach dem Satz von der Gleichheit der Wirkung und Gegenwirkung ist die **Kraft auf das Gefäß**

$$\bar{K} = \frac{\overline{\varDelta\mathfrak{B}_1} - \overline{\varDelta\mathfrak{B}_2}}{\varDelta t},$$

oder

$$\boxed{\bar{K} = \varrho\, Q\, (\bar{c}_1 - \bar{c}_2)} \quad . \ . \ (98)$$

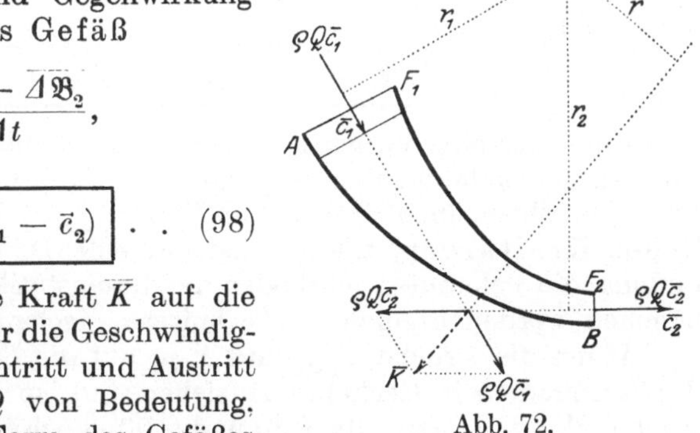

Für die gesuchte Kraft $\bar{K}$ auf die Führung sind daher nur die Geschwindigkeiten $\bar{c}_1,\ \bar{c}_2$ beim Eintritt und Austritt und der Durchfluß Q von Bedeutung, im übrigen ist die Form des Gefäßes ohne jeden Einfluß.

Abb. 72.

Wir erhalten somit den Satz:

Um die Kraft $\bar{K}$ **eines Flüssigkeitstromes auf ein Gefäß zu bestimmen, hat man** nach Abb. 72 **nur die Kraft** $\varrho\, Q\, \bar{c}_1$

---

[1]) Die Bezeichnungen sind in diesem und in dem folgenden Kapitel in Übereinstimmung mit den im Turbinenbau eingebürgerten gewählt; und zwar bezeichnen $\bar{w}_1,\ \bar{w}_2$ die relativen, $\bar{c}_1,\ \bar{c}_2$ die absoluten Geschwindigkeiten, $\bar{u}_1,\ \bar{u}_2$ bie Umfangsgeschwindigkeiten für Eintritt und Austritt.

in Richtung $\bar{c}_1$, die Kraft $\varrho\,Q\,\bar{c}_2$ entgegen der Richtung $\bar{c}_2$ — beide also nach dem Innern des Gefäßes zu gerichtet — aufzutragen, ihre Wirkungslinien zum Schnitt zu bringen und das Kraftdreieck zu zeichnen; ihre Summe gibt unmittelbar die gesuchte Kraft $\bar{K}$ nach Größe und Richtung. Man kann auch sagen, der zufließende Strahl entspricht einer Kraft $\varrho\,Q\,\bar{c}_1$, der abfließende einer Kraft $\varrho\,Q\,\bar{c}_2$, und ihre Differenz gibt die Kraft des Stromfadens auf das Gefäß.

Um das Moment der von dem Flüssigkeitsstrom ausgeübten Kräfte in bezug auf eine durch irgendeinen Punkt O senkrecht zur Zeichenebene laufende Achse zu erhalten, hat man nach dem zweiten Teile des Impulssatzes die Änderung der Momente der Bewegungsgrößen in bezug auf O zu nehmen (Abb. 72): dieser Vorgang führt hier unmittelbar auf den Momentensatz, da das Moment von $\bar{K}$ in bezug auf O gleich ist der Summe der Momente der Teile $\varrho\,Q\,\bar{c}_1$ und $\varrho\,Q\,\bar{c}_2$ von $\bar{K}$ in bezug auf denselben Punkt O.

Die Teile (X, Y) von $\bar{K}$ nach irgend zwei Achsen eines rechtwinkligen Achsenkreuzes $O\,x\,y$ (Abb. 71) lassen sich, wenn $\alpha_1,\ \alpha_2$ die Neigungswinkel von $\bar{c}_1, \bar{c}_2$ gegen $O\,x$ bedeuten, nach Gl. (98) in der Form schreiben:

$$\bar{K}\begin{cases} X = \varrho\,Q\,(c_1\cos\alpha_1 - c_2\cos\alpha_2) \\ Y = \varrho\,Q\,(c_1\sin\alpha_1 - c_2\sin\alpha_2) \end{cases} \quad\dots\dots \quad (99)$$

Wenn die Achsen x, y nach der Wagrechten und Lotrechten gelegt werden, so nennt man X den **Horizontaldruck** und Y den **Vertikaldruck**; das Moment in bezug auf irgendeinen Punkt O der Ebene hat die Größe

$$\mathfrak{M} = \varrho\,Q\,(c_1\,r_1 - c_2\,r_2) = K\,r \quad\dots\dots \quad (100)$$

Ganz derselbe Vorgang und dieselben Schlüsse gelten nun auch, wenn der Stromfaden eine beliebige räumliche Form hat; nur bilden dann im allgemeinen die beiden Kräfte $\varrho\,Q\,\bar{c}_1$ und $\varrho\,Q\,\bar{c}_2$ ein räumliches Kraftkreuz, führen also auf eine Dyname, zu deren Auffindung die bekannten Methoden der Raumstatik Wort für Wort übernommen werden können (s. Technische Mechanik, I. Teil, IV).

Wenn die Drücke $F_1\,p_1$ und $F_2\,p_2$ auf die Grenzflächen F_1 und F_2 des Stromfadens in Rechnung zu ziehen sind, so treten zu den Gliedern rechter Hand in den Gln. (99) und (100) noch je zwei weitere hinzu, die von diesen Drücken herrühren. Die Gln. (99) und (100), die die Kräfte und das Moment angeben, die auf das Gefäß wirken, sind dann in folgender Weise zu ergänzen:

$$\bar{K}\begin{cases} X = \varrho\,Q\,(v_1\cos\alpha_1 - v_2\cos\alpha_2) + F_1\,p_1\cos\alpha_1 - F_2\,p_2\cos\alpha_2 \\ Y = \varrho\,Q\,(v_1\sin\alpha_1 - v_2\sin\alpha_2) + F_1\,p_1\sin\alpha_1 - F_2\,p_2\sin\alpha_2 \end{cases} \quad (101)$$

und

$$\mathfrak{M} = \varrho\,Q\,(v_1\,r_1 - v_2\,r_2) + F_1\,p_1\,r_1 - F_2\,p_2\,r_2. \quad\dots\dots \quad (102)$$

Beispiel 41. a) Die Kraft K, die ein aus einer Seitenöffnung eines Gefäßes ausfließender Flüssigkeitstrahl auf das Gefäß ausübt, ergibt sich unmittelbar durch die eben beschriebene Konstruktion. Die Teile nach x und y sind (da $c_2{}^2 = 2gh$), wenn im übrigen vom Eigengewicht der Flüssigkeit abgesehen wird (Abb. 73),

$$K \begin{cases} X = \varrho Q c_2 = \dfrac{\gamma}{g} f c_2{}^2 = 2\gamma f h \\[2mm] Y = \varrho Q c_1 = \dfrac{\gamma}{g} f c_2 c_1 = 2\gamma f h \cdot \dfrac{c_1}{c_2} \end{cases} \qquad (103)$$

Die nach der Wagrechten entfallende „Reaktion" des Stromfadens ist somit doppelt so groß wie der der gleichen Druckhöhe h entsprechende hydrostatische Druck auf die Fläche f.

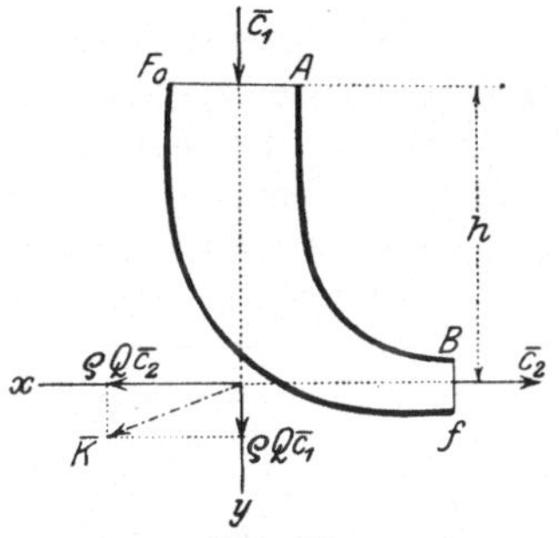

Man erhält diese Beziehung auch unmittelbar, wenn man beachtet, daß das Auftreten von X dem Umstande entspricht, daß in jeder Sekunde der ausfließenden Masse $\varrho f c_2$ die Geschwindigkeit $c_2 = \sqrt{2gh}$ in der x-Richtung erteilt wird; denn es ist wie zuvor:

$$X = \frac{\gamma}{g} f c_2 \cdot c_2 = \frac{\gamma}{g} f \cdot 2gh = 2\gamma f h .$$

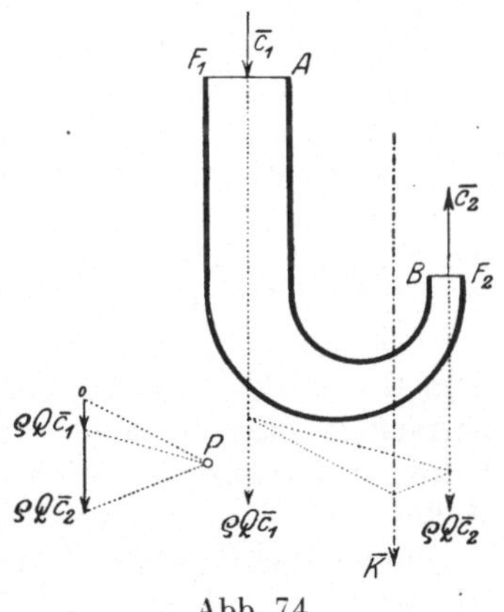

Abb. 73.

Wenn f nicht klein gegen F_0 ist, d. h. wenn auch die Energie der im Spiegel sinkenden Flüssigkeit $c_1{}^2/2g$ berücksichtigt werden soll, so ist nach Gl. (54) $c_2{}^2 = \sqrt{2gh/(1-n^2)}$, $n = f/F_0$, im übrigen verläuft die Rechnung wie zuvor.

b) Wenn die Richtungen $\bar{c}_1$ und $\bar{c}_2$ parallel und entgegengesetzt gerichtet sind (Abb. 74), so sind die Kräfte $\varrho Q \bar{c}_1$ und $-\varrho Q \bar{c}_2$ parallel und gleichgerichtet, die Kraft K auf das Gefäß erhält man daher durch eines der bekannten Verfahren für die Summierung paralleler Kräfte, z. B. mit Hilfe eines Seilecks, wie in der Abb. 74 angedeutet.

c) Wenn die Vektoren $\bar{c}_1$ und $\bar{c}_2$ gleich groß und entgegengesetzt gerichtet sind, so ist die Summe der von dem Flüssigkeitsstrom auf das Gefäß ausgeübten Kräfte einem Kraftpaar gleichwertig, dessen Moment die Größe

$$\mathfrak{M} = \varrho Q c_1 \cdot a \quad \dots \dots \quad (104)$$

hat, worin a den Abstand von $\bar{c}_1$ und $\bar{c}_2$ bedeutet.

26. Bewegte Kanäle.

Die im vorhergehenden Abschnitte behandelte Aufgabe gewinnt eine besondere Bedeutung für die Theorie der Turbinen, wenn das Gefäß, durch welches die Flüssigkeit strömt, selbst eine Bewegung ausführt,

Abb. 74.

und die Arbeit, die von dem Flüssigkeitstrom auf das bewegte Gefäß übertragen wird, ihren Gegenwert findet in einem Widerstande, der durch jene Arbeit überwunden wird. Wir beschränken uns dabei auf die Betrachtung der zwei Fälle: a) Gefäß in gleichförmiger Bewegung in gerader Linie und b) in gleichförmiger Drehbewegung.

Auf diese Weise kann — wie dies bei stationären Bewegungen immer möglich ist — die gleichförmige Bewegung eines um eine Achse drehbaren Körpers als Wirkung des strömenden Wassers erzeugt gedacht werden. Physikalisch hat man sich dabei — trotzdem zwischen der Triebkraft des Wassers und dem „Widerstande" Gleichgewicht besteht — sie sind gleich groß und in derselben Wirkungslinie entgegengesetzt gerichtet — einen gewissen Überschuß der Triebkraft, eine „Tendenz" zur Aufrechterhaltung dieser stationären Bewegung zu denken.

Bei Auftreten von veränderlichen Beschleunigungen bei der Bewegung der Gefäße werden die Beziehungen erheblich verwickelter, da auch die Bewegung der Flüssigkeit selbst durch diese Beschleunigungen bedingt ist; solche verwickeltere Bewegungen haben indessen nur geringe praktische Bedeutung.

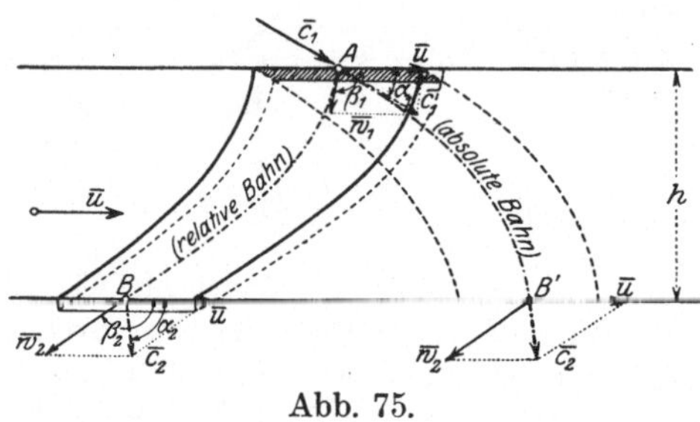

Abb. 75.

a) Gefäß in geradlinig-gleichförmiger Bewegung. Wir nehmen zunächst an, daß die Bewegung des Gefäßes, welches wir uns mit Rücksicht auf die Anwendungen wieder in Form des Schaufelkanals einer Turbine denken, eine geradlinige und gleichförmige sei. Nach dem Trägheitsgesetz (Unabhängigkeit der Vorgänge der Mechanik von einer gleichförmigen Bewegung des Bezugsystems) erleiden die Bewegungserscheinungen durch eine solche gleichförmige Bewegung keinerlei Änderungen. Z. B. wird die Ausflußgeschwindigkeit einer schweren Flüssigkeit, relativ zum Gefäß genommen, unabhängig davon sein, ob das Gefäß ruht oder in gleichförmig-geradliniger Bewegung begriffen ist. Bei einer beschleunigten Bewegung des Gefäßes, das von der Flüssigkeit durchströmt wird, würde dies natürlich nicht mehr der Fall sein.

Denkt man sich die Kontrollfläche so gelegt, daß sie die in dem Gefäß der Abb. 75 enthaltene Flüssigkeitsmasse umschließt, und betrachtet eine benachbarte Lage der in dieser Kontrollfläche enthaltenen Flüssigkeit, so kann man genau dieselbe Betrachtung anstellen, wie beim ruhenden Gefäß (25). Bezeichnet $\bar{u}$ die wagrecht angenommene Eigengeschwindigkeit des Gefäßes, $\bar{w}_1, \bar{w}_2$ die relative Eintritts- und Austrittsgeschwindigkeit (d. h. die Geschwindigkeiten in bezug auf das bewegte Gefäß), ferner $\bar{c}_1 = \bar{w}_1 + \bar{u}$, $\bar{c}_2 = \bar{w}_2 + \bar{u}$ die absolute Eintritts- und Austrittsgeschwindigkeit der Flüssigkeit, so findet man, daß in der kleinen Zeit $\varDelta t$ bei A die Bewegungsgröße $\varrho Q \bar{c}_1 \cdot \varDelta t$ verschwindet und bei B die Bewegungsgröße $\varrho Q \bar{c}_2 \cdot \varDelta t$ neu hinzutritt, während im Innern des Gefäßes keine Änderung der Bewegungsgröße der Teilchen eintritt; α_1, α_2 seien die Winkel von $\bar{c}_1, \bar{c}_2$, β_1, β_2 die Winkel von $\bar{w}_1, \bar{w}_2$ gegen die x-Achse.

Für die Teile der von dem Flüssigkeitsstrom ausgeübten Kraft $\bar{K}$ nach den Achsen x, y erhält man dann jedenfalls (da sich u forthebt):

$$\bar{K}\begin{cases} X = \varrho\,Q\,(c_1\cos\alpha_1 - c_2\cos\alpha_2) = \varrho\,Q\,(w_1\cos\beta_1 - w_2\cos\beta_2) \\ Y = \varrho\,Q\,(c_1\sin\alpha_1 - c_2\sin\alpha_2) = \varrho\,Q\,(w_1\sin\beta_1 - w_2\sin\beta_2) \end{cases}. \quad (105)$$

Für die Größe von K ist also allein die Änderung der absoluten Bewegungsgrößen in 1 sek maßgebend, die im Fall der Translation des Gefäßes allerdings mit den Änderungen der relativen Bewegungsgrößen in 1 sek zusammenfallen (was beim rotierenden Gefäß nicht mehr der Fall ist); die Schaufelform, also die Form des Gefäßes zwischen Eintritts- und Austrittstangente, ist für die Größe von K gleichgültig.

Dagegen zeigt es sich, daß für den Fall des bewegten Gefäßes die Lage von K aus $\bar{c}_1$, $\bar{c}_2$ bzw. $\bar{w}_1$, $\bar{w}_2$ nicht so unmittelbar angegeben werden kann wie im Falle des ruhenden Gefäßes. Vor allem stellt sich dabei heraus, daß die Lage von K von der Schaufelform abhängt, oder von der absoluten Bewegung des Wassers durch das bewegte Gefäß (in Abb. 75 punktiert eingetragen). Da die Kenntnis der Lage von K auch nur in ganz vereinzelten Fällen von Wichtigkeit ist, so wollen wir hier nicht weiter dabei verweilen.

Beispiel 42. Ein Gefäß von der in Abb. 76 gegebenen Gestalt besitzt eine sehr kleine Ausflußöffnung f und eine im Vergleich hiezu sehr große Oberfläche F_1, die während des betrachteten Vorgangs auf derselben Höhe erhalten bleiben soll. Wie groß muß die wagrechte Geschwindigkeit u gemacht werden, damit die Leistung des Horizontaldrucks X am größten wird, und wie groß ist dieser größte Wert des Horizontaldruckes?

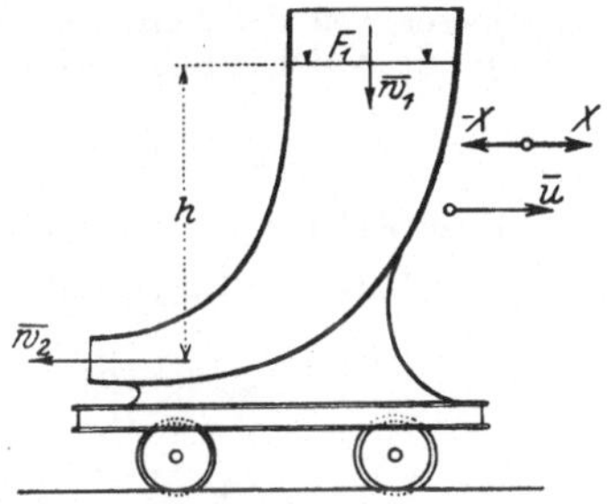

Nach Gl. (105) ist, da $\beta_1 = \pi/2$, $\beta_2 = 0$, $c_1 \sim 0$, (da auf die Zuführung keine Rücksicht genommen wird), $c_2 = w_2 - u = v - u$:

$$X = \varrho\,Q\,(v - u);$$

Abb. 76.

Daher ist die Leistung

$$E = X u = \varrho\,Q\,(v - u)\,u.$$

Dieser Ausdruck erhält einen Größtwert für $u = v/2$, und es wird, da $w_2{}^2 = v^2 = 2\,g\,h$ gesetzt werden kann:

$$E_{\max} = \frac{\gamma}{g}\,Q\,\frac{v^2}{4} = \frac{1}{2}\,\gamma\,Q\,h = \frac{1}{2}\,E_a,$$

wobei $E_a = \gamma\,Q\,h$ die zur Verfügung stehende (absolute) Arbeitsfähigkeit der Flüssigkeit ist.

Das zugehörige X ist

$$X = \varrho\,Q \cdot \frac{v}{2} = \frac{\gamma}{g}\,f\,v \cdot \frac{v}{2} = \gamma\,f\,h,$$

d. h. gleich dem statischen Druck auf die Fläche f.

Die andere Hälfte der verfügbaren Leistung E_a des Wassers steckt zur Hälfte in der Leistung des ausströmenden Wassers:

$$E_1 = \gamma\,Q\,\frac{(v - u)^2}{2\,g} = \gamma\,Q\,\frac{v^2}{8\,g} = \frac{1}{4}\,\gamma\,Q\,h,$$

und zur anderen Hälfte in dem Arbeitsverbrauch jenes Wassers, das in jeder Sekunde aufs neue die Geschwindigkeit u des Gefäßes bekommen muß:

$$E_2 = \gamma\, Q\, \frac{u^2}{2\,g} = \gamma\, Q\, \frac{v^2}{8\,g} = \frac{1}{4}\, \gamma\, Q\, h = E_1.$$

Von der im Wasser auf der Höhe h verfügbaren (absoluten) Leistung E_a wird also die Hälfte zur Überwindung des Widerstandes X verwendet, ein Viertel steckt in der Leistung des ausströmenden Wassers und das letzte Viertel dient dazu, dem Betriebswasser Q m³/sek die Geschwindigkeit u zu erteilen.

Diese Anordnung kann als ein — freilich sehr unwirtschaftliches — hydraulisches Analogon zu einer elektrischen Bahnanlage angesehen werden. Wir wollen dabei noch folgende Frage beantworten: Welche Wassermenge verbraucht ein mit der Geschwindigkeit $u = 1$ m/sek fahrender Wagen in jeder Sekunde, wenn der Bewegungswiderstand des Wagens $X = 100$ kg und die zur Verfügung stehende Druckhöhe $h = 5$ m beträgt?

Wenn wie zuvor v die relative Austrittsgeschwindigkeit des Wassers aus dem Gefäß bezeichnet, so ist die Größe des „Horizontaldruckes"

$$X = \frac{\gamma}{g}\, Q\, (v - u)$$

und daraus die gesuchte Wassermenge (da $v = \sqrt{2\,g\,h} \sim 10$ m/sek)

$$Q = \frac{g\,X}{\gamma\,(v - u)} = \frac{10 \cdot 100}{1000 \cdot 9} = 0,11 \text{ m}^3/\text{sek}.$$

Dasselbe Ergebnis kann auch aus der „Leistungsbilanz" erhalten werden; es ist dabei wieder zu berücksichtigen, daß die zur Verfügung stehende Leistung $\gamma\,Q\,h$ nicht zur Gänze zur Überwindung der Fahrtwiderstände umgesetzt wird, sondern daß ein Teil davon, und zwar $\gamma\,Q\,u^2/2\,g$ dazu notwendig ist, um der Menge Q m³ in jeder Sekunde auf die Geschwindigkeit u zu bringen, und ein anderer Teil der Leistung $\gamma\,Q\,(v-u)^2/2\,g$ dem austretenden Strahl anhaftet und für die Nutzleistung verloren geht; in der Tat ist identisch (mit $h = v^2/2\,g$):

$$X\,u = \gamma\,Q\,h - \gamma\,Q\,\frac{u^2}{2\,g} - \gamma\,Q\,\frac{(v-u)^2}{2\,g} \quad\ldots\ldots\ldots \quad (106$$

b) **Gefäß in gleichförmiger Drehbewegung um eine feste Achse.** Durch sinngemäße Erweiterung der soeben angestellten Betrachtungen kann der Ausdruck für das Drehmoment, das ein durch einen Schaufelkanal einer Turbine strömender Flüssigkeitsfaden bei dessen Drehung um eine feste Achse O mit gleichbleibender Winkelgeschwindigkeit ω ausübt, unmittelbar angeschrieben werden. Es gilt dabei wieder die Aussage: — das Drehmoment in bezug auf die Achse O, das der Flüssigkeitstrom auf das bewegte Gefäß ausübt, ist gleich der Änderung der Momente der absoluten Bewegungsgrößen in 1 sek in bezug auf O — in die

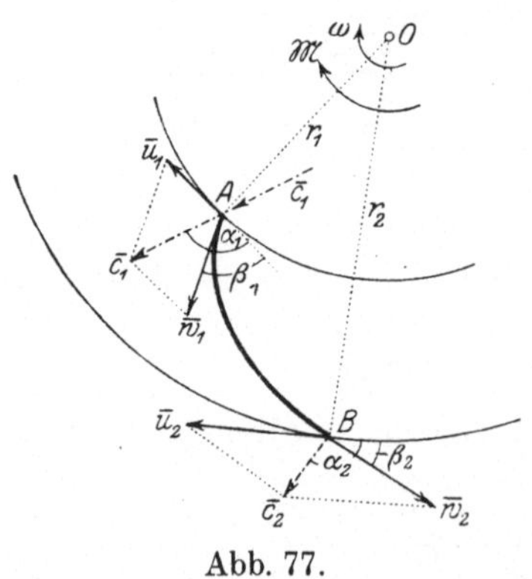

Abb. 77.

Form eines mathematischen Gesetzes zu kleiden. Wir denken uns einen gekrümmten Schaufelkanal, dessen Mittellinie durch die Kurve AB in Abb. 77 gekennzeichnet ist. In der Zeit $\varDelta t$ verschwindet bei A die Bewegungsgröße $\varrho\,Q\,\bar{c}_1 \cdot \varDelta t$, in derselben Zeit tritt $\varrho\,Q\,\bar{c}_2 \cdot \varDelta t$ bei B

neu hinzu. Die Änderung des Momentes der (absoluten) Bewegungsgrößen um O in 1 sek ist daher

$$\mathfrak{M} = \varrho\, Q\,[r_1\, c_1 \cos\alpha_1 - r_2\, c_2 \cos\alpha_2]; \quad \ldots \ldots \quad (107)$$

da wieder nach dem Projektionssatz (weil $u_1 = r_1\,\omega$, $u_2 = r_2\,\omega$):

$$\begin{cases} c_1 \cos\alpha_1 = w_1 \cos\beta_1 - u_1 = w_1 \cos\beta_1 - r_1\,\omega \\ c_2 \cos\alpha_2 = w_2 \cos\beta_2 - u_2 = w_2 \cos\beta_2 - r_2\,\omega \end{cases}$$

so folgt auch

$$\boxed{\mathfrak{M} = \varrho\, Q\,\{(w_1 \cos\beta_1 - r_1\,\omega)\,r_1 - (w_2 \cos\beta_2 - r_2\,\omega)\,r_2\}}\ . \quad (108)$$

Für die Größe von $\mathfrak{M}$ sind wieder nur die absoluten Geschwindigkeiten unmittelbar beim Eintritt und Austritt maßgebend, dagegen sind die Veränderungen des Stromfadens zwischen diesen beiden Stellen ohne jeden Einfluß. Die Gleichung (107) ist unter dem Namen der **Eulerschen Turbinengleichung** bekannt.

Die Leistung bei der Drehung mit der Winkelgeschwindigkeit ω ist dann

$$\boxed{E = \mathfrak{M}\,\omega = \varrho\, Q\,\{w_1\, u_1 \cos\beta_1 - w_2\, u_2 \cos\beta_2 - (u_1^{\,2} - u_2^{\,2})\}}\ . \quad (109)$$

Beispiel 43. Das **Segnersche Wasserrad** besteht aus einem kleinen zylindrischen Gefäß, das sich um seine lotrechte Achse drehen kann; es besitzt am Boden kleine Öffnungen, an die kurze gebogene Röhrchen derart angelötet sind, daß das Wasser, mit dem das Gefäß gefüllt wird, aus ihnen nur tangentiell zu einem Kreis austreten kann, dessen Halbmesser r sei. Der Gesamtquerschnitt der Ausflußöffnungen der Röhrchen sei f, die Druckhöhe h vom Spiegel bis zu den Ausflußöffnungen werde durch Nachfließen aus einem darüber stehenden Gefäß in gleichbleibender Höhe erhalten. Wie groß ist die Winkelgeschwindigkeit ω des Gefäßes, wenn die Widerstände (Lager- und Luftreibung u. dgl.) einem Drehmoment von der Größe $\mathfrak{M}$ gleichwertig sind?

Wird die relative Ausflußgeschwindigkeit mit $v = \sqrt{2\,g\,h}$ bezeichnet, so ist die absolute: $c = v - r\,\omega$ und nach Gl. (107), da $c_1 = 0$:

$$\mathfrak{M} = \varrho\, Q\, r\,(v - r\,\omega),$$

wobei eigentlich ein negatives Vorzeichen vorzusetzen ist, das ausdrückt, daß $\mathfrak{M}$ das Gefäß im Sinne von ω in Bewegung hält. Aus dieser Gleichung ist die Winkelgeschwindigkeit ω, mit der sich die Trommel drehen wird, bestimmt.

Die Leistungsbilanz hat wieder zum Ausdruck zu bringen, daß die verfügbare Leistung $\gamma\, Q\, h$ einerseits zur Erzeugung der Nutzleistung $\mathfrak{M}\,\omega$ verwendet wird, andererseits für die Deckung der im austretenden Wasser steckenden Leistung $\gamma\, Q\,(v - r\,\omega)^2/2\,g$ und der Leistung $\gamma\, Q\, r^2\,\omega^2/2\,g$ des zufließenden Wassers, das auf die Geschwindigkeit $r\,\omega$ gebracht werden muß, aufzukommen hat. Dies führt auf die Gleichung

$$\mathfrak{M}\,\omega = \gamma\, Q\, h - \gamma\, Q\,(v - r\,\omega)^2/2\,g - \gamma\, Q\, r^2\,\omega^2/2\,g|,$$

welche mit Benutzung des vorgehenden Wertes von $\mathfrak{M}$ und mit $h = v^2/2\,g$ tatsächlich identisch erfüllt ist.

Aus diesen Beispielen ist zu ersehen, daß die Gleichung für die „Reaktion" auch aus der Gleichung für die Leistung gewonnen werden kann, die mit jener vollständig gleichwertig ist. Der Stromfaden wird sonach (wie auch in **16**) im wesentlichen durch e i n e

Gleichung beherrscht, ebenso wie für die zwangläufige Bewegung eines Punktes in der Bewegungsrichtung eine Gleichung notwendig ist. Dagegen besteht der folgende Unterschied: während bei der Punktbewegung die Arbeitsgleichung (Energieintegral) betrachtet wird, führt die Betrachtung beim Flüssigkeitsfaden auf die Leistungsgleichung; in dieser Tatsache spricht sich ebenfalls der Unterschied aus zwischen dem diskontinuierlichen „einzelnen Punkte" und dem kontinuierlichen „Stromfaden".

27. Die Druckgleichung für gleichförmig rotierende Stromfäden. Die Druckgl. (47), die den Zusammenhang von Druck, Geschwindigkeit und Höhe für einen idealen Stromfaden angibt, gilt nicht nur für ruhende, sondern auch für Stromfäden in geradlinig-gleichförmiger Bewegung (Unabhängigkeit der Gesetze der Mechanik von einer Translation des Bezugsystems); sie gilt in der Form (47) dagegen nicht mehr für einen Stromfaden, der als Ganzes eine Drehbewegung ausführt. Auch für solche, in Drehbewegung befindliche Stromfäden, die den Ausgangspunkt für die Untersuchungen der Bewegungsvorgänge in den Turbinen bilden, erhebt sich die Frage, den Zusammenhang von Druck, Geschwindigkeit und Höhe für die verschiedenen Stellen eines Stromfadens anzugeben, welcher Zusammenhang der Druckgl. (47) im vorher betrachteten Falle entsprechen soll.

Wir wollen hier die Fragestellung insofern ein wenig vereinfachen, als wir nur eine gleichförmige Drehung der Schaufelkammer voraussetzen und überdies den Einfluß der Höhe (also des Eigengewichtes der Flüssigkeit) außer acht lassen, die Bewegung mithin als in einer wagrechten Ebene verlaufend ansehen.

Wir erinnern uns, daß die Druckgleichung ein erstes Integral der Gl. (46) ist, die nichts anderes ist als die Newtonsche Bewegungsgleichung für ein Element des Stromfadens, wobei naturgemäß die besonderen Einflüsse berücksichtigt werden mußten, unter denen das betrachtete Teilchen steht. Um die Bewegungsgleichung für den sich gleichförmig drehenden Stromfaden zu erhalten, werden wir natürlich genau denselben Weg einzuschlagen und dabei nur in Rechnung zu stellen haben, daß wir die Bewegung in bezug auf ein in gleichförmiger Drehbewegung befindliches Bezugsystem zu untersuchen und die Bewegungsgleichungen des Teilchens für die eigene Bewegungsrichtung (relativ zum Bezugssystem genommen) anzuschreiben haben.

Nach dem aus der Technischen Mechanik (II. Teil, V) bekannten Vorgange hat man auf das Teilchen zunächst dieselben Kräfte wirken zu lassen, wie beim ruhenden Bezugssystem (vgl. Abschnitt **16** dieses Buches); diese sind (Abb. 78)

1. Die Trägheitskraft $\varDelta M \cdot \overline{b}_r \ldots$ gegen die Richtung der Bewegung,

2. die Druckkraft $\varDelta F \cdot \varDelta l \cdot \dfrac{dp}{ds} \ldots$ „   „   „   „   „

(d. i. die Summe der Druckkräfte, mit der die benachbarten auf das betrachtete Teilchen wirken, in der Bewegungsrichtung genommen).

Außerdem sind aber wegen des sich drehenden Bezugsystems zur Herstellung der absoluten Kräfte, für die die allgemeinen Gesetze gelten, noch anzubringen:

3. Die Fliehkraft $-\bar{b}_s = \Delta M \cdot \bar{r}\,\omega^2$, in der Richtung von r nach auswärts,

4. die Coriolissche Kraft $-\,b_c = \Delta M \cdot 2\,w\,\omega$, $\perp w$ um $\pi/2$ entgegen dem Sinn von ω verdreht.

Wenn man nun (gemäß dem d'Alembertschen Prinzip) das Gleichgewicht dieser vier Kräfte für die Bewegungsrichtung ansetzt, so erhält man, da wieder

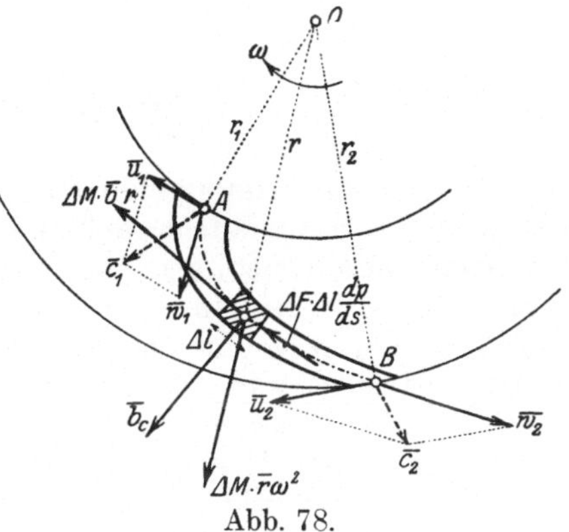
Abb. 78.

$$b_r = \frac{dw}{dt} = w\,\frac{dw}{ds} = \frac{1}{2}\,\frac{d\,(w^2)}{ds}, \quad \bar{b}_r = \bar{b}_a + \bar{b}_z - \bar{b}_s - \bar{b}_c$$

gesetzt werden kann und die Coriolissche Kraft nach der Bezugsrichtung keinen Teil liefert:

$$\Delta M \cdot \frac{1}{2} \cdot \frac{d\,(w^2)}{ds} = -\,\Delta F \cdot \Delta l \cdot \frac{dp}{ds} + \Delta M \cdot r\,\omega^2 \cdot \cos\varphi, \quad . \quad (110)$$

wobei φ den Winkel bezeichnet den w mit r einschließt. Hierin ist nun

$$\Delta M = \varrho\,\Delta F \cdot \Delta l, \quad \cos\varphi = dr/ds,$$

'so daß die vorhergehende Gleichung die Form annimmt

$$\frac{1}{2}\,\frac{d\,(w^2)}{ds} + \frac{1}{\varrho}\,\frac{dp}{ds} - \omega^2\,\frac{r\,dr}{ds} = 0 . \quad . \quad . \quad . \quad (111)$$

Diese Gleichung stellt eine vollständige Ableitung nach s dar, und gibt integriert mit $\varrho = \gamma/g$ und $r\omega = u$ die gesuchte Druckgleichung für das in gleichförmiger Drehung befindliche Bezugsystem:

$$\boxed{\frac{w^2}{2\,g} + \frac{p}{\gamma} - \frac{u^2}{2\,g} = \frac{w_1{}^2}{2\,g} + \frac{p_1}{\gamma} - \frac{u_1{}^2}{2\,g} = \text{konst.}} \quad ; \quad . \quad . \quad (112)$$

darin sind die für irgendeinen besonderen Querschnitt 1 des Stromfadens genommenen Größen w, p, u mit dem Zeiger 1 versehen. Auf die Größen der relativen Strömungsgeschwindigkeiten w und der Drücke p in einem rotierenden Stromfaden sind also zufolge dieser Gl. (112) auch die Drehgeschwindigkeiten von Einfluß.

Sind z B. die Größen w_1, p_1, u_1 für den Eintritt und p_2, u_2 für den Austritt bekannt, so ergibt sich die relative Austrittsgeschwindigkeit aus der Gleichung

$$\frac{w_2{}^2}{2\,g} = \frac{w_1{}^2}{2\,g} + \frac{p_1 - p_2}{\gamma} - \frac{u_1{}^2 - u_2{}^2}{2\,g} \; . \quad \ldots \ldots \quad (113)$$

IV. Strahldruck.

28. Kennzeichnung des Gegenstandes. Im Gegensatze zu dem Druck eines Stromfadens auf die Führungswände, die diesen umschließen, bezeichnet man als Strahldruck jene Kraft, die ein freier Strahl auf ein quer oder schräg gegen seine Richtung gestelltes Hindernis — eine Platte oder einen beliebig geformten Körper — ausübt. (Früher war hiefür auch der Ausdruck Stoßdruck gebräuchlich, der aber unzutreffend ist, da der Vorgang mit dem, was man sonst in der Mechanik als Stoß bezeichnet, nichts zu tun hat.)

Wenn der Strahl senkrecht auf die Platte oder in der Richtung der Symmetrieachse auf einen symmetrisch geformten Körper auftrifft, so nennt man den Strahldruck gerade, sonst schief. An der Auftreffstelle breitet sich der Strahl tellerförmig aus, manchmal ist bei dieser Ausbreitung auch eine mehr oder weniger scharfe ringförmige Erhebung — ein Wassersprung — zu beobachten, die nahezu in Ruhe ist. Der Strahl strömt längs der Platte glatt ab, ohne merklich an Geschwindigkeit einzubüßen.

Um die Größe des Strahldruckes zu berechnen, ist es wieder am einfachsten, den Impulssatz heranzuziehen, der auch den Druck eines Stromfadens auf seine Führungen nahezu ohne jede Rechnung lieferte: Die vektorielle Änderung der Bewegungsgröße eines passend abgegrenzten Teiles des Strahles in 1 sek gibt die Kraft an, die von diesem Teil des Strahles auf den ablenkenden Körper, hier also auf das Hindernis, ausgeübt wird. Da die Größe der Geschwindigkeit des Strahles und daher auch der Gesamtquerschnitt des Strahles nahezu unverändert bleiben, kommt es im wesentlichen nur auf Änderungen der Richtung der Geschwindigkeiten des zu- und abfließenden Strahles an.

Die einzige Schwierigkeit, die sich der Ausführung der Rechnung entgegenstellt, tritt nur bei Körpern auf, deren Breitenausdehnung klein ist im Verhältnis zum Strahlquerschnitt, ein Fall, der praktisch nur ganz selten vorkommt; es ist dann nur die Richtung des zufließenden, nicht aber die des abfließenden Strahles als bekannt anzusehen. Bei solchen Körperformen dagegen, bei denen die Abströmrichtung von vornherein festliegt, ist auch der Strahldruck vollständig angebbar, bei den anderen ist man auf ungefähre Angaben oder Schätzungen angewiesen.

29. Gerader Strahldruck. A. Ruhendes Hindernis. Sei c die Strahlgeschwindigkeit und Q der gesamte Durchfluß des Strahles, so liefert der Impulssatz für die in Abb. 79 einpunktierte Kontrollfläche, wenn das Abfließen unter dem Winkel ε stattfindet, unmittelbar die Kraft X senkrecht zur Platte:

$$X = \varrho\,Q\,c - \varrho\,Q\,c\cos\varepsilon \quad \text{oder} \quad \boxed{X = \varrho\,Q\,c\,(1 - \cos\varepsilon)}\,, \qquad (114)$$

worin der Wert des Winkels ε von den Bedingungen des besonderen Falles abhängt.

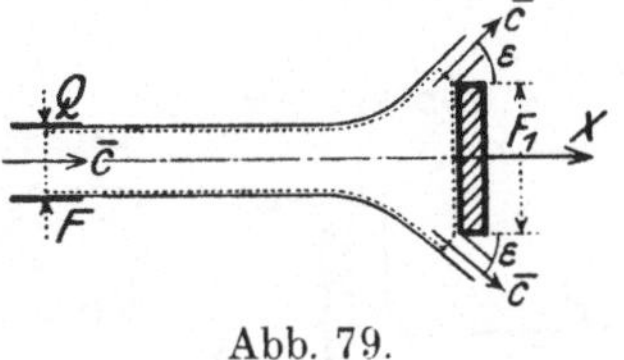

Abb. 79.

In Abb. 80 a) bis d) sind einige Fälle angegeben, in denen über den Winkel ε eine bestimmte Aussage gemacht werden kann:

a) Wenn die Platte im Vergleich zum Strahldurchmesser groß ist (was praktisch meist zutrifft), ihr Durchmesser also etwa das Vierfache der Strahlstärke übersteigt, Abb. 80 a), so erfolgt der Abfluß nahezu parallel zur Platte, es ist dann $\varepsilon = \pi/2$ und Gl. (114) gibt

$$\boxed{X = \varrho\,Q\,c} \; . \; . \; . \; . \; . \; . \; . \; . \; . \; . \qquad (115)$$

b) Wenn der Körper kegelförmig ist, so erfolgt das Abströmen unter dem Öffnungswinkel ε des Kegels und der Strahldruck ist durch die Gl. (114) gegeben.

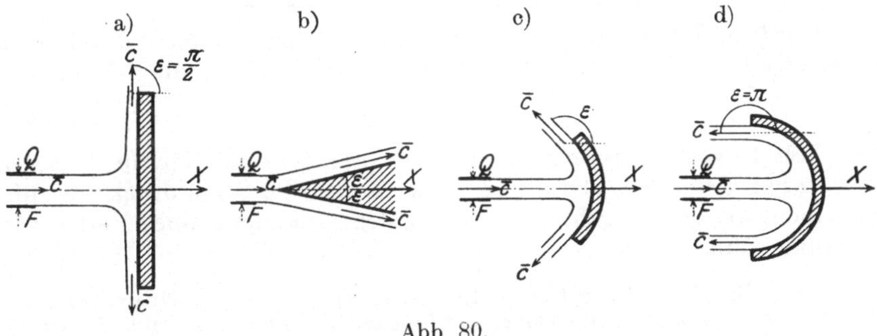

Abb. 80.

c) Auch wenn die Führung des abfließenden Strahles wie in Abb. 80 c) etwa kreisförmig vorgeschrieben ist, gibt die Gl. (114) unmittelbar den gesuchten Strahldruck. Im Falle der Abb. 80 d) ist insbesondere $\alpha = \pi$ und

$$\boxed{X = 2\,\varrho\,Q\,c}\,; \; . \; . \; . \; . \; . \; . \; . \; . \qquad (116)$$

in diesem Falle ist der Strahldruck doppelt so groß als bei senkrechter Abströmung nach a).

Beispiel 44. Wenn ein aus einem Gefäß unter einer Druckhöhe h ausfließender Strahl eine quergestellte Platte trifft, die sich in nicht zu großer

Entfernung e von der Ausflußöffnung befindet (etwa $e \leqq$ dem doppelten Strahldurchmesser), so ist $c = \sqrt{2\,g\,h}$ zu setzen und der Strahldruck auf die Platte ist nach Gl. (115) mit $Q = F\,c$:

$$X = \frac{\gamma}{g}\,F\,c\cdot c = 2\,\gamma\,F\,h\,;$$

ebenso groß und entgegengesetzt gerichtet ist nach Gl. (103) der Horizontaldruck des ausfließenden Strahles auf das Gefäß.

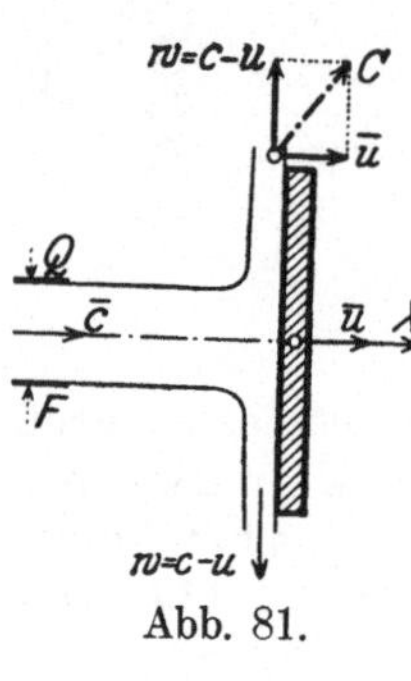

Abb. 81.

B. Bewegtes Hindernis. Den Strahldruck auf eine mit gleichbleibender Geschwindigkeit u bewegte Platte (Abb. 81) erhält man, wenn man — nach dem Satze von der Unabhängigkeit der Vorgänge der Mechanik von einer gleichförmigen und geradlinigen Translation des Bezugsystems — den Vorgang von der bewegten Platte aus betrachtet. Für die Auftreffgeschwindigkeit des Strahles auf die Platte ist dann die **relative** Geschwindigkeit $w = c - u$ zu setzen, so daß die Gl. (114) mit $Q = F\,c$ ($F =$ Strahlquerschnitt), für den Strahldruck X den Ausdruck gibt

$$X = \varrho\,Q\,(c - u)(1 - \cos\varepsilon) = \varrho\,F\,c\,(c - u)(1 - \cos\varepsilon). \qquad (117)$$

Insbesondere wird für $\varepsilon = \pi/2$, welcher Fall praktisch wieder allein von Interesse ist:

$$\boxed{X = \varrho\,Q\,(c - u) = \varrho\,F\,c\,(c - u)}. \quad \ldots \ldots \quad (118)$$

Wird die Platte dem Strahl **entgegenbewegt**, so ist u durch $- u$ zu ersetzen, und man erhält z. B. statt der Gl. (118) die folgende

$$X = \varrho\,Q\,(c + u). \ldots \ldots \ldots \ldots \quad (119)$$

Der Fall bewegter Stoßplatten kommt praktisch bei den in früherer Zeit verwendeten **Stoßturbinen** vor, wobei der Strahldruck auf die einzelnen, an dem Strahl vorbeiziehenden Schaufeln eines Rades zur Wirkung kam.

Beispiel 45. Ableitung der Gl. (118) aus dem Energiesatze. Wegen der vorausgesetzten Widerstandslosigkeit der Strömung muß die Größe des Strahldruckes auch unmittelbar aus dem Unterschiede der Leistungen des zufließenden und abfließenden Wassers zu gewinnen sein. Die Leistung des zufließenden Strahles ist $\gamma\,Q\,\dfrac{c^2}{2\,g}$; die des abfließenden ergibt sich durch die Bemerkung, daß die relative Geschwindigkeit des Strahles längs der Platte $c - u$ und die absolute Abflußgeschwindigkeit C daher durch die Gleichung gegeben ist (Abb. 81):

$$C^2 = (c - u)^2 + u^2.$$

Wir haben daher für die Leistung an der Platte:

$$X\,u = \gamma\,Q\,\frac{c^2}{2\,g} - \gamma\,Q\,\frac{C^2}{2\,g} = \frac{\gamma\,Q}{2\,g}\,(2\,c\,u - 2\,u^2) = \varrho\,Q\,(c - u)\,u$$

und daraus wie zuvor:

$$X = \varrho\,Q\,(c - u).$$

Beispiel 46. Maximum der Leistung des Strahldruckes. Die Leistung E des Strahldruckes ist (für $\varepsilon = \pi/2$) durch den Ausdruck gegeben

$$E = X\,u = \varrho\,Q\,(c-u)\,u \quad \ldots \ldots \ldots \ldots \ldots \quad (120)$$

Jene Werte der Geschwindigkeit u, bei dem diese Leistung den größten Wert erreicht, ergibt sich durch die Bedingung $dE/du = 0$; man erhält

$$u = c/2$$

und den entsprechenden Wert von E:

$$E_{\max} = \tfrac{1}{4}\,\varrho\,Q\,c^2 = \tfrac{1}{4}\,\varrho\,F\,c^3,$$

da die Leistung des zufließenden Strahles — die „absolute Leistung" —

$$E_0 = \gamma\,Q\,h = \gamma\,F\,c\cdot\frac{c^2}{2g} = \frac{1}{2}\,\varrho\,F\,c^3$$

beträgt, so findet man

$$E_{\max} = \tfrac{1}{2}\,E_0.$$

30. Schiefer Strahldruck.

A. Ruhende Platte. Wir setzen voraus, daß die Platte gegen den Strahldurchmesser genügend groß ist, so daß die Richtung des abfließenden Strahles mit der Plattenrichtung zusammenfällt. Der Neigungswinkel der Platte gegen die Strahlrichtung sei α.

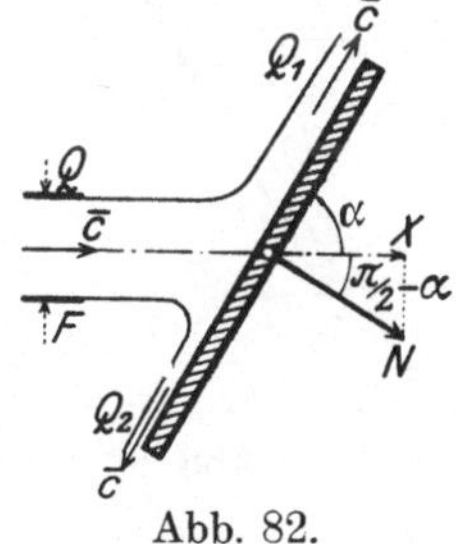
Abb. 82.

Wegen der Reibungslosigkeit der Flüssigkeit wird parallel zur Platte kein Druck auf diese ausgeübt, die gesamte auf die Platte ausgeübte Kraft ist daher ein Normaldruck N; da der zufließende Strahl einer Kraft $\varrho\,Q\,c$ parallel der Strahlrichtung entspricht, so ist die Normalkraft N die Projektion von $\varrho\,Q\,c$ auf die Normale zur Platte (Abb. 82) in der Form anzusetzen:

$$\boxed{N = \varrho\,Qc\sin\alpha = \varrho\,Fc^2\sin\alpha} \quad . \quad \ldots \ldots \quad (121)$$

Den Teil von N parallel zur Strahlrichtung bezeichnet man als **Parallel-druck** X, es ist

$$X = N\cos(90-\alpha) = N\sin\alpha,$$

daher

$$\boxed{X = \varrho\,Q\,c\sin^2\alpha = \varrho\,F\,c^2\sin^2\alpha} \ldots \ldots \quad (122)$$

Beispiel 47. Abflußmengen nach beiden Seiten der ruhenden schräggestellten Platte. Die Abflußmengen Q_1 und Q_2 nach den beiden Seiten der Platte ergeben sich durch die Bedingung, daß in der Richtung der Platte keine Kraft auf diese ausgeübt wird, d. h. also, daß auch die Änderung der Bewegungsgrößen der zu- und abfließenden Strahlen nach der Richtung der Platte verschwinden muß; wir erhalten daher (Abb. 82)

$$Q\,c\cos\alpha = Q_1\,c - Q_2\,c,$$

d. h.

$$\begin{cases} Q_1 - Q_2 = Q\cos\alpha \\ Q_1 + Q_2 = Q. \end{cases}$$

und außerdem ist

Aus diesen beiden Gleichungen folgt

$$Q_1 = Q\,(1+\cos\alpha)/2, \qquad Q_2 = Q\,(1-\cos\alpha)/2 \ldots \ldots \quad (123)$$

Bei dieser Rechnung ist vorausgesetzt, daß es sich um das ebene Problem handelt, daß sich also der Strahl nicht nach allen Seiten ausbreitet, sondern nur nach oben und unten in der Zeichenebene. Mit Hilfe dieser beiden Teilmengen ergibt sich unmittelbar der Paralleldruck als Unterschied der Bewegungsgrößen in der Strahlrichtung

$$X = \varrho\, Q\, c - \varrho\, Q_1\, c \cos \alpha + \varrho\, Q_2\, c \cos \alpha$$
$$= \varrho\, Q\, c \left\{ 1 - \frac{1 + \cos \alpha}{2} \cos \alpha + \frac{1 - \cos \alpha}{2} \cos \alpha \right\} = \varrho\, Q\, c\, (1 - \cos^2 \alpha)$$
$$= \varrho\, Q\, c \sin^2 \alpha$$

wie zuvor.

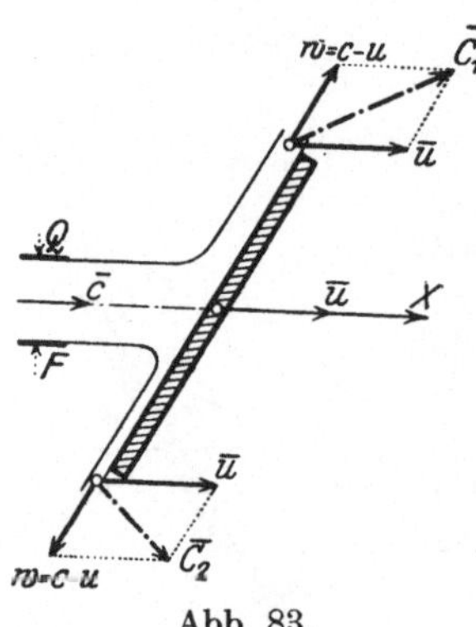

Abb. 83.

B. Für eine bewegte Platte, deren Geschwindigkeitsvektor $\bar{u}$ in die Richtung des Strahles fällt, ist $\bar{w} = \bar{c} - \bar{u}$ die relative Geschwindigkeit, mit der das Wasser auf die Platte auftrifft; beim Abströmen längs der Platte bleibt ihre Größe dieselbe, nur ihre Richtung ändert sich. Wenn wir wieder das ebene Problem betrachten, bei dem der Strömungsvorgang in allen zur Zeichenfläche parallelen Ebenen der gleiche ist, so findet das Abfließen des Wassers längs der Platte nur nach oben und unten statt (Abb. 83). Seien Q_1 und Q_2 die nach oben und unten abfließenden Wassermengen, so ist der Strahldruck X durch den Unterschied der Bewegungsgrößen gegeben, also:

$$X = \varrho\, Q\, (c - u) - \varrho\, Q_1\, (c - u) \cos \alpha + \varrho\, Q_2\, (c - u) \cos \alpha. \quad (124)$$

Da in der Richtung der Platte auf diese keine Kraft ausgeübt werden kann, so muß die Änderung der Bewegungsgröße in dieser Richtung verschwinden, d. h.

$$\varrho\, Q\, (c - u) \cos \alpha = \varrho\, Q_1\, (c - u) - \varrho\, Q_2\, (c - u),$$

woraus mit $Q = Q_1 + Q_2$ dieselben Gleichungen wie in Beispiel 47 folgen:

$$Q_1 = Q\, (1 + \cos \alpha)/2, \qquad Q_2 = Q\, (1 - \cos \alpha)/2 \quad . \quad . \quad (125)$$

und in Gl. (124) eingesetzt:

$$X = \varrho\, Q\, (c - u)\, (1 - \cos^2 \alpha)$$

oder

$$\boxed{X = \varrho\, Q\, (c - u) \sin^2 \alpha} \quad . \quad . \quad . \quad . \quad . \quad (126)$$

Beispiel 48. Ableitung der Gl. (126) aus dem Energiesatze. Die Leistung des Strahldruckes X muß dem Unterschiede der Leistungen des zuströmenden und abströmenden Wassers gleich sein. Bezeichnen jetzt C_1 und C_2 die absoluten Geschwindigkeiten der an beiden Plattenenden abströmenden Wassermassen, so ist (Abb. 83)

$$\begin{cases} C_1{}^2 = (c - u)^2 + u^2 + 2\,(c - u)\, u \cos \alpha \\ C_2{}^2 = (c - u)^2 + u^2 - 2\,(c - u)\, u \cos \alpha \end{cases}$$

und es folgt aus dem Ansatze

$$X u = \gamma\, Q \cdot \frac{c^2}{2\,g} - \gamma\, Q_1 \cdot \frac{C_1{}^2}{2\,g} - \gamma\, Q_2 \cdot \frac{C_2{}^2}{2\,g}$$

mit Benützung der Gl. (125) die Gleichung:

$$X u = \varrho\, Q\, (c - u)\, u \sin^2 \alpha\,,$$

und damit derselbe Ausdruck für X wie in Gl. (126).

Wenn endlich der Vektor $\overline{u}$ der Geschwindigkeit der Platte um einen Winkel β gegen die Plattenebene geneigt ist, Abb. 84, so ist die relative Geschwindigkeit des Strahles gegen die Platte

$$\overline{w} = \overline{c} - \overline{u}$$

gegen $\overline{u}$ um einen gewissen Winkel γ geneigt, und mit dieser Geschwindigkeit erfolgt auch das Abströmen der Flüssigkeit relativ zur Platte nach

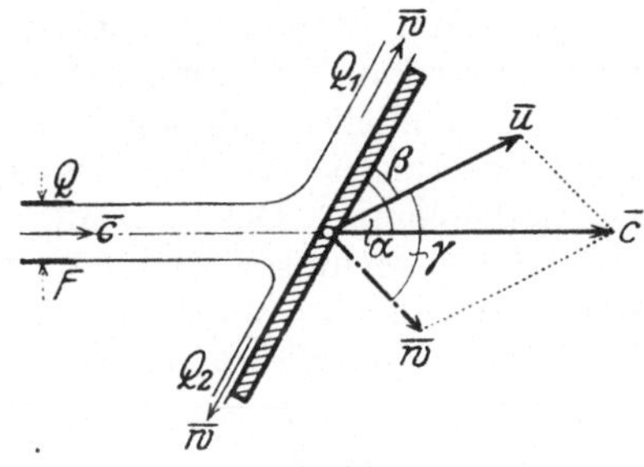

Abb. 84.

beiden Seiten. Es ist daher der Strahldruck X in Richtung von u:

$$\begin{aligned}
X &= \varrho\, Q\, w \cos \gamma - \varrho\, Q_1\, w \cos \beta + \varrho\, Q_2\, w \cos \beta \\
&= \varrho\, w\, [\, Q \cos \gamma - (Q_1 - Q_2) \cos \beta\,] \quad\ldots\ldots\quad (127)
\end{aligned}$$

Die Teilmengen Q_1 und Q_2 ergeben sich auch hier durch die Bedingung, die ausdrückt, daß in der Richtung der Platte keine Kraft auf diese ausgeübt wird; diese Bedingung wird durch die Gleichung ausgedrückt:

$$\varrho\, Q\, w \cos (\beta + \gamma) = \varrho\, Q_1\, w - \varrho\, Q_2\, w\,.$$

Nimmt man dazu die Kontinuitätsgleichung $Q = Q_1 + Q_2$, so folgen die Teilmengen in der Form

$$Q_1 = Q\, \frac{1 + \cos (\beta + \gamma)}{2}\,, \qquad Q_2 = \frac{1 - \cos (\beta + \gamma)}{2} \quad\ldots\quad (128)$$

Mit diesen Werten ergibt sich aus Gl. (127)

$$\boxed{\,X = \varrho\, Q\, w\, [\cos \gamma - \cos (\beta + \gamma) \cos \beta]\,} \quad \ldots\ldots\quad (129)$$

Die Größe der relativen Geschwindigkeit w ergibt sich aus dem Geschwindigkeitsdreieck

$$w = c \cos (\beta + \gamma - \alpha) - u \cos \gamma \quad\ldots\ldots\quad (130)$$

Beispiel 49. Die Ableitung der Gl. (129) aus dem Energiesatze läßt sich ganz ähnlich wie zuvor ausführen.

V. Stoß- oder Mischverluste.

31. Strömungsvorgänge mit und ohne Verluste. Während die bisher betrachteten Strömungsvorgänge als verlustfrei angesehen werden konnten — eine teilweise Ausnahme hievon bildete das Ausflußproblem, bei dem die Berücksichtigung der Zähigkeit eine kleine

„summarische Korrektur" notwendig machte — gehen wir jetzt dazu über, die übrigen technisch wichtigen Strömungsvorgänge zu behandeln.

Dabei sei nochmals hervorgehoben, daß es bei den in den beiden letzten Kapiteln betrachteten Strömungsvorgängen in der dort gegebenen einfachen Auffassung lediglich auf eine Umwandlung der kinetischen Energie des strömenden Wassers in eine andere Form $(X.\,u)$ ankommt, die zur Überwindung eines Widerstandes von gleicher Größe dienen kann; wenn Verluste berücksichtigt werden, muß die Größe des zu überwindenden Widerstandes naturgemäß entsprechend kleiner ausfallen. Ähnliches gilt auch für die Umwandlung von Energie der Lage in Energie der Bewegung längs des Stromfadens gemäß der Druckgleichung. Das Ziel der folgenden Betrachtungen ist gerade, die bei den technisch wichtigen Strömungsaufgaben auftretenden Verluste anzugeben, weil — abgesehen von der Nutzleistung — diese Verluste es sind, die zur Aufrechterhaltung des betreffenden Strömungsvorganges eine fortgesetzte Aufwendung von mechanischer Energie notwendig machen.

Die erste Gruppe dieser Verluste bilden die Stoß- und Mischverluste für die sich noch unter Beibehaltung der Vorstellung der idealen Flüssigkeit unter Heranziehung allgemeiner Sätze der Mechanik geeignete Ausdrücke gewinnen lassen, die zu ihrer rechnungsmäßigen Abschätzung hinreichen.

Dagegen sind die in den folgenden Abschnitten zur Behandlung gelangenden Verluste ganz wesentlich durch die Zähigkeit der Flüssigkeit bedingt; sie führen dann notwendigerweise dazu, die Vorstellung der idealen, reibungsfreien Flüssigkeit aufzugeben, und die Eigenschaften der zähen Flüssigkeit — mit solchen haben wir es bei diesen Problemen tatsächlich zu tun — in geeigneter Weise in Rechnung zu stellen.

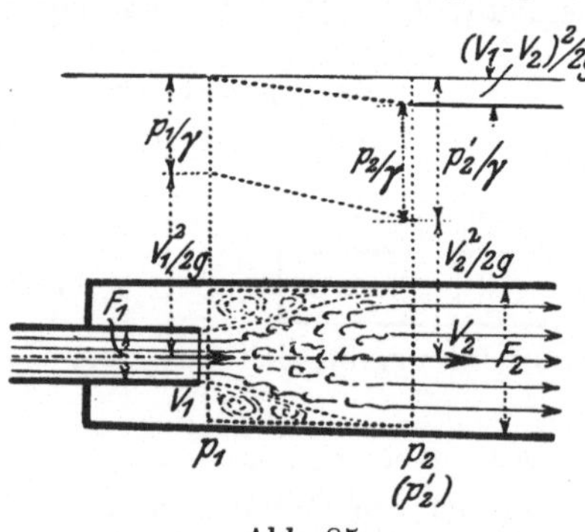

Abb. 85.

32. Plötzliche Querschnittserweiterung. Bei einer plötzlichen Erweiterung des Querschnitts in der Strömungsbahn einer Flüssigkeit nach Abb. 85 tritt ein Verlust dadurch auf, daß die aus dem engeren Teil austretende Flüssigkeit nicht geordnet in den weiteren Teil übergeht; dieser Übergang vollzieht sich vielmehr unter Bildung von unregelmäßigen Wirbeln längs eines gewissen Übergangsbereiches. Man hat diesen Vorgang früher als Stoß bezeichnet, weil der Ausdruck für den dabei entstehenden Verlust mit dem beim unelastischen Stoß fester Körper auftretenden Energieverlust übereinstimmt; er hat aber sonst mit dem „Stoß" ebensowenig zu tun wie der „Stoßdruck", und wird richtiger als Mischverlust bezeichnet, da es sich um einen Mischvorgang von Flüssigkeitsteilchen handelt, die verschiedene Geschwindigkeiten besitzen.

Es ist naturgemäß ausgeschlossen, diesen Mischvorgang auf Grund des Bewegungsverlaufes der einzelnen Flüssigkeitsteilchen zu verfolgen, man gelangt aber durch eine summarische Betrachtung zum Ziele, die freilich nur als Annäherung zu betrachten ist, dafür aber die Verfolgung des Verlaufes des Vorganges im einzelnen zu vermeiden gestattet.

Wir umschließen den Übergangsbereich, in dem sich der Mischvorgang abspielt, wieder durch eine Kontrollfläche, — sie ist in der Abb. 85 punktiert angedeutet — und wenden auf die darin enthaltene Flüssigkeitsmasse den Impulssatz an. Es seien F_1, F_2 $(F_1 < F_2)$ die Querschnitte vor und nach der Erweiterung, V_1, V_2 $(V_1 > V_2)$ die entsprechenden Geschwindigkeiten und p_1, p_2 $(p_1 < p_2)$ die Drücke an den beiden senkrecht zur Strömungsrichtung liegenden Grenzflächen. Die Änderung der Bewegungsgröße in 1 sek, in der Strömungsrichtung genommen, ist dann gleich der Summe der Kräfte nach dieser Richtung. Da die in 1 sek durchfließende Masse

$$\varrho\, Q = \varrho\, F_1 V_1 = \varrho\, F_2 V_2 \quad\dots\dots\dots (131)$$

ist, so ist $\varrho\, Q V_1$ die in 1 sek an der linken Grenzfläche verschwindende, $\varrho\, Q V_2$ die in der rechten hinzutretende Bewegungsgröße. Die Kraft auf die in der Kontrollfläche eingeschlossene Flüssigkeitsmasse, in der Strömungsrichtung genommen, kann mit $F_2 (p_1 - p_2)$ angesetzt werden. Voraussetzung hierzu ist, daß in den beiden Grenzquerschnitten überall der gleiche Druck p_1 bzw. p_2 herrscht; in dem Umstande, daß dies tatsächlich nicht der Fall ist, in den Ecken vielmehr gewiß stets Wirbelräume auftreten werden, welche die gleichförmige Druckverteilung stören, liegt der Grund, daß dieser Überlegung nur der Wert einer Annäherung zuzusprechen ist. Die Aussage: — Änderung der Bewegungsgröße in 1 sek = Kraft — liefert daher die Gleichung:

$$\varrho\, Q (V_2 - V_1) = F_2 (p_1 - p_2),$$

und damit ist die Druckzunahme bei plötzlicher Erweiterung:

$$p_2 - p_1 = \varrho\, V_2 (V_1 - V_2). \quad\dots\dots\dots (132)$$

Wenn die Erweiterung des Stromes vom Querschnitt F_1 auf F_2 verlustfrei, d. h. gemäß der Druckgleichung (47) erfolgen würde, so würde der Druck im Querschnitt F_2 auf den Wert p_2' $(> p_2)$ steigen, der (bei wagrechter Lage des Stromfadens) aus der Gleichung zu rechnen ist:

$$\frac{p_2'}{\gamma} + \frac{V_2^2}{2\,g} = \frac{p_1}{\gamma} + \frac{V_1^2}{2\,g};$$

daraus folgt:

$$p_2' - p_1 = \tfrac{1}{2}\varrho\, (V_1^2 - V_2^2) \quad\dots\dots\dots (133)$$

und durch die Differenz der Ausdrücke (133) und (132) ergibt sich der bei plötzlicher Erweiterung auftretende „Druckverlust":

$$p_2' - p_2 = \tfrac{1}{2}\varrho\, (V_1^2 - V_2^2 - 2 V_1 V_2 + 2 V_2^2)$$

oder in Wasserhöhe gemessen

$$h_w = \frac{p_2' - p_2}{\gamma} = \frac{(V_1 - V_2)^2}{2g} = \left(\frac{F_2}{F_1} - 1\right)^2 \cdot \frac{V_2{}^2}{2g}. \qquad (134)$$

Der Leistungsverlust, der einer Durchflußmenge von $\gamma\,Q$ kg/sek entspricht, ist dann durch $\gamma\,Q\,h_w$ dargestellt.

Dieser Druckverlust entsteht mithin dadurch, daß die Druckzunahme, die sich aus dem Impulssatze rechnet, nicht so hoch ist, als sie der verlustfreien Zunahme nach der Druckgleichung entsprechen würde, der so entstehende Unterschied ist eben durch den Satz der Erhaltung der Energie (nichts anderes ist die Druckgleichung) nicht gedeckt und daher als Verlust anzusprechen.

Um die Annäherung, die in dieser Betrachtung liegt, auszugleichen, kann die Gl. (134) durch Beifügung einer Berichtigungszahl α verbessert werden; es wird dann der Mischverlust in der Form angesetzt

$$h_w = \alpha \cdot \frac{(V_1 - V_2)^2}{2g}, \qquad (135)$$

wobei $\alpha = 1{,}1$ bis $1{,}2$ zu nehmen ist.

33. Übertragung der Druckgleichung auf Strömungen mit Verlusten. Wenn in der Strömungsbahn einer Flüssigkeit eine plötzliche Querschnittserweiterung vorhanden ist, so wird der in Gl. (134) gegebene Wert für die mit dieser Querschnittsänderung verbundene Verlusthöhe h_w durch die folgende Überlegung in die Druckgl. (47) eingeführt; eine ähnliche Überlegung wird auch späterhin für andere Arten von Verlusten herangezogen.

In der Druckgl. (47) besitzt jedes einzelne Glied skalare Beschaffenheit, d. h. die in dieser Gleichung auftretenden Größen haften nur an den einzelnen, aufeinanderfolgenden Stellen des Stromfadens. Wenn nun der Mischverlust in der Rechnung berücksichtigt werden soll, so wird zum Ausdrucke gebracht, daß die beim Eintritte oder am Oberspiegel der Flüssigkeit vorhandene Gesamtenergie der Flüssigkeit nicht nur für die Energie beim Austritt, sondern auch für den Mischverlust aufzukommen hat; auf diese Weise entsteht eine Gleichung, die freilich nicht etwa als ein Integral der Bewegungsgleichungen aufzufassen ist, sondern nur als ein Hilfsmittel, um die sonst rechnungsmäßig schwer zu beherrschenden Vorgänge der Rechnung zugänglich zu machen.

Beispiel 50. Ausflußgeschwindigkeit aus einem Gefäß mit einer plötzlichen Querschnittserweiterung. Die Ausführung der eben angestellten Überlegung für das in Abb. 86 gegebene Ausflußproblem, mit einer plötzlichen Querschnittserweiterung an der Stelle 1, führt unmittelbar auf die Gleichung

$$\frac{V_0{}^2}{2g} + h = \frac{V^2}{2g} + \frac{(V_1 - V_2)^2}{2g} \qquad (136)$$

oder

$$V^2 + (V_1 - V_2)^2 - V_0{}^2 = 2g\,h.$$

Nimmt man dazu die Durchflußgleichung, die mit Berücksichtigung der Einschnürungen in folgender Form angeschrieben werden kann:

$$Q = F_0\, V_0 = \alpha_1\, F_1\, V_1 = F_2\, V_2 = \alpha\, f\, V,$$

so erhält man für die Ausflußgeschwindigkeit V die Gleichung

$$V = \psi \cdot \sqrt{2\,g\,h \Big/ \Big\{1 + \alpha^2 f^2 \Big[\Big(\frac{1}{\alpha_1 F_1} - \frac{1}{F_2}\Big)^2 - \frac{1}{F_0^2}\Big]\Big\}}, \quad \ldots \ldots (137)$$

wobei der Einfluß der Zähigkeit noch durch den vorangesetzten Faktor ψ berücksichtigt werden kann.

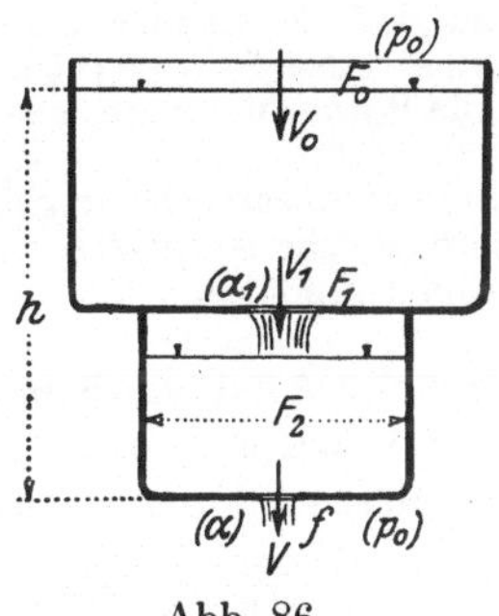

Abb. 86.

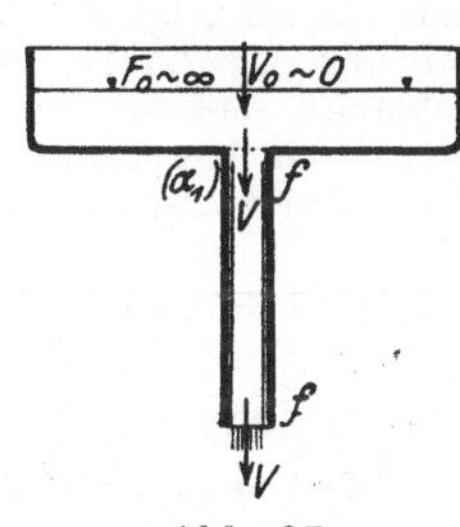

Abb. 87.

Für die Ausflußgeschwindigkeit durch ein lotrechtes Ansatzrohr aus einem Gefäß von der in Abb. 87 gegebenen Form erhält man hieraus für $1/F_0 \sim 0$, $F_1 = F_2 = f$, $\alpha = 1$ den Ausdruck

$$V = \psi \cdot \sqrt{2\,g\,h \Big/ \Big\{1 + \Big(\frac{1}{\alpha_1} - 1\Big)^2\Big\}} \ldots \ldots \ldots (138)$$

Insbesondere ergibt sich für $\psi = 0{,}97$, $\alpha_1 = 0{,}64$:

$$V = 0{,}84\,\sqrt{2\,g\,h} \ldots \ldots \ldots \ldots (139)$$

Dieses Ergebnis wird durch das folgende Beispiel 51 noch verdeutlicht.

Beispiel 51. Ausfluß durch ein seitliches Ansatzrohr. Beim Ausfluß aus einem scharfkantig seitlich angesetzten Rohr (Abb. 88) bildet sich zunächst eine Einschnürung des Strahles aus, und darauf erweitert sich der Strahl wieder — falls das Rohr nicht zu kurz ist $(l/d \geqq 2)$ — bis zum vollen Querschnitt des Rohres. Wegen des Überganges des freien Strahles vom eingeschnürten auf den vollen Querschnitt des Rohres entsteht ein Mischverlust, der auf die Ausflußgeschwindigkeit einwirkt. Die durch diesen Mischverlust h_w erweiterte Druckgleichung lautet hier

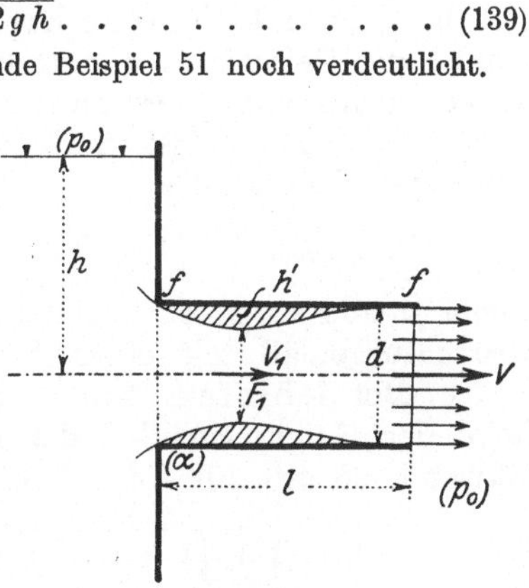

$$\frac{V_0^2}{2g} + h = \frac{V^2}{2g} + h_w = \frac{V^2}{2g} + \frac{(V_1 - V)^2}{2g}$$

Abb. 88.

oder

$$V^2 + (V_1 - V)^2 - V_0^2 = 2\,g\,h \ldots \ldots \ldots (140)$$

Wenn wieder $V_0 \sim 0$, $V_1 = V/\alpha$, $\alpha = 0{,}64$, so folgt wie zuvor:

$$V = \psi \cdot \sqrt{2\,g\,h \Big/ \Big[1 + \Big(\frac{1}{\alpha} - 1\Big)^2\Big]} = 0{,}84 \cdot \sqrt{2\,g\,h}, \quad \ldots \ldots (141)$$

6*

84 Hydraulik.

und die Ausflußmenge

$$Q = f V = 0{,}84\, f \cdot \sqrt{2g h}, \quad \ldots \ldots \ldots \ldots \quad (142)$$

während bei fehlendem Ansatzrohr die Ausflußmenge nur

$$Q' = \psi\, \alpha \cdot f V = 0{,}62\, f \cdot \sqrt{2g h} \quad \ldots \ldots \ldots \quad (143)$$

betragen würde. **Durch das Ansatzrohr wird daher die Ausflußmenge vergrößert.**

Der Grund für diese Vergrößerung liegt darin, daß an der Stelle der größten Einschnürung ein Unterdruck h' unter dem Atmosphärendruck p_0 entsteht — da an der Mündung bei der Geschwindigkeit V der Druck p_0 herrscht, so muß der Druck bei der größeren Geschwindigkeit V_1 kleiner als p_0 sein — der die wirksame Druckhöhe h' vergrößert, was mit einer **Saugwirkung** gleichbedeutend ist. Dabei zeigt sich übrigens, daß die Sprungweite des ausfließenden Strahls durch das Ansatzrohr verringert wird.

Die Tatsache, daß die Ausflußmenge durch ein Ansatzrohr vergrößert wird, war schon den alten Ägyptern bekannt, die durch solche Ansatzröhren die ihnen aus den Nilwasserleitungen zukommenden Mengen erhöhten.

34. Versuchsergebnisse für zylindrische Ansatzrohre. a) Nach Versuchen von **Weisbach** gelten bei **vollkommener Einschnürung** für verschiedene Werte des Verhältnisses l/d nach Abb. 88 die folgenden Werte der Ausflußzahl μ:

$l/d =$	1	2—3	12	24	36	48	60
$\mu =$	0,62	0,82	0,77	0,73	0,68	0,63	0,60

Aus dieser Zahlentafel ist ersichtlich, daß für $l/d \leq 1$ (etwa) der Ausfluß so erfolgt, als ob das zylindrische Ansatzrohr gar nicht vorhanden wäre.

b) **Unvollkommene Einschnürung** tritt ein, wenn der Querschnitt des Gefäßes F_0 unmittelbar vor der Ansatzstelle nicht groß ist im Verhältnis zum Querschnitt $F = d^2 \pi/4$ des Ansatzrohres selbst. Ist $F/F_0 = n\, (< 1)$, so ist nach **Weisbach** die Ausflußzahl für unvollkommene Einschnürung:

$$\mu_1 = \mu\, [1 + 0{,}102\, n + 0{,}067\, n^2 + 0{,}046\, n^3], \quad \ldots \quad (144)$$

wobei μ aus a) zu entnehmen ist. Unvollkommene Einschnürung ist also naturgemäß mit einer **Erhöhung der Ausflußzahl** verbunden.

c) **Bei schiefem Ansatzrohr** vermindert sich die Ausflußzahl. Ist δ der Neigungswinkel der Rohrachse gegen die Normale zur Gefäßwand, so gilt für $l/d = 2$ bis 3:

$$\mu = \sqrt{1/\{1 + 0{,}505 + 0{,}303 \sin \delta + 0{,}226 \sin^2 \delta\}}. \quad \ldots \quad (145)$$

35. Mischverlust bei plötzlicher Richtungsänderung eines Wasserstrahls. Wenn die relative Eintrittsgeschwindigkeit des Wassers in das Laufrad einer Turbine nicht tangentiell an die Schaufeln des Laufrades ausfällt, so entsteht ein Verlust, der auch als **Stoßverlust** bezeichnet wird, der aber wieder besser als **Mischverlust** von Flüssigkeitsteilchen mit verschieden gerichteten Geschwindigkeiten aufgefaßt werden kann; er läßt sich angenähert auf ähnliche Art berechnen, wie der bei einer plötzlichen Querschnittserweiterung auftretende Verlust.

Um die Aufgabe auf ihre einfachste Form zu bringen, denken wir uns in Abb. 89 einen Schaufelkanal gezeichnet und nehmen ihn als von parallelen Geraden begrenzt und als ruhend an; der Eintrittsquerschnitt sei f, die Zuströmgeschwindigkeit $\overline{V}_1$ und die Abströmgeschwindigkeit, nach Wiedererreichung eines geordneten Strömungszustandes $\overline{V}_2$. Wenn die Winkel von $\overline{V}_1$, $\overline{V}_2$ gegen die Wagrechte α_1, α_2 sind, so lautet die Bedingung dafür, daß der Flüssigkeitstrom nicht abreißt:

$$Q = f\,V_1 \sin\alpha_1 = f\,V_2 \sin\alpha_2$$

oder

$$V_1 \sin\alpha_1 = V_2 \sin\alpha_2\,, \quad . \ (146)$$

d. h. die relative Geschwindigkeit $V_r = V_1 - V_2$ liegt parallel zur Eintrittsfläche f. Der Wasserstrahl wird nach Eintritt in das Laufrad etwa die gezeichnete Gestalt annehmen, wobei der auftretende Hohlraum in

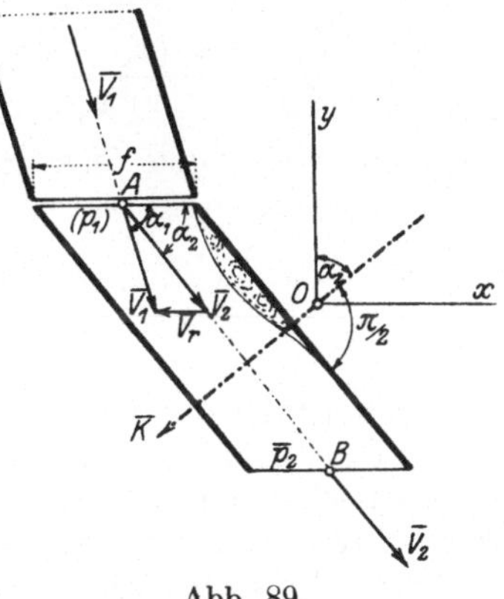

Abb. 89.

wechselndem Maße durch unregelmäßige Wirbelbildungen ausgefüllt ist, deren Einzelheiten rechnungsmäßig zu verfolgen ganz aussichtslos wäre.

Seien endlich die Drücke beim Ein- und Austritt aus dem Laufradkanal p_1 und p_2, so lautet die um die Verlusthöhe h_w durch den „Stoß" erweiterte Druckgleichung für das Laufrad:

$$\frac{V_1^2}{2\,g} + \frac{p_1}{\gamma} = \frac{V_2^2}{2\,g} + \frac{p_2}{\gamma} + h_w,$$

woraus

$$h_w = \frac{V_1^2 - V_2^2}{2\,g} + \frac{p_1 - p_2}{\gamma} \quad . \quad . \quad . \quad . \quad . \quad . \ (147)$$

Die in wagrechter und lotrechter Richtung auf den im Laufrade enthaltenen Flüssigkeitskörper einwirkenden Kräfte sind nach Gl. (101) wegen $V_1 \sin\alpha_1 - V_2 \sin\alpha_2 = 0$:

$$\left.\begin{array}{l} X = \varrho\,Q\,(V_2 \cos\alpha_2 - V_1 \cos\alpha_1) \\ Y = f\,(p_2 - p_1). \end{array}\right\} \quad . \quad . \quad . \quad . \ (148)$$

Wegen der Reibungsfreiheit der Strömung muß die ganze auf den Schaufelkanal einwirkende Kraft K auf der Richtung des Kanals senkrecht stehen, d. h. es ist

$$\mathrm{tg}\,\alpha_2 = -\,X/Y$$

und daraus:

$$Y = -\,X \operatorname{ctg}\alpha_2 = -\,\varrho\,Q \operatorname{ctg}\alpha_2\,(V_2 \cos\alpha_2 - V_1 \cos\alpha_1).$$

Benützt man noch die oben angeschriebene Gleichung für den Durchfluß $Q = f V_1 \sin \alpha_1$, so folgt

$$\frac{p_1 - p_2}{\gamma} = -\frac{Y}{f} = \frac{\varrho\,Q}{f} \cdot \operatorname{ctg} \alpha_2 \left(V_2 \cos \alpha_2 - V_1 \cos \alpha_1\right);$$

dies in Gl. (147) eingeführt, gibt

$$h_w = \frac{V_1{}^2}{2\,g}\left(1 - \frac{\sin^2 \alpha_1}{\sin^2 \alpha_2}\right) + \frac{V_1{}^2}{g}\sin \alpha_1 \operatorname{ctg} \alpha_2 \left(\frac{\sin \alpha_1 \cos \alpha_2}{\sin \alpha_2} - \cos \alpha_1\right)$$

$$= \frac{V_1{}^2}{2\,g} \cdot \frac{\sin^2(\alpha_1 - \alpha_2)}{\sin^2 \alpha_2}$$

und mit Benützung des Sinussatzes im Geschwindigkeitsdreieck: $V_r : V_1 = \sin(\alpha_1 - \alpha_2) : \sin \alpha_2$ folgt weiter

$$\boxed{h_w = \frac{V_r{}^2}{2\,g}} \quad \ldots \ldots \ldots \ldots \quad (149)$$

Die „Verlusthöhe durch Stoß", h_w, ist daher durch die Geschwindigkeitshöhe der relativen Geschwindigkeit gegeben. Im praktischen Turbinenbau wird diese Formel stets für diesen Stoßverlust beim Eintritt angewendet, auch wenn die hier getroffenen, das Problem idealisierenden Voraussetzungen nicht erfüllt sind.

36. Der Mischverlust beim Zusammentreffen mehrerer Strahlen wird durch Verwendung derselben Hilfsmittel berechnet, die auch bei der plötzlichen Querschnittserweiterung eines Strahles zum Ziele führten. Es wird die Drucksteigerung, die sich aus dem Impulssatze ergibt, verglichen mit der Drucksteigerung nach der Druckgleichung — der Unterschied ist der beim Mischvorgang entstehende Druckverlust. Auf diese Weise gelingt es wie dort, einen (angenäherten) Ansatz für den Mischverlust zu erhalten, ohne daß es nötig wäre — was übrigens gar nicht möglich ist — die verwickelten Einzelheiten des Vorganges zu verfolgen. Da es sich hier um die Mischung mehrerer Strahlen mit verschiedenen Durchflüssen Q_1, Q_2, ... handelt, so genügt es nicht mehr, den Verlust für die Gewichtseinheit anzugeben, es müssen vielmehr die Verluste auf die Durchflüsse der einzelnen Strahlen bezogen werden. Wir beschränken uns darauf, die Gleichungen für zwei Strahlen mit den Durchflußmengen Q_1, Q_2 hinzuschreiben; die Ausdehnung der Betrachtung auf mehrere Strahlen hat dann keine Schwierigkeit.

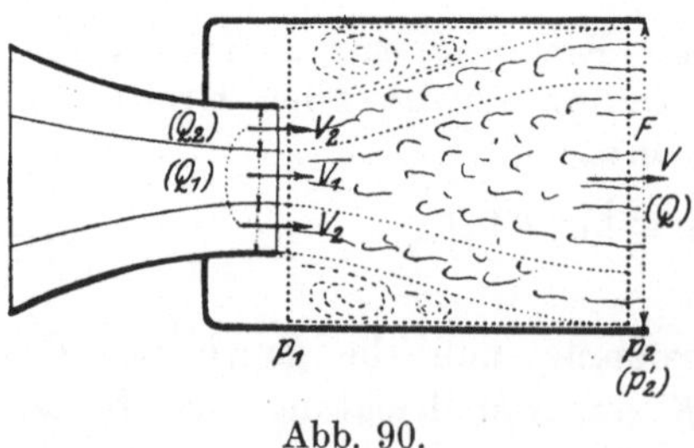

Abb. 90.

Wir denken uns den Übergangsbereich in Abb. 90, in dem sich der Mischvorgang abspielt, wie zuvor in eine Kontrollfläche eingeschlossen. Die Eintrittsgeschwindigkeiten der beiden Strahlen, die sich entweder umschließen oder vor der Mischung durch eine Wand getrennt nebeneinander laufen sollen, seien V_1 und V_2, die Geschwindigkeit nach der Mischung sei V. Um den Impulssatz wie früher anzuwenden, machen wir wieder die Annahme, daß die Drücke über den ganzen Querschnitt gleichförmig verteilt seien, und zwar p_1 vor, p_2 nach der Mischung, so daß also etwa vorhandene Druckunterschiede quer über die beiden Strahlen sich ohne merklichen Zeitaufwand ausgleichen sollen. Dann gibt der Impulssatz für die gemeinsame Richtung der beiden Strahlen die Gleichung

$$\varrho\,(Q_1 + Q_2)\,V - \varrho\,Q_1\,V_1 - \varrho\,Q_2\,V_2 = F\,(p_1 - p_2)$$

oder

$$F\,(p_2 - p_1) = \varrho\,[Q_1\,(V_1 - V) + Q_2\,(V_2 - V)] \quad \ldots \ldots (150)$$

Bei widerstandsfreier Erweiterung der einzelnen Strahlen möge der Druckanstieg auf einen Wert $p_2'(> p_2)$ erfolgen, der durch die Druckgleichung gegeben ist, die für beide Strahlen zusammen lautet:

$$(Q_1 + Q_2)\,(p_2' - p_1) = \tfrac{1}{2}\,\varrho\,Q_1\,(V_1{}^2 - V^2) + \tfrac{1}{2}\,\varrho\,Q_2\,(V_2{}^2 - V^2). \quad (151)$$

Der gesamte Leistungsverlust $\mathfrak{B}\,[\mathrm{kgm/sek}]$, d. h. der Arbeitsverlust in 1 sek, ist daher

$$\mathfrak{B} = \gamma\,(Q_1 + Q_2)\cdot\frac{p_2' - p_2}{\gamma} = (Q_1 + Q_2)\,(p_2' - p_2);$$

durch Multiplikation der Gl. (150) mit V und Subtraktion von Gl. (151) ergibt sich schließlich, da $FV = Q_1 + Q_2$:

$$\boxed{\mathfrak{B} = \gamma\,Q_1\,\frac{(V_1 - V)^2}{2\,g} + \gamma\,Q_2\,\frac{(V_2 - V)^2}{2\,g}} \quad \ldots \ldots (152)$$

Der Leistungsverlust, der bei der Mischung von zwei oder mehreren Strahlen eintritt, ist daher gleich der Summe der Leistungsverluste der einzelnen Strahlen beim Übergange auf die gemeinsame Geschwindigkeit V.

Beispiel 52. Die Wasserstrahlpumpen (Abb. 91) dienen dazu, den bei einer starken Verengung eines Rohres auftretenden Unterdruck zum Ansaugen von Flüssigkeit aus einem Gefäß B und Heben auf ein anderes C auszunützen. Dabei tritt der Fall ein, daß das ausströmende Betriebswasser mit dem zu fördernden Wasser in einem Mischraum M zusammentrifft, worauf sie gemeinsam in das Gefäß C abfließen. Eine derartige Anordnung ist freilich, wie schon von vornherein nicht anders zu erwarten, sehr unwirtschaftlich, kann aber für gewisse Fälle, z. B. bei Entwässerung der Baugruben, wenn Betriebs-

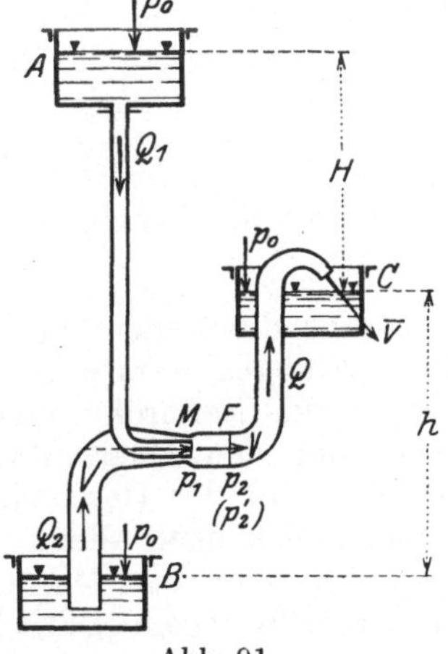

Abb. 91.

wasser in höherer Lage zur Verfügung steht, doch empfehlenswert werden. Die zur Verfügung stehende „Leistung" des Betriebswassers $\gamma\,Q_1\,H$ wird zur Hebung eines Wassergewichtes $\gamma\,Q_2$ auf eine Höhe h, zur Erzeugung der kinetischen

Energie des bei C austretenden Wassers $\gamma\,Q\,V^2/2g$ und zur Deckung der Verluste verwendet; von diesen setzen wir hier explicite nur den Stoßverlust nach Gl. (152) an, so daß wir die Gleichung erhalten:

$$\gamma\,Q_1\,H = \gamma\,Q_2\,h + \gamma\,Q\,\frac{V^2}{2g} + \gamma\,Q_1\,\frac{(V_1-V)^2}{2g} + \gamma\,Q_2\,\frac{(V_2-V)^2}{2g}\ (+\text{Reibungsverluste}),\ (153)$$

aus der bei bekannten Abmessungen die Beziehung zwischen der Betriebswassermenge Q_1 und der Nutzwassermenge Q_2 zu entnehmen ist. Als hydraulischen Wirkungsgrad η bezeichnet man das Verhältnis

$$\eta = \frac{\text{Nutzleistung}}{\text{aufgewendete Leistung}} = \frac{Q_2\,h}{Q_1\,H},\ \ \ldots\ldots\ (154)$$

der Wert von η fällt bei Anordnungen dieser Art immer sehr klein aus, da sich Q_1 um vieles größer ergibt wie Q_2.

Wenn Luft als zu fördernde Flüssigkeit genommen wird, so erhält man Luft-Druck- bzw. Saugpumpen (bei C Druckwirkung, bei B Saugwirkung), die ebenfalls durch den Umstand bemerkenswert sind, daß sie (außer der Flüssigkeit) keinen bewegten Körper enthalten, dafür aber auch die Eigenschaft zeigen, sehr unwirtschaftlich zu arbeiten. — Auch die Injektoren zur Speisung von Dampfkesseln sind Anordnungen ähnlicher Art; zur Erklärung ihrer Wirkungsweise reichen jedoch die Eigenschaften der raumbeständigen (eigentlichen) Flüssigkeiten nicht mehr aus, es kommt vielmehr die Tatsache der Druckerniedrigung bei plötzlicher Abkühlung des Dampfes zur Verwertung.

Es gibt noch mannigfache andere Vorgänge in der Technik, wo Mischvorgänge ähnlicher Art eintreten, z. B. bei den Einspritzdüsen in den Vergasern der Verbrennungskraftmaschinen u. dgl. mehr.

VI. Die zwei verschiedenen Strömungsformen: Schichten- und turbulente Strömung.

37. Einfluß der Flüssigkeitsreibung. In 16 wurde die Lagrange-Eulersche Bewegungsgleichung unter der Annahme abgeleitet, daß die auf die Grenzflächen jedes Teilchens wirkenden Kräfte lediglich Druckkräfte sind, die zu den Grenzflächen des Teilchens senkrecht stehen. Sie lautete für die stationäre Bewegung in einem Stromfaden

$$\frac{dV}{dt} \equiv V\,\frac{dV}{ds} = -\frac{1}{\varrho}\,\frac{dp}{ds} - g\,\frac{dz}{ds}\ \ \ldots\ldots\ (155)$$

Dazu trat die Durchflußgleichung

$$F\,V = \text{konst.}\ \ \ldots\ldots\ldots\ (156)$$

Was die Bedeutung von V betrifft, so wurde bei den bisherigen Betrachtungen stets angenommen, daß V entweder über jeden Querschnitt der Stromröhre konstant ist, oder die mittlere Geschwindigkeit über den Querschnitt bedeutet. Irgendeine Aussage über die Verteilung der Geschwindigkeit über den Querschnitt ist auf Grund dieser Gleichungen allein — ohne Heranziehung weiterer Hilfsmittel — nicht zu gewinnen. Man erkennt dies am einfachsten, wenn man etwa ein wagrecht liegendes Stück einer geraden zylindrischen Stromröhre betrachtet und dieses in beliebiger Weise in Teilröhren zerlegt denkt, die alle wieder durch Stromlinien begrenzt sind; für jede solche Teilröhre gilt die Gl. (155) und jede solche Gleichung ist durch den Ansatz $p = \text{konst.}$, $z = \text{konst.}$ und $V = \text{konst.}$ erfüllt. Dadurch ist jedoch über die Einzelwerte dieser Konstanten in den Teilröhren und über deren Zusammenhang miteinander gar nichts ausgesagt, so daß jede beliebige (auch unstetige) Geschwindigkeitsverteilung über den Querschnitt zulässig wäre. Jede Wirkung dieser Teilröhren aufeinander ist ja wegen des Fehlens tangential gerichteter Einflüsse ausgeschlossen. Ähnlich würden sich auch beliebig gekrümmte Stromröhren verhalten.

Aus dem Umstande, daß die Gl. (155) durch $p =$ konst., $z =$ konst., $V =$ konst. erfüllt ist, würde weiter folgen, daß zur Aufrechterhaltung einer stationären Strömung in wagrechter Richtung kein Energieaufwand erforderlich wäre.

Demgegenüber lassen die Beobachtungen an irgendwelchen Strömungen vor allem zwei Umstände erkennen:

1. eine ungleichmäßige Verteilung der Geschwindigkeit, und zwar in der Art, daß bei zylindrischen Röhren die Teilchen in der Rohrmitte einen Größtwert der Geschwindigkeit aufweisen, von dem aus der Wert der Geschwindigkeit stetig bis auf den Wert Null am Rande absinkt, da an der Wand ein Haften der Flüssigkeit eintritt.

2. Das Auftreten eines Energieverlustes bei jeder Strömung.

Zur Erklärung dieser Tatsachen reicht der bisher benützte Ansatz (155) nicht aus, dieser muß vielmehr durch einen vollständigeren ersetzt werden, der genauer das wirkliche Verhalten der Flüssigkeiten in Rechnung zieht; dieses wirkliche Verhalten muß durch Aufstellung einer mathematischen Gesetzlichkeit erfaßt werden.

Wie sofort einleuchtet, ist es die Eigenschaft der Flüssigkeitsreibung, oder der Zähigkeit (Viskosität) der Flüssigkeit, die in Verbindung mit der Rauhigkeit der Wände zur Erklärung der angegebenen Beobachtungen herangezogen werden muß. Die Zähigkeit ist auch, wie sich weiterhin ergibt, der Anlaß dafür, daß es tatsächlich eines Arbeitsaufwandes bedarf, um die stationäre Bewegung einer „wirklichen“ Flüssigkeit durch ein Rohr oder durch einen Kanal aufrecht zu erhalten. Es ist nun die wichtigste Aufgabe der folgenden Betrachtungen, über die Beschaffenheit der Flüssigkeitsbewegung, die unter dem Einflusse der Zähigkeit zustande kommt, Klarheit zu gewinnen und insbesondere über die Größe des zur Aufrechterhaltung dieser Bewegung erforderlichen Arbeitsaufwandes zutreffende Aussagen zu erhalten.

Für die Untersuchung der Flüssigkeitsbewegungen in Röhren und Kanälen ist nun die (übrigens schon seit langer Zeit bekannte) Tatsache von besonderer Bedeutung, daß die Beobachtungen im wesentlichen zwei verschiedene Formen von Strömungszuständen erkennen lassen, welche sich schon durch den äußeren Anschein, vor allem aber auch durch die Art des Verlaufes der Stromlinien, wie auch weiterhin durch die für sie geltenden mechanischen Gesetze in grundsätzlicher Weise unterscheiden. Diese beiden Strömungsformen sind:

a) die Schichten- oder Laminarströmung (lamina = Schichte),

b) die turbulente Strömung.

Was den äußeren Anschein dieser beiden Strömungsarten anlangt, so verlaufen bei der laminaren Strömung die Stromlinien in geordneten, ausgerichteten Bahnen, sowie wir dies beim idealen Stromfaden vor uns hatten; bei der turbulenten Strömung tritt an Stelle dieser Regelmäßigkeit ein scheinbar regelloses, sich manchmal über einen größeren Teil des Querschnittes erstreckendes Durcheinanderwirbeln der einzelnen Flüssigkeitsteilchen.

Zur ungefähren, zunächst noch ganz unbestimmten Kennzeichnung der Bedingungen für das Eintreten der einen oder andern Strömungsform sei vor allem auf die wichtige Tatsache hingewiesen, daß die Schichtenströmung bei kleinen Geschwindigkeiten und kleinen Rohr- oder Kanalabmessungen, die turbulente Strömung bei großen Geschwindigkeiten und Abmessungen beobachtet werden. Auf die in die Augen fallenden Unterschiede zwischen den beiden Strömungsarten wurde schon 1837 durch Poncelet und Hagen hingewiesen. Aber erst 1877 ist durch Osborne Reynolds erkannt worden, daß für die Ausbildung der einen oder andern Strömungsart die Größe der Abmessungen und der Geschwindigkeiten, die Dichte und die Zähigkeit der Flüssigkeit — bei im übrigen vollständig übereinstimmenden Bedingungen — ausschlaggebend sind.

Reynolds ließ Wasser durch Glasröhren fließen und beobachtete (durch Einführung von Farbstoff), daß die anfänglich laminare Strömung turbulent wurde, wenn die Geschwindigkeit des Wassers eine gewisse Größe überschritt; je weiter das Rohr gewählt wurde, desto kleiner war die Geschwindigkeit, bei der der turbulente oder „wirbelige" Zustand eintrat. Er fand, daß eine zahlenmäßig festzulegende Grenze zwischen beiden Zuständen besteht, welcher Grenze Reynolds absoluten Charakter beilegte; heute wissen wir allerdings, daß diese Grenze nur für geometrisch ähnliche Ausbildung der ganzen Strömungsanlage, insbesondere der Art des Einlaufes in das Rohr und der Rauhigkeit des Rohres durch ein einheitliches Gesetz angegeben werden kann, während sie für verschiedene Anordnungen des Strömungsvorganges und verschiedene Rauhigkeiten alle möglichen Werte annehmen kann. Bei sorgfältiger Vermeidung aller Erschütterungen gelingt es übrigens, die Strömung weit über diese Grenzgeschwindigkeit hinaus laminar zu erhalten.

Es entsteht nun die wichtige Frage: durch welche Umstände sind diese beiden Strömungszustände gekennzeichnet und welche mechanischen Gesetze gelten für sie?

38. Schichtenströmung. Ansatz für die Flüssigkeitsreibung. Die Schichtenströmungen verlaufen in einzelnen, voneinander vollständig getrennten Schichten, die sich gegenseitig nicht mischen oder durchsetzen; kennzeichnend für diese Art von Strömungen ist also der regelmäßige, geordnete Verlauf der Stromlinien, das „geordnete Strömungsbild".

Beispiele für solche Bewegungen sind: der Ausflußstrahl aus einer kleinen Öffnung eines Gefäßes, der Überfall einer Wassermasse über ein Wehr bei kleiner Überfallshöhe u. dgl.; in diesen Fällen ist die geordnete Beschaffenheit der Stromlinien durch Augenschein unmittelbar erkennbar, die Flüssigkeit erweckt den Anschein eines ruhenden, einheitlich zusammenhängenden Körpers.

Sofern das in diesen Fällen auftretende Strömungsbild, genauer gesagt der Verlauf der Stromlinien, von vornherein als bekannt und während der Strömung als unveränderlich angesehen werden kann, gelingt es durch Einführung eines Ansatzes für die Flüssigkeitsreibung, die zwischen irgend zwei gegeneinander gleitenden Schichten auftritt, zutreffende Aussagen über die Verteilung der Geschwindigkeit im Querschnitt und über den auftretenden Energieverlust zu erhalten.

Für die Flüssigkeitsreibung wird — ausdrücklich sei es nochmals betont: nur soweit es sich um Schichtenströmung handelt — das folgende Elementargesetz zugrunde gelegt, das in vollständigem Gegensatz steht zu dem Gesetz für die Reibung zwischen starren (festen) Körpern:

Die Reibung zwischen irgend zwei aneinander gleitenden Flüssigkeitschichten ist eine in der Gleitrichtung wirkende Kraft, die auf die Flächeneinheit bezogen und als Schubspannung τ kg/cm² eingeführt wird; sie ist proportional dem Geschwindigkeitsgefälle zwischen den benachbarten Schichten und abhängig von der Beschaffenheit (Zähigkeit) der Flüssigkeit, jedoch unabhängig vom Flüssigkeitsdruck an der betreffenden Stelle.

Diese Schubspannung, deren Einfluß auf benachbarte Schichten unter Gültigkeit des Satzes der Gleichheit von Wirkung und Gegenwirkung erfolgt, strebt die rascher bewegte Schichte zu verzögern, die langsamere zu beschleunigen und so einen Ausgleich, ein Gleichgewicht, zwischen den Trägheitskräften einerseits und den Reibungskräften andererseits herbeizuführen.

Wenn die Schichtenströmung etwa wie in Abb. 92 parallel zur x-Achse erfolgt, und u die Geschwindigkeit des Teilchens im Abstande y von 0 bedeutet, so ist das Ge-

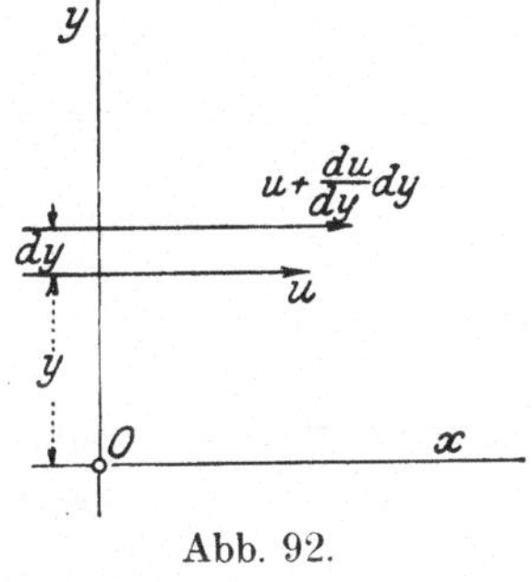

Abb. 92.

schwindigkeitsgefälle, d. h. die auf die Längeneinheit bezogene Geschwindigkeitsänderung (Relativgeschwindigkeit) zwischen den benachbarten Schichten: $-du/dy$. Für die Größe der Reibungskraft auf 1 cm² folgt daher nach der obigen Festsetzung

$$\boxed{\tau = -\varkappa\,\frac{du}{dy}} \quad \ldots \ldots \ldots (157)$$

In dieser Formel wird $\varkappa$ als das dynamische Zähigkeitsmaß bezeichnet und als eine jeder Flüssigkeit eigentümliche Größe angesehen; die Dimension von $\varkappa$ ergibt sich aus dieser Gleichung mit

$$[\varkappa] = \frac{[\tau]}{[du/dy]} = \frac{[K/L^2]}{[1/T]} = \left[\frac{KT}{L^2}\right] \quad \ldots \ldots (158)$$

Unter dem Einfluß dieser Schubspannungen τ wird ein ursprünglich rechtwinkliges Flüssigkeitsteilchen in sich derart verschoben, daß es schiefwinklig wird, welche Wirkung bei reibungsfreien Flüssigkeiten vollständig fehlt; diese **Verformung** (Deformation) der Flüssigkeitsteilchen durch Änderung ihrer Kantenwinkel kann geradezu als Kennzeichen der Bewegungen zäher Flüssigkeiten angesehen werden.

39. Das Poiseuillesche Gesetz. Der Ansatz (157) kann nun dazu verwendet werden, den Einfluß der Flüssigkeitsreibung auf die **Verteilung der Geschwindigkeit** über den Querschnitt bei einem vorgegebenen geordneten Strömungsbild und die Größe des bei dieser Strömung entstehenden **Energieverlustes** zu ermitteln. Die wichtigste Form für den Querschnitt, die praktisch verwendet wird, ist der **Kreis**; für ihn wurde die Berechnung der Geschwindigkeitsverteilung und des Energieverlustes zuerst durchgeführt, wobei sich volle Übereinstimmung mit den viel früher (1867) durch **Poiseuille** experimentell gefundenen Ergebnissen herausstellte.

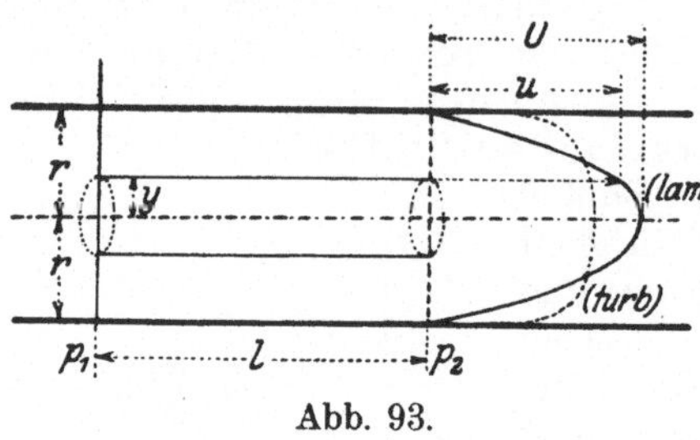

Abb. 93.

Da die Drücke p_1 und p_2 über die beiden um l voneinander entfernten Querschnitte 1 und 2 des Rohres als gleichförmig verteilt angenommen werden können (Abb. 93), so hat die Kraft in der Bewegungsrichtung, die auf einen Zylinder vom Halbmesser y wirkt, die Größe $(p_1 - p_2)\pi y^2$, die Mantelfläche des Zylinders, der unter dem Einflusse dieser Kraft in dem umgebenden Zylinder verschoben wird, hat die Größe $2\pi y l$, und daher ist die in dieser Mantelfläche auftretende Schubspannung:

$$\tau = \frac{\text{Kraft}}{\text{Fläche}} = \frac{(p_1 - p_2)\pi y^2}{2\pi y l} = \frac{p_1 - p_2}{l} \cdot \frac{y}{2}.$$

Mit Benützung des Ansatzes (157) ergibt sich somit die folgende Differentialgleichung für die Funktion $u \equiv u(y)$:

$$\tau = -\varkappa \frac{du}{dy} = \frac{p_1 - p_2}{l} \cdot \frac{y}{2}.$$

Die in der Lösung dieser Gleichung auftretende Integrationskonstante wird durch die Bedingung bestimmt, daß die Flüssigkeit am Rande des Rohres haftet, für $y = r$ also $u = 0$ sein soll; dadurch erhält man die Lösung in der Gestalt:

$$u \equiv u(y) = \frac{p_1 - p_2}{4\varkappa l}(r^2 - y^2) \quad \ldots \ldots \ldots (159)$$

Bei der Schichtenströmung durch ein Kreisrohr ergibt sich sonach für die Verteilung der Geschwindigkeit [über den Querschnitt das paraboloidische Gesetz: in jeder Meridianebene wird die Verteilung der Geschwindigkeit als Funktion des Halbmessers durch eine Parabel dargestellt (Abb. 93).

Wir führen nun die Bezeichnungen ein:

$$\frac{p_1 - p_2}{\gamma \, l} = J = \text{Druckgefälle (für 1 m Rohrlänge)},$$

$$\nu = \frac{\varkappa}{\gamma / g} = \frac{\varkappa}{\varrho} = \text{kinematisches Zähigkeitsmaß};$$

die letztere Bezeichnung ist darin begründet, daß in der Dimension von ν die „Kraft" nicht mehr vorkommt:

$$[\nu] = \frac{[\varkappa]}{[\varrho]} = \frac{[\varkappa] \cdot [g]}{[\gamma]} = \frac{[K\,T/L^2] \cdot [L/T^2]}{[K/L^3]} = \left[\frac{L^2}{T}\right]. \quad . \quad (160)$$

Damit ergibt sich die Gl. (159) in der Form:

$$u = \frac{J g}{4 \, \nu} (r^2 - y^2) \quad . \quad . \quad . \quad . \quad . \quad . \quad (161)$$

An Stelle von u ist es vorteilhafter, andere daraus ableitbare Größen einzuführen, die unmittelbare praktische Bedeutung haben: die Durchflußmenge oder den Durchfluß durch das Rohr in 1 sek: $Q \, \text{m}^3/\text{sek}$, oder die mittlere Geschwindigkeit $V = Q / \pi r^2$. Da durch die kleine Ringfläche vom Halbmesser y und der Dicke dy in 1 sek die Flüssigkeitsmenge

$$dQ = u \cdot 2 \, \pi y \, dy = \frac{J g \pi}{2 \, \nu} (r^2 - y^2) \, y \, dy,$$

strömt, so folgt für den Durchfluß durch das ganze Rohr:

$$Q = \frac{\pi g}{8} \cdot \frac{J r^4}{\nu}, \quad . \quad . \quad . \quad . \quad . \quad . \quad (162)$$

und für die mittlere Geschwindigkeit:

$$V = \frac{Q}{\pi r^2} = \frac{g}{8} \frac{J r^2}{\nu}; \quad . \quad . \quad . \quad . \quad . \quad . \quad (163)$$

es ist demnach $V = u_{\max}/2$; umgekehrt folgt daraus das zur Aufrechterhaltung dieser Strömung erforderliche Gefälle ($D = 2\,r$):

$$J = \frac{p_1 - p_2}{\gamma \, l} = \frac{8}{g} \cdot \frac{\nu V}{r^2} = \frac{32}{g} \frac{\nu V}{D^2}. \quad . \quad . \quad . \quad (164)$$

Das notwendige Druckgefälle zur Aufrechterhaltung einer Schichtenströmung mit der mittleren Geschwindigkeit V durch ein Rohr vom Durchmesser D ist also der Geschwindigkeit V und der Zähigkeit ν direkt und dem Quadrat von D (oder dem Querschnitt des Rohres) umgekehrt proportional.

Das in Gl. (164) dargestellte Ergebnis ist unter dem Namen des „Poiseuilleschen Gesetzes" bekannt, das, wie bereits hervorgehoben, durch die Erfahrung volle Bestätigung gefunden hat, solange Schichtenströmung herrscht.

Bei dieser Betrachtung ist die zur Erzeugung der Geschwindigkeit der einzelnen Flüssigkeitsteilchen erforderliche Druckhöhe unberücksichtigt geblieben.

40. Zahlenwerte für $v = \varkappa/\varrho$ (kinematisches Zähigkeitsmaß).

Wasser	von 0°,	$v = 0,0178$ cm²/sek
„	„ 10°,	$= 0,0133$ „
„	„ 20°,	$= 0,0100$ „
„	„ 50°,	$= 0,0056$ „
„	„ 100°,	$= 0,0030$ „
Olivenöl	von 20°,	$v = 2,56$ cm²/sek
„	„ 50°,	$= 1,78$ „
Deutzer Motoröl	von 20°,	$v = 3,82$ cm²/sek
„	„ 50°,	$= 0,60$ „
„	„ 100°,	$= 0,10$ „
Luft	von 0°, 760 mm,	$v = 0,145$ cm²/sek
„	„ 100°, 760 „	$= 0,271$ „
„	„ 0°, 7,6 „	$= 13,3$ „

Die Abnahme der kinematischen Zähigkeit mit zunehmender Temperatur T (in °C) kann nach Poiseuille für Wasser zwischen 0 und 100° durch die Beziehung ausgedrückt werden:

$$v\left[\frac{\text{cm}^2}{\text{sek}}\right] = \frac{0,0178}{1 + 0,0337\,T + 0,000\,22\,T^2} \qquad \ldots \ldots \quad (165)$$

Beispiel 53. Wie groß ist die Austrittsgeschwindigkeit von Wasser von 10°C aus einem 1 m langen Rohr (Abb. 94) von $D = 0,2$ cm Durchmesser, wenn die Druckdifferenz zwischen Eintritt und Austritt 0,5 m beträgt?

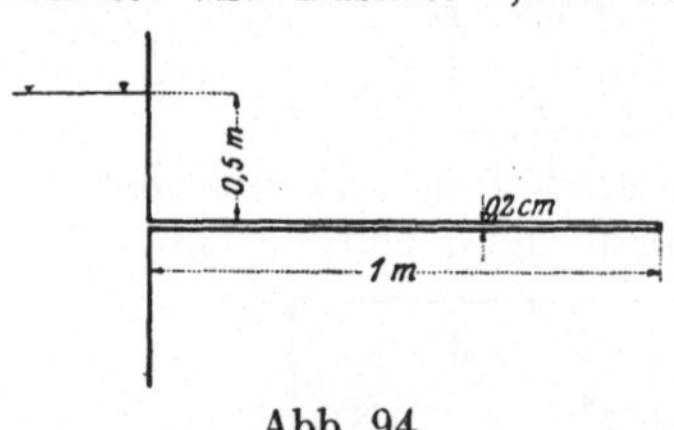

Abb. 94.

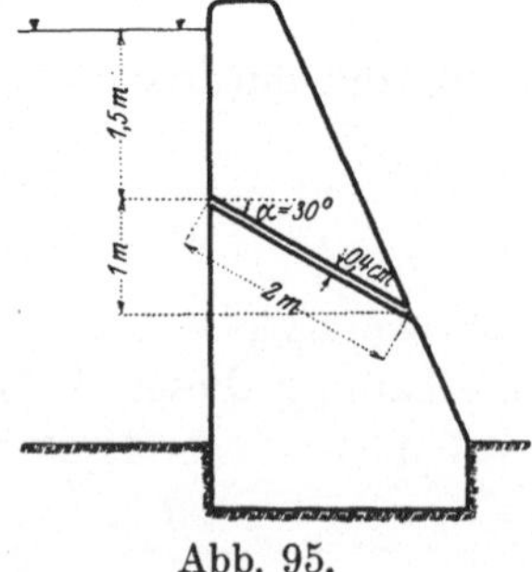

Abb. 95.

Nach Gl. (163) ist

$$V = \frac{g}{8} \cdot \frac{J r^2}{v} = \frac{981}{8} \cdot \frac{0,5}{1} \cdot \frac{0,01}{0,0133} = 46,2 \text{ cm/sek} = 0,462 \text{ m/sek}.$$

Beispiel 54. In einer Staumauer (Abb. 95) befindet sich in einer Tiefe von $h = 1,5$ m unter dem Spiegel eine röhrenförmige Öffnung von $D = 0,4$ cm

Durchmesser und $l = 2$ m Länge, die unter $\alpha = 30^0$ gegen die Wagrechte geneigt ist; wieviel Wasser von 10^0 C geht hiedurch in 1 Tage verloren und wie groß ist die Austrittsgeschwindigkeit?

In Gl. (163) ist zu setzen:

$$J = \frac{h + l \sin \alpha}{l} = \frac{1{,}5 + 2 \cdot \frac{1}{2}}{2} = 1{,}25 ,$$

und daher ist

$$V = \frac{g}{8} \cdot \frac{J r^2}{\nu} = \frac{981}{8} \cdot \frac{1{,}25 \cdot 0{,}04}{0{,}0133} = 462 \text{ cm/sek} = 4{,}62 \text{ m/sek} ,$$

und der Durchfluß in 1 sek ist

$$Q = V \cdot r^2 \pi = 462 \cdot 0{,}04 \cdot \pi = 58{,}1 \text{ cm}^3/\text{sek} ,$$

d. s. $58{,}1 \cdot 86\,400 /\!\!\!/ 1000 = 5020\,l$ oder 5 m³ in 1 Tag.

Voraussetzung für die Zulässigkeit der in diesen Beispielen verwendeten Ansätze ist, daß in den Röhren bei den erhaltenen Geschwindigkeiten tatsächlich Schichtenströmung besteht.

Beispiel 55. Der Englersche Zähigkeitsmesser zur Bestimmung der Zähigkeit von Schmiermitteln wird wegen seiner einfachen Handhabung vorwiegend in der technischen Praxis und im Handel verwendet. Er besteht aus einem zylindrischen Gefäß A (Abb. 96) mit einem Kugelboden, an dem in der Mitte ein enges Ausflußröhrchen vom Durchmesser $2r = 0{,}29$ cm angeschlossen ist, das durch einen Hahn abgesperrt werden kann. Das Gefäß A wird bis

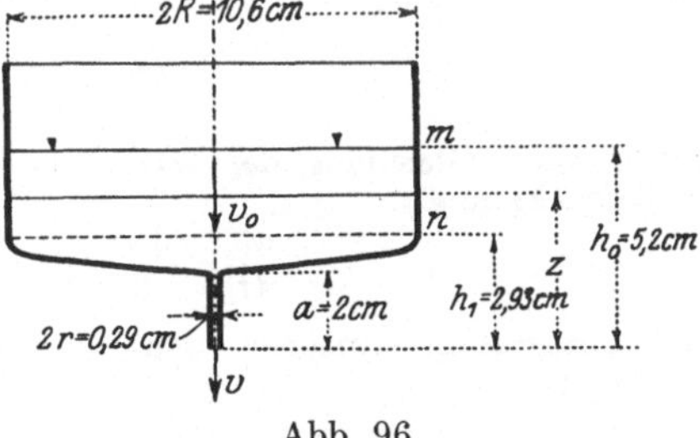

Abb. 96.

zu einer Marke m mit der zu untersuchenden Flüssigkeit gefüllt, bei der Messung wird die Zeit T beobachtet, die vergeht, bis die Flüssigkeit bis zu einer zweiten Marke n gesunken ist und dabei eine bestimmte Menge der Flüssigkeit (200 cm³) ausgeflossen ist. Diese Zeit gibt offenbar unmittelbar ein Maß für die Zähigkeit an. Wenn derselbe Versuch für Wasser von 20^0 C ausgeführt die Ausflußzeit T_0 gibt, so bezeichnet man als die Anzahl der **Englergrade** des untersuchten Schmieröls das Verhältnis:

$$\boxed{E \text{ (Englergrade)} = T / T_0} \qquad \ldots \ldots \ldots \ldots (166)$$

Die übrigen Abmessungen sind $R = 5{,}3$ cm, $h_0 = 5{,}2$ cm, $h_1 = 2{,}93$ cm, $a = 2$ cm. Das Gefäß A kann in ein Wasserbad gebracht werden, wodurch die Zähigkeit des Schmiermittels auch bei verschiedenen Temperaturen geprüft werden kann.

Aufgabe der Theorie ist es nun, den Zusammenhang der Ausflußzeit T und der Zahl E mit der Zähigkeitszahl ν anzugeben und womöglich umgekehrt das ν aus dem beobachteten Werte von T zu ermitteln.

Um in dem engen Röhrchen tatsächlich eine Poiseuillesche Strömung zu erhalten, empfiehlt es sich, die Einlauföffnung gut abzurunden, so daß dort keine Einschnürung oder sonstige Störung eintritt. Wenn sodann die Zähigkeitsverluste innerhalb des Gefäßes vernachlässigt und nur die in dem Röhrchen in Rechnung gezogen werden und auch die zur Erzeugung der Geschwindigkeit V erforderliche Druckhöhe berücksichtigt wird, so lautet die erweiterte Druckgleichung für diese Strömung:

$$\frac{V_0^2}{2g} + z = \frac{V^2}{2g} + h_w ;$$

hierin wird $V_0^2/2g$ als klein gestrichen, ferner die Widerstandshöhe infolge der Zähigkeit der Flüssigkeit in dem engen Röhrchen von der Länge a nach Gl. (164) gleich

$$h_w = a\,J = \frac{8\,\nu\,a}{g\,r^2}\cdot V$$

gesetzt, so daß die folgende Gleichung zur Bestimmung von $V = V(z)$ hervorgeht:

$$V^2 + \frac{16\,\nu\,a}{r^2}\cdot V - 2\,g\,z = 0\,.$$

Wird nun weiter (mit den oben gegebenen Zahlenwerten)

$$k = \frac{g\,r^4}{32\,\nu^2\,a^2} = \frac{0{,}006\,773}{\nu^2}$$

gesetzt, so folgt durch Auflösung der vorhergehenden quadratischen Gleichung:

$$V = \frac{8\,\nu\,a}{r^2}\left[\sqrt{1 + k\,z} - 1\right].$$

Um die **Entleerungszeit** zu rechnen, benützen wir wie bei der analogen Frage für die reibungsfreie Flüssigkeit die Durchflußgleichung in der Form:

$$- R^2\,\pi\cdot\frac{dz}{dt} = r^2\,\pi\,V\,.$$

Wird in diese Gleichung der Wert von V aus der vorhergehenden Gleichung eingeführt, so folgt

$$\frac{dz}{dt} = \frac{8\,\nu\,a}{R^2}\left[1 - \sqrt{1 + k\,z}\right].$$

Durch Integration zwischen den Grenzen $z = h_0$ und $z = h_1$ folgt endlich, wenn noch

$$C_0 = \sqrt{1 + k\,h_0} = \sqrt{1 + 0{,}035\,22/\nu^2}\,, \quad C_1 = \sqrt{1 + k\,h_1} = \sqrt{1 + 0{,}019\,85/\nu^2}$$

gesetzt wird:

$$\boxed{T = \frac{8\,\nu\,a\,R^2}{g\,r^4}\left[\log\frac{C_0 - 1}{C_1 - 1} + C_0 - C_1\right]} \quad\ldots\ldots\quad (167)$$

Für Wasser von 20° C mit $\nu = 0{,}01$ cm²/sek ergibt sich die Entleerungszeit $T_0 = 51{,}6$ sek, so daß für die Zahl der Englergrade des zu untersuchenden Schmiermittels der folgende Ausdruck hervorgeht:

$$\boxed{F\,\frac{T}{T_0} = 20{,}11\cdot\left[2{,}3026\,\log_{(10)}\frac{C_0 - 1}{C_2 - 1} + C_0 - C_1\right]\nu} \quad\ldots\ldots\quad (168$$

Durch Auflösung dieser Gleichung nach ν (das auch in den C_0, C_1 vorkommt) ergibt sich für $\nu > 1$ die folgende angenäherte Beziehung:

$$\boxed{\nu\ [\text{cm}^2/\text{sek}] = 0{,}0864\,E - 0{,}08/E}\,, \quad\ldots\ldots\ldots\quad (169)$$

die aus dem beobachteten Werte von E die Zähigkeitszahl ν zu bestimmen gestattet. Für $\nu \leqq 0{,}01$ gibt der Apparat keine brauchbaren Werte, weshalb es auch günstiger wäre, zur Vergleichsmessung eine Flüssigkeit von höherer Zähigkeitszahl als das Wasser zu benützen.

Än Stelle dieser von v. Mises hergeleiteten Näherungsformel setzt Ubbelohde ohne theoretische Begründung die folgende mit den Experimenten besser übereinstimmende Beziehung:

$$\boxed{\nu\ [\text{cm}^2/\text{sek}] = 0{,}0732\,E - 0{,}0631/E} \quad\ldots\ldots\quad (170)$$

41. Schmiermittelreibung. In der „starren" Mechanik wird die Lagerreibung als trockene Reibung betrachtet und nur als abhängig vom Material und Normaldruck, jedoch als unabhängig von der Umfangsgeschwindigkeit (U) des Zapfens angesehen (s. Technische Mechanik I. Teil, VI, 30]. Diese Auffassungsweise führt zu Widersprüchen mit den Beobachtungen, vor allem bezüglich des Sinnes des Auflaufens des Zapfens im Lager, der sich aus der Lage der Stellen größter Abnützung des Lagers zu erkennen gibt. Nach den vorliegenden Beobachtungen erfolgt nämlich dieses Auflaufen tatsächlich im Sinn der Drehung des Zapfens (von der Richtung des Zapfendruckes aus gerechnet, wie in Abb. 98), während die Annahme einer trockenen Reibung für das Auflaufen den Gegensinn zur Drehung des Zapfens ergibt.

Dieser Widerspruch zwischen Beobachtung und Theorie wird im wesentlichen durch die Auffassung der Lagerreibung als Flüssigkeitsreibung beseitigt. Wenn auch diese „hydrodynamische Theorie der Schmiermittelreibung" viel verwickelter und bis heute noch nicht in allen Punkten zu einem vollkommen befriedigenden Abschlusse gelangt ist, so gestattet sie doch eine gegen die „trockene" Theorie verbesserte Einsicht in die bei der Lagerreibung auftretenden physikalischen Vorgänge, weshalb hier wenigstens die ersten Ansätze dieser Theorie auseinandergesetzt werden sollen.

Zweck der Schmierung des Lagers, die durch besondere Vorrichtungen (Schmierringe, Druckschmierung u. dgl.) bewirkt wird, ist es gerade, eine zusammenhängende Flüssigkeitsschicht zwischen Zapfen und Lager zu schaffen und auf diese Weise die trockene Reibung durch Flüssigkeitsreibung zu ersetzen; eine metallische Berührung von Zapfen und Lager würde unfehlbar in der kürzesten Zeit zu Betriebstörungen Anlaß geben. Da das Schmiermittel als zähe Flüssigkeit sowohl an der Oberfläche des Zapfens wie auch des Lagers haftet, so erhalten wir die Strömung einer zähen Flüssigkeit, die wegen der geringen Dicke des Schmiermittels und wegen der auftretenden kleinen Geschwindigkeiten unbedenklich als Schichtenströmung aufgefaßt werden kann. Diese Strömung wird durch ein Drehmoment aufrecht erhalten, das vom Zapfen auf das Schmiermittel übertragen wird — nicht wie bei der Strömung in einem Rohr durch einen Druckunterschied zwischen den Enden des betrachteten Rohrstückes.

Wenn der Zapfen (Halbmesser r, Länge l, Umfangsgeschwindigkeit U) in dem umgebenden Lager zentrisch laufen würde, so wäre der Druck in der Schmierschichte und daher auch die Schubspannung τ längs des ganzen Umfanges gleichförmig verteilt und τ könnte (abgesehen vom Vorzeichen) nach Gl. (157) in der Form angesetzt werden:

$$\tau = \varkappa\, U / h, \quad \ldots \ldots \ldots \ldots \quad (171)$$

worin h die Dicke der Schmierschichte bezeichnet. Zur Überwindung der Schubspannungen längs des ganzen Umfangs wäre daher ein Drehmoment von der Größe

$$\mathfrak{M} = \tau\, F\, r = \varkappa \frac{U}{h} \cdot 2\, r\, \pi\, l\, r = \varkappa \cdot 2\, \pi\, r^2\, l\, \frac{U}{h} \quad \ldots \ldots \quad (172)$$

notwendig. Diese Gleichung sagt aus, daß das zur Überwindung der Reibung erforderliche Zapfenreibungsmoment direkt proportional der Geschwindigkeit, jedoch unabhängig vom Druck der durch das Schmiermittel getrennten Körper aufeinander, d. i. von der Belastung des Zapfens, ist — bei der trockenen Reibung war es gerade umgekehrt, da hatten wir Unabhängigkeit von der Geschwindigkeit und Proportionalität mit der Belastung des Zapfens.

Im Falle zentrischer Lage des Zapfens wären die Drücke im Schmiermittel und die Reibungskräfte längs des ganzen Zapfenumfangs von unveränderlicher Größe; daher wäre ihre Summe nach allen Richtungen gleich Null und könnte keiner endlichen Belastung des Zapfens das Gleichgewicht halten. Die zentrische Lage des Zapfens kann daher nur bei unbelastetem Zapfen eintreten und die Gl. (172) ist nur als eine Grenzform für sehr kleinen Zapfendruck oder sehr große Geschwindigkeit anzusehen.

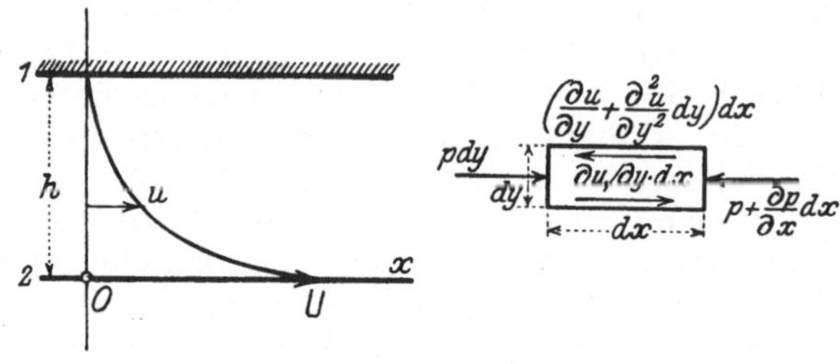

Abb. 97.

Für jede endliche Belastung muß die Gleichgewichtslage des Zapfens notwendigerweise seitlich liegen, und wir wollen nun zeigen, daß die Verschiebung des Zapfens bei einer Belastung lotrecht nach abwärts und bei positivem Drehsinn (gegen den Uhrzeiger) nach rechts — also ein Auflaufen im Sinn der Drehung des Zapfens — eintreten muß; und zwar ist die Gleichgewichtslage, die wir so erhalten, bei den vereinfachenden Annahmen, die hier dem Problem zugrunde gelegt werden mußten, in wagrechter Richtung gegen die zentrische Lage verschoben.

Wir müssen zunächst einen Ausdruck für das Gesetz aufstellen, nach dem sich der Druck p in der Schmierschichte und die Schubspannung τ in dem schmalen ringförmigen Raum von veränderlicher Dicke um den Zapfen herum verändern. Dabei müssen wir uns hier darauf beschränken, die Theorie so weit zu entwickeln, als es die bisher verwendeten Hilfsmittel gestatten.

Wir betrachten zunächst die Strömung einer zähen Flüssigkeit zwischen zwei parallelen Wänden 1 und 2 in der Entfernung h — (Abb. 97), von denen wir uns die Wand 2 mit der Geschwindigkeit U in ihrer eigenen Richtung gleichförmig nach rechts bewegt denken. In 2 legen wir die x-Achse eines Achsenkreuzes $O\,x\,y$, dann wird die

Geschwindigkeit u vom Werte 0 in der Wand 1 auf den Wert U an der Wand 2 übergehen.

Betrachten wir ein Rechteck $dx \cdot dy$, so wirken auf die gegenüberliegenden Seiten dy die Drücke

$$p\,dy \quad \text{und} \quad -\left(p + \frac{\partial p}{\partial x} dx\right) dy,$$

daher ist der Drucküberschuß in der x-Richtung

$$-\frac{\partial p}{\partial x} dx\,dy.$$

Die Reibungen auf die beiden parallelen Seiten dx geben in der Richtung $O\,x$ die Teile:

$$\varkappa \frac{\partial u}{\partial y} dx \quad \text{und} \quad -\varkappa \left(\frac{\partial u}{\partial y} + \frac{\partial^2 u}{\partial y^2} dy\right) dx;$$

ihre Summe nach $O\,x$ gibt

$$-\varkappa \frac{\partial^2 u}{\partial y^2} dx\,dy.$$

Wenn eingeprägte Kräfte (Gewicht u. dgl.) nicht berücksichtigt werden, und die Massenkräfte als klein außer Betracht bleiben können, so folgt durch Gleichsetzung:

$$\frac{\partial p}{\partial x} = \varkappa \frac{\partial^2 u}{\partial y^2}, \quad \text{oder} \quad \frac{d^2 u}{dy^2} = \frac{1}{\varkappa} \frac{dp}{dx}, \quad \ldots \ldots \quad (173)$$

da eine ähnliche Betrachtung für die y-Richtung ergibt, daß $\partial p / \partial y = 0$, d. h. der Druck über den ganzen Querschnitt gleichbleibend und von x allein abhängig ist. — Die Gl. (173) gibt integriert:

$$u = \frac{1}{2\varkappa} \frac{dp}{dx} y^2 + Ay + B,$$

worin A, B Integrationskonstante (oder Funktionen von x) sind. Wenn wir zum Ausdruck bringen, daß die Flüssigkeit an den Grenzflächen haftet, also die Bedingungen erfüllen soll:

$$\begin{cases} \text{für } y = 0 : u = U, \\ \quad \text{„ } y = h : u = 0, \end{cases}$$

so folgt:

$$B = U, \quad A = -\frac{h}{2\varkappa} \frac{dp}{dx} - \frac{U}{h}$$

und daher:

$$u = U\left(1 - \frac{y}{h}\right) - \frac{1}{2\varkappa} \frac{dp}{dx}\left(1 - \frac{y}{h}\right) hy . \quad \ldots \ldots \quad (174)$$

Die Abhängigkeit der Geschwindigkeit u von y ist durch eine Parabel dargestellt, die in Abb. 97 eingetragen ist. (Für $dp/dx = 0$ ergibt sich eine gerade Linie.) — Für die Durchflußmenge Q, die dieser Geschwindigkeitsverteilung entspricht, erhält man

$$Q = \int_0^h u\, dy = U\frac{h}{2} - \frac{dp}{dx}\frac{h^3}{12\,\varkappa}.$$

Rechnet man daraus das Druckgefälle

$$\frac{dp}{dx} = \frac{6\,\varkappa}{h^3}(Uh - 2Q) \quad \dots \dots \dots \quad (175)$$

und setzt diesen Wert in Gl. (174) ein, so wird diese:

$$u = U\left(1 - \frac{4\,y}{h} + \frac{3\,y^2}{h^2}\right) + \frac{6\,Q}{h^2}\left(1 - \frac{y}{h}\right)y \quad \dots \quad (176)$$

und damit folgt für die Schubspannung an der bewegten Wand

$$\tau = -\varkappa\left[\frac{du}{dy}\right]_{y=0} = \frac{2\,\varkappa}{h^2}(2\,Uh - 3\,Q). \quad \dots \dots \quad (177)$$

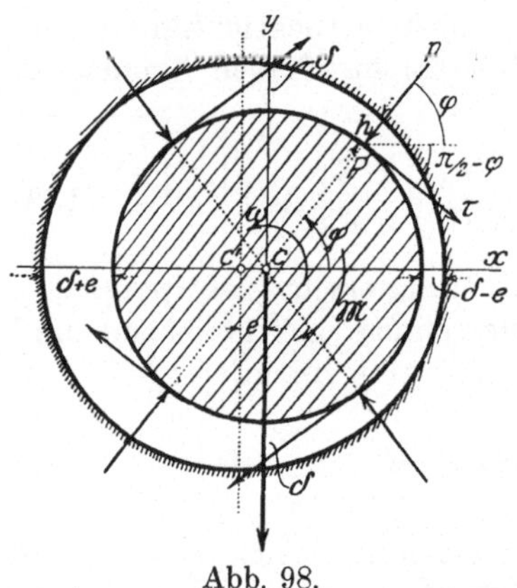

Abb. 98.

Die Gln. (175) und (177) werden nun auch für den Fall als geltend angenommen, daß die Grenzflächen schwach geneigt gegeneinander sind und daher auch für den von der Flüssigkeit erfüllten Raum zwischen Zapfen und Lager; wir nehmen dann für h die mittlere Dicke an der betreffenden Stelle, für die man den Ansatz machen kann (Abb. 98)

$$h = \delta - e\cos\varphi,$$

wobei $e = \overline{C'\,C}$ und $\delta = [h]_{\varphi=\pi/2}$ ist. Ferner setzen wir $dx = r\,d\varphi$, so daß Gl. (175) in die folgende übergeht:

$$\frac{dp}{r\,d\varphi} = \frac{6\,\varkappa}{h^3}(Uh - 2Q). \quad \dots \dots \quad (178)$$

Wir erhalten aus dieser Gleichung eine Bedingung zwischen der Durchflußmenge Q und den Größen δ und e, wenn wir zum Ausdruck bringen, daß p eine rein periodische Funktion von φ ist, d. h. daß wir denselben Wert von p erhalten, wenn wir einmal um den Zapfen herumgehen; es muß also sein:

$$\int_0^{2\pi} dp = \int_0^{2\pi} \frac{dp}{d\varphi}\,d\varphi = 0. \quad \dots \dots \dots \quad (179)$$

Wenn wir den Wert für $dp/d\varphi$ einsetzen und für die vorkommenden Integrale die folgenden Formeln benützen:

$$J = \int_0^{2\pi} \frac{d\varphi}{h} = \frac{2\pi}{\sqrt{\delta^2 - e^2}}, \qquad \int_0^{2\pi} \frac{d\varphi}{h^2} = -\frac{dJ}{d\delta} = \frac{2\pi\delta}{\sqrt{\delta^2 - e^2}^{\,3}},$$

$$\int_0^{2\pi} \frac{d\varphi}{h^3} = \frac{d^2 J}{d\delta^2} = \frac{\pi(2\delta^2 + e^2)}{\sqrt{\delta^2 - e^2}^{\,3}}, \quad \text{usw.},$$

so erhält man die gesuchte Bedingung in der Form

$$Q = U \frac{\delta(\delta^2 - e^2)}{2\delta^2 + e^2} \quad . \quad . \quad . \quad . \quad . \quad . \quad (180)$$

Summiert man die auf den Umfang des Zapfens einwirkenden Kräfte nach den Richtungen x und y und bildet die Momente um O, so erhält man die 3 Gln.:

$$X = -\int_0^{2\pi} p\cos\varphi\, r\, d\varphi + \int_0^{2\pi} \tau\sin\varphi\, r\, d\varphi, \quad . \quad . \quad . \quad (181)$$

$$Y = -\int_0^{2\pi} p\sin\varphi\, r\, d\varphi - \int_0^{2\pi} \tau\cos\varphi\, r\, d\varphi, \quad . \quad . \quad (182)$$

$$\mathfrak{M} = \qquad\qquad -\int_0^{2\pi} \tau\, r^2\, d\varphi. \quad . \quad . \quad . \quad (183)$$

Die Einsetzung der Werte von p und τ aus den Gln. (178) und (177) ergibt zunächst $X = 0$; ferner liefert die Gl. $Y = G$ eine Gleichung, aus der die seitliche Lage des belasteten Zapfens gerechnet werden kann; endlich gibt die Gl. (183) den folgenden Ausdruck für das Zapfenreibungsmoment:

$$\boxed{\mathfrak{M} = 4\pi\varkappa\, r^2\, U \frac{\delta^2 + 2e^2}{(2\delta^2 + e^2)\sqrt{\delta^2 - e^2}}}, \quad . \quad . \quad . \quad (184)$$

eine Gleichung, die (ähnlich wie schon Gl. (172)) vollständig verschieden ist von der aus der starren Mechanik bekannten Form.

Wenn auch die Voraussetzungen dieser Theorie noch in manchen Punkten anfechtbar sind und auch die Ergebnisse selbst im einzelnen noch nicht voll befriedigen, so liefert sie uns doch ein lehrreiches Beispiel für die Anwendung der Grundgesetze auf ein Gebiet, das wegen seiner großen technischen Bedeutung noch weiterer sorgfältiger Förderung bedarf.

42. Die Reynoldssche Zahl als Kennziffer einer bestimmten Flüssigkeitströmung. Wenn die Geschwindigkeit des Wassers in einem Rohr oder einem Kanal etwa durch Erhöhung der Druckdifferenz an seinen Enden (z.B. durch zunehmende Neigung des Rohres)

anwächst, so zeigt sich die schon erwähnte und für die weitere
Betrachtung außerordentlich bemerkenswerte Tatsache, daß von einer
gewissen Grenze ab die Schichtenströmung als solche nicht mehr
aufrecht erhalten werden kann; sie schlägt vielmehr in eine andere,
völlig ungeordnete Strömungsform um, sie wird turbulent. Bei
dieser Grenze tritt also — mehr oder weniger unvermittelt — eine
unregelmäßige durcheinanderwirbelnde Bewegung der Flüssigkeitsteilchen ein — die bisherige geordnete Beschaffenheit der Schichtenströmung geht verloren. Man beobachtet dabei zunächst, daß sich
von den Wänden kleine Wirbel abzulösen beginnen, die ins Innere
der Flüssigkeit hineingetragen werden und die die Auflösung der
bisher bestehenden Ordnung in der Bewegung der Teilchen veranlassen. Bei der turbulenten Strömung beschreibt jedes Teilchen
einen vielfach gebrochenen, zickzackförmigen Weg; über die Hauptbewegung, die das Vorwärtsströmen der ganzen Flüssigkeitsmasse
bedingt, überlagert sich als Neben- oder Zusatzbewegung diese
schwer zu beschreibende, unregelmäßige, wirbelige Bewegung.

Beispiele für turbulente Bewegungen sind fast alle in den technischen Anwendungen bei den dort herrschenden Abmessungen und Geschwindigkeiten vorkommenden: insbesondere die Strömungen in Röhren, Flüssen und Kanälen.

Es ist einleuchtend, daß die Ausführung der Rechnung im Falle
der Schichtenströmung auf Grund des gewählten Ansatzes für die
Größe der zwischen benachbarten Flüssigkeitsteilchen auftretenden
Schubspannung deshalb durchführbar war, weil die Form der Strom-
linien von vornherein festgelegt war; für enge Röhren und kleine
Geschwindigkeiten lassen die Beobachtungen auch tatsächlich dieses
Strömungsbild erkennen. Ebenso einleuchtend ist es, daß für den
turbulenten Fall, bei dem die Bewegung der Teilchen in der angegebenen unregelmäßigen Weise verläuft, jede Rechnung, die auf der
Annahme eines bestimmten Stromlinienbildes beruht, versagen muß.
Mit dieser veränderten Beschaffenheit der Strömung ist nun auch
ein vom Poiseuilleschen verschiedenes Gesetz für den Druckhöhenverlust verbunden, der notwendig ist, um die Strömung der Flüssigkeit durch das Rohr — in der turbulenten Form — aufrecht zu erhalten; die Kenntnis dieses Gesetzes ist für alle praktischen Rechnungen, die turbulente Strömungen betreffen, außerordentlich wichtig.
Da, wie eben bemerkt, die direkte Rechnung versagt, war man zunächst allein auf Versuche angewiesen und hat auf diesem Wege
auch schon seit langem die Form für dieses Gesetz gefunden. Seine
theoretische Begründung, die seither eine nicht mehr abzuweisende
wissenschaftliche Frage blieb, ist indessen erst 1879 von O. Reynolds
auf einem von der direkten Rechnung gänzlich abweichenden, dabei
aber nicht weniger überzeugenden Wege gegeben worden, der sich
auf die Betrachtung ähnlich verlaufender Flüssigkeitsbewegungen
gründet.
Legt man sich ganz allgemein die Frage vor, wann zwei Flüssigkeitsbewegungen ähnlich zueinander verlaufen werden, so meint man
damit die — über die geometrische hinausgehende — mechanische

Ähnlichkeit, die sich auf das Übereinstimmen der mechanischen Gesetze für beide Strömungen stützen muß. Die geometrische Ähnlichkeit, sagen wir also etwa die Übereinstimmung der Formen der Stromlinien im ganzen Verlauf der beiden Strömungen muß dabei von vornherein vorhanden sein; diese geometrische Ähnlichkeit muß sich z. B. auch auf die Unebenheiten der Wände erstrecken. Das genügt aber noch nicht, um den übereinstimmenden Verlauf der Bewegungen selbst zu gewährleisten. Hierzu müssen die Bewegungsgleichungen der Flüssigkeit einschließlich der darin auftretenden Zahlenbeiwerte übereinstimmen, und zwar, wenn von äußeren Kräften wie der Schwere usw. zunächst ganz abgesehen wird, insbesondere desjenigen, den man als die Reynoldssche Zahl bezeichnet.

Die Bewegungsgleichungen der Flüssigkeit drücken auf Grund des d'Alembertschen Prinzipes die Tatsache aus, daß die Trägheitskräfte mit den eingeprägten Kräften für jedes Teilchen eine Gleichgewichtsgruppe bilden. Die Trägheitskräfte bringen Glieder von der Form

$$\frac{\partial V}{\partial t} \quad \text{oder} \quad V\frac{\partial V}{\partial s}$$

in die Gleichung, die alle von der Dimension $[V^2/L]$ sind.

Um die Form jener Glieder in den Bewegungsgleichungen zu erhalten, die von der Zähigkeit herrühren — den vollständigen Ausdruck dieser Glieder brauchen wir hier gar nicht —, betrachten wir die Bewegung eines Flüssigkeitsteilchens dx, dy, dz in irgendeiner Richtung x (Abb. 99). Sei τ die Schubspannung etwa auf die untere Grenzfläche $dx \cdot dz$, also $-\tau \cdot dx \cdot dz$ die Kraft in dieser Richtung, dann ist die Kraft auf die gegen-

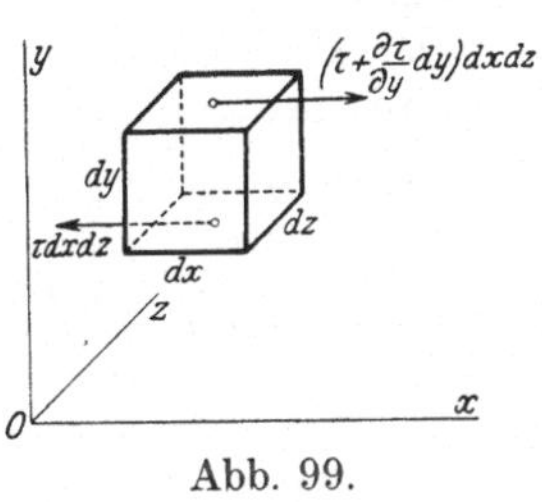

Abb. 99.

überliegende Grenzfläche $\left(\tau + \dfrac{\partial \tau}{\partial y}dy\right)\cdot dx\,dz$ und der Überschuß in der x-Richtung:

$$\frac{\partial \tau}{\partial y}\,dx\,dy\,dz .$$

Führt man darin für τ den Ausdruck nach Gl. (157) ein, so kommt

$$\varkappa \frac{\partial^2 u}{\partial y^2}\cdot dx\,dy\,dz ,$$

und wenn wieder die ganze Bewegungsgleichung durch die Masse $\varrho\,dx\,dy\,dz$ des Teilchens dividiert wird, so bleibt

$$\frac{\varkappa}{\varrho}\frac{\partial^2 u}{\partial y^2} = \nu \frac{\partial^2 u}{\partial y^2} .$$

als die Form jener Glieder in der Bewegungsgleichung, die den Einfluß der Zähigkeit wiedergeben. Diese Glieder haben die Dimension

$$[\nu V/L^2] .$$

Der Quotient der Dimensionen der Trägheitsglieder $[V^2/L]$ und der Zähigkeitsglieder $[\nu V/L^2]$ ist eine reine Zahl, wir schreiben ihn ihn in der Form

$$\boxed{\Re = \frac{VL}{\nu}} \cdot \qquad \dots \dots \dots \dots \quad (185)$$

und nennen $\Re$ die **Reynoldssche Zahl**, die zu der betreffenden Flüssigkeitsbewegung gehört. In ihr bedeutet L irgendeine charakteristische Abmessung (Rohrdurchmesser, Kanalbreite, Tiefe des Tragflügels od. dgl.), V eine charakteristische Geschwindigkeit und ν die Zähigkeit der Flüssigkeit.

Zwei geometrisch ähnliche Flüssigkeitströmungen werden also auch hinsichtlich des Einflusses der Trägheit und der Zähigkeit zueinander ähnlich sein, sobald die Zahlen $\Re$, die mit irgendwelchen einander in den beiden Strömungen entsprechenden Werten von V, L und ν berechnet werden, übereinstimmen. — Wenn es sich bei den zu vergleichenden Bewegungen um Flüssigkeiten derselben Art handelt, z. B. um Wasser oder Luft, wenn also ν für beide dasselbe ist, so sind zwei geometrisch ähnliche Flüssigkeitsbewegungen auch mechanisch ähnlich, wenn die Produkte VL für beide Bewegungen zahlenmäßig übereinstimmen.

Zwei Flüssigkeitströmungen im selben Medium sind also (mechanisch) ähnlich, wenn sie gleiches VL haben.

Beispiel 56. Modellversuche. In einem Versuchskanal soll das Tragflügelprofil eines Flugzeuges geprüft werden, das eine Flügeltiefe von $L_1 = 0{,}3$ m besitzt; der wirkliche Flügel hätte eine Tiefe von $L_2 = 1{,}2$ m. Mit welcher Geschwindigkeit V_1 müßte das Modell angeblasen werden, um eine ähnliche Strömung zu erhalten, wie sie einer Vorwärtsbewegung des Flugzeuges mit $V_2 = 50$ m/sek entspricht?

Nach Gl. (185) ist zu setzen

$$V_1 L_1 = V_2 L_2, \quad \text{d. h.} \quad V_1 = V_2 \cdot L_2/L_1 = 50 \cdot 1{,}2/03 = 200 \text{ m/sek}.$$

Wenn das Modell, um diese große Geschwindigkeit zu vermeiden, im Wasser von 10^0 untersucht werden soll, so wäre zu setzen

$$\nu_1 = 0{,}0133 \text{ cm}^2/\text{sek}, \qquad \nu_2 = 0{,}145 \text{ cm}^2/\text{sek} \qquad (\text{Luft von } 0^0 \text{ C, } 760 \text{ mm})$$

und man erhält aus der Gleichung

$$\frac{V_1 L_1}{\nu_1} = \frac{V_2 L_2}{\nu_2}: \qquad V_1 = V_2 \frac{L_2}{L_1} \cdot \frac{\nu_1}{\nu_2} = 50 \cdot \frac{1{,}2}{0{,}3} \cdot \frac{0{,}0133}{0{,}145} = 18{,}3 \text{ m/sek}.$$

43. Das Widerstandsgesetz der turbulenten Strömung ergibt sich nun in folgender Weise: Wir wissen, daß die Schichtenströmung bei einer bestimmten Geschwindigkeit aufhört, als solche bestehen zu bleiben, und daß von dieser Geschwindigkeit an — man nennt sie die kritische Geschwindigkeit — die turbulente Bewegungsform mit einem anderen Widerstandsgesetz an ihre Stelle tritt. Der Übergang selbst ist fast immer als ein ziemlich plötzlicher zu erkennen. Obwohl das Gesetz für die neue Bewegungsform nicht bekannt ist, so können wir doch schließen, daß für ähnliche Flüssigkeitsströmungen, also für solche mit gleichen Reynoldsschen Zahlen $\Re$, auch dieser Übergang bei gleichem $\Re$ vor sich gehen muß. Nun müssen in dem Augenblicke, in dem die turbulente Bewegungsform eintritt, die beiden Werte für das Verlustgefälle durch Zähigkeit für beide Strömungsformen jedenfalls übereinstimmen, wenn auch schon im nächsten Augenblicke das neue Gesetz zu Recht besteht. Voraussetzung für die Zulässigkeit dieser Betrachtung ist ganz plötzlicher Übergang von einer Strömungsform in die andere. Für die Schichtenströmung gilt nun Gl. (164)

$$J = \frac{32}{g}\frac{\nu V}{D^2};$$

setzen wir nun für den turbulenten Bereich

$$J_1 = \varepsilon \cdot \frac{V^\alpha}{D^\beta},$$

so müssen an der Übergangsstelle die beiden Werte J und J_1 für ähnliche Bewegungen übereinstimmen, also $\Re =$ konst. ergeben, oder anders ausgedrückt: die beiden Widerstandsgesetze müssen an der Übergangsstelle $J = J_1$ durch die Zahl $\Re$ „miteinander invariant verknüpft" sein. Nun ist für $J = J_1$:

$$\frac{32}{g}\frac{\nu V}{D^2} = \varepsilon \frac{V^\alpha}{D^\beta},$$

es muß also

$$\frac{V^{\alpha-1} \cdot D^{2-\beta}}{\nu} \sim \frac{VD}{\nu} = \Re;$$

sein, d. h. $\alpha = 2$, $\beta = 1$, und es folgt für das Widerstandsgesetz im turbulenten Bereiche die Form:

$$\boxed{J_1 = \varepsilon \cdot \frac{V^2}{D}} \quad . \quad . \quad . \quad . \quad . \quad . \quad . \quad . \quad 186)$$

Dabei wurde ε selbst vorläufig als Konstante betrachtet; dies ist jedoch nicht unbedingt nötig, ε kann vielmehr selbst von den Größen V, D, ν abhängen, wenn aber eine solche Abhängigkeit vorhanden ist, so können diese Größen in ε wieder nur in der Verbindung $\Re$ vorkommen; die obige Überlegung behält in der Tat ihren Sinn, wenn ε selbst als irgend eine Funktion von $\Re$ angenommen wird, so daß allgemein geschrieben werden kann:

$$\boxed{J_1 = \varepsilon\,(\Re) \cdot \frac{V^2}{D}} \quad . \quad . \quad . \quad . \quad . \quad . \quad . \quad . \quad (187)$$

Wir werden später sehen, daß bei gewissen empirischen Formeln für den „Rohrreibungswiderstand" eine Abhängigkeit des ε von dem Produkte VD eintritt; die Abhängigkeit von ν wird meist außer acht gelassen, weil es sich nur um Wasser (bzw. Luft) allein handelt und andere Flüssigkeiten nicht zum Vergleich herangezogen wurden. Solche Formeln wie Gl. (187) sind also vom Standpunkte dieser Theorie als „dimensionsrichtig" anzusehen.

Was nun den Zahlenwert von $\Re$ für die Stelle des Überganges aus dem laminaren in den turbulenten Bereich betrifft, so hat Reynolds das Ergebnis seiner Versuche in die folgende Aussage zusammengefaßt:

Erfahrungsgemäß besteht eine zahlenmäßig anzugebende Grenze zwischen den beiden Strömungszuständen, und zwar bleibt die Strömung im Kreisrohr laminar, sobald $\Re = VD/\nu \leq 2000$ und wird bei Überschreitung dieses Wertes turbulent. Diesen Wert von $\Re$ nennt man die kritische Reynoldssche Zahl.

Mit diesem Wert von $\Re$ ergibt sich unter Heranziehung des in Gl. (165) gegebenen Ausdruckes für ν für die **kritische Geschwindigkeit** die Beziehung:

$$V_{\text{krit}}\left[\frac{\text{cm}}{\text{sek}}\right] = \frac{2000\,\nu}{D} = \frac{35,6}{1 + 0,0337\,T + 0,00022\,T^2} \cdot \frac{1}{D} \quad (D \text{ in cm})$$

oder

$$V_{\text{krit}}\left[\frac{\text{m}}{\text{sek}}\right] = \frac{1}{278} \cdot \frac{1}{1 + 0,0337\,T + 0,00022\,T^2} \cdot \frac{1}{D} \quad (D \text{ in m})$$

$$\left.\right\} \quad (188)$$

Beispiel 57. Sei für eine Wasserleitung $V = 1$ m/sek, $D = 0,4$ m, dann folgt für 20° C:

$$\Re = \frac{VD}{\nu} = \frac{100 \cdot 40}{0,01} = 400\,000,$$

die Strömung ist also sicher turbulent.

Neuere Arbeiten haben indessen gezeigt, daß sich für den kritischen Wert von $\Re$, der die Übergangsstelle aus dem laminaren in den turbulenten Bereich liefert, keine so scharfe Grenze angeben läßt, wie Reynolds vermutete, daß vielmehr seine Größe von dem ganzen Verlauf der Versuchstrecke, insbesondere von den beim Einlauf vorhandenen Störungen, von der Rauhigkeit des Rohres usw. abhängt, so daß innerhalb weiter Grenzen jeder Wert von $\Re$ für den Eintritt der kritischen Geschwindigkeit möglich ist.

Dem oben angegebene Grenzwert von $\Re = 2000$ kommt demgemäß keineswegs absolute Bedeutung zu, der Wert der Reynoldschen Zahl, bei dem der Übergang von der laminaren in die turbulente Strömung eintritt, hängt von der ganzen Anordnung der betrachteten Strömung ab. Bei freien Strahlen tritt der Einfluß der Zähigkeit stark zurück, die Grenze liegt tatsächlich viel höher, d. h. bei viel größeren Geschwindigkeiten, als dem obigen Grenzwert $(\Re \sim 2000)$ entsprechen würde; bei Bewegungen zwischen rauhen Wänden hingegen, wie sie in der Technik vorkommen, liegt die kritische Reynoldssche Zahl erheblich tiefer, d. h. bei viel kleineren Geschwindigkeiten. Daher kommt es, daß die freien Strahlen beim

Ausfluß aus Gefäßen in den meisten Fällen **laminar**, die Strömung in rauhen Kanälen und Gerinnen meist **turbulent** sind.

Der Verlauf der Werte von J in ihrer Abhängigkeit von V (J-V-Linie) ist für beide Bereiche in Abb. 100 dargestellt. Für den laminaren Fall ergibt sich eine Gerade, für den turbulenten eine Parabel, und dies ist das Gesetz, das in der technischen Hydraulik vorwiegend in Verwendung steht.

Auf einen weiteren Unterschied zwischen den beiden Strömungsformen ist hier noch hinzuweisen: während im laminaren Fall die Verteilung der Geschwindigkeit über den Kreisquerschnitt in Form einer Parabel erfolgt, ist für turbulente Strömung eine weit größere Gleichmäßigkeit eingetreten (Abb. 93). Für die Verteilung der Geschwindigkeit wird entweder eine kubische Parabel angenommen (z. B. von Bazin) oder eine Halbellipse; bez. der theoretischen Ermittlung siehe 44. Durch diese Verteilung ist natürlich im turbulenten Bereich nur die **Hauptbewegung** gegeben, über die sich die wirbelige **Neben-** oder **Zusatzbewegung** überlagert.

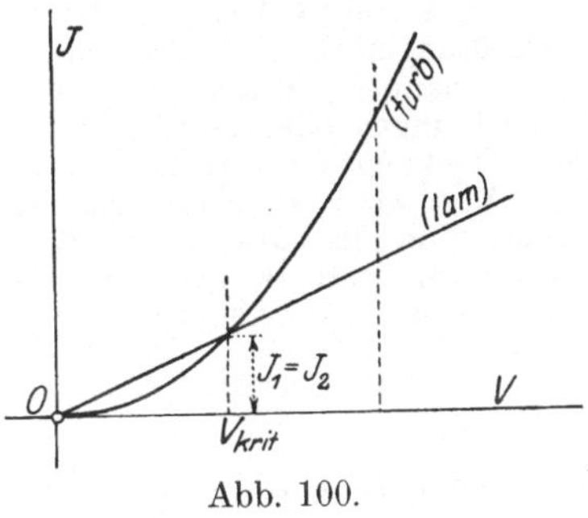

Abb. 100.

Zusammenfassend kann also gesagt werden: Bei einer gewissen **kritischen Geschwindigkeit**, deren Wert von der Zähigkeit und den linearen Abmessungen sowie auch von der Form der betrachteten Flüssigkeitströmung abhängt, tritt an Stelle des laminaren Strömungszustandes der turbulente; außer dem veränderten Strömungsbild zeigt er ein anderes Gesetz für den Verlust durch Zähigkeit und eine andere Geschwindigkeitsverteilung wie der laminare.

Beispiel 58. Das **Froudesche Gesetz für Modellversuche im Schiffbau.** Will man Ergebnisse, die man an Schleppversuchen mit Schiffsmodellen gewonnen hat, auf große Schiffe übertragen, so müssen Modell und Ausführung zunächst wieder geometrisch ähnlich zueinander geformt sein, insbesondere müssen z. B. die Tauchtiefen dem Ähnlichkeitsverhältnis entsprechen. Von besonderer Wichtigkeit ist ferner die Frage, welche Geschwindigkeiten im Sinne der mechanischen Ähnlichkeiten zueinander gehören. Um sie zu beantworten, bedenke man, daß der Verlauf der Oberflächenwellen, der für die Bewegung des Schiffes und insbesondere für die Größe des Schiffswiderstandes maßgebend ist, im wesentlichen durch die Beschleunigung der Schwere, g, bedingt ist. Für die Bewegung der Wasserteilchen kommt als äußere Kraft also nahezu allein die Schwere in Betracht; die Bewegungsgleichung des Wassers in der lotrechten Richtung hat daher offenbar die Form

$$\left(g - w \frac{\partial w}{\partial z} - \ldots \right) = \frac{1}{\varrho} \frac{\partial p}{\partial z}.$$

Da g für Modell und Schiff übereinstimmt, müssen bei ähnlichen Bewegungen sämtliche Längen und Geschwindigkeiten so verändert werden, daß auch die anderen Glieder auf der linken Seite übereinstimmen, d. h. es müssen insb. die Verhältnisse

$$\left[w \frac{\partial w}{\partial z} \right] \sim \left[\frac{V^2}{L} \right]$$ für Modell und Schiff übereinstimmen. Sollen also an der

freien Oberfläche des Wassers zwei Vorgänge unter der Wirkung der
Schwere mechanisch ähnlich verlaufen, so müssen sich entsprechende Geschwindigkeiten von Modell und Schiff wie die Quadrat-
wurzeln aus deren Längen verhalten. Die entsprechende Kennziffer — die Froudesche Zahl — lautet hier:

$$\boxed{\mathfrak{F} = V^2/L\,g} \qquad (189)$$

Beispiel 54. Die „spezifische Drehzahl" einer Turbine. Dimensionsbetrachtungen der hier gegebenen Art spielen immer eine Rolle, wenn es sich
darum handelt, allgemein gültige Gleichungen für eine bestimmte Klasse von
Erscheinungen oder Vorgängen, im besonderen auch für eine bestimmte Klasse
von Maschinen zu erhalten.

Man weiß, daß die Leistung N einer Turbine von folgenden Größen abhängt: Von der Druckhöhe H, von der Drehzahl n, vom Einheitsgewicht γ
des Wassers und der Schwerebeschleunigung g. Aus diesen 5 Größen N, H, n,
γ, g läßt sich eine dimensionslose Größe durch folgende Zusammenstellung angeben:

$$\frac{N\,n^2}{\gamma\,H\cdot(g\,H)^{3/2}},$$

denn deren Dimension ist (im technischen Maßsystem):

$$\frac{[K\,L/T^2]\cdot[1/T^2]}{[K/L^3]\cdot[L]\cdot[L^2/T^2]^{3/2}} = [0] \ \dots \ \text{(dimensionslos)}.$$

Da γ und g für alle Wasserturbinen an demselben Orte der Erde die gleiche
Größe haben und immer mit denselben Zahlenwerten in die Gleichung eintreten,
läßt man sie beiseite und bezeichnet die Quadratwurzel der übrigbleibenden
Größe, nämlich

$$\boxed{n_s = \frac{n}{H}\cdot\sqrt{\frac{N}{\sqrt{H}}}} \qquad \dots \quad 190)$$

als „spezifische" oder „reduzierte Drehzahl" der Turbine.
Die Einführung derartiger Größen spielt für vergleichende Betrachtungen
verschiedener Turbinenarten und für die Projektierung der Turbinenanlagen eine
grundlegende Rolle.

44. Das Kármán-Prandtlsche Gesetz der Geschwindigkeitsverteilung für glatte Rohre.

Die Form des hydraulischen Widerstands-
gesetzes für die Rohrreibung beim turbulenten Strömungszustande,
die wir im vorigen Abschnitte durch Ähnlichkeitsbetrachtungen gewonnen haben, gibt den Druckverlust längs des Rohres in seiner Abhängigkeit von der mittleren Geschwindigkeit, dem Rohrdurchmesser
und der Zähigkeit der Flüssigkeit an — diese Betrachtungen geben
aber keinen Aufschluß über die Verteilung der Geschwindigkeit über
den Querschnitt des Rohres. Es ist daher eine Ergänzung dieser Betrachtungen nötig, und diese Ergänzung, die gleichzeitig eine vertiefte
Einsicht in das Wesen des turbulenten Strömungszustandes mit sich
bringt, ist den beiden in der Überschrift genannten Forschern zu
verdanken.

Unmittelbare Beobachtungen von Flüssigkeitströmungen und insbesondere der Umstand, daß die Geschwindigkeitsverteilung bei turbulenter Strömung über den ganzen Querschnitt mit Ausnahme eines

engen Bereiches an den Wänden merklich gleichförmig wird, haben zu der Annahme geführt, daß die Reibung nur an den Wänden eine wesentliche Rolle spielt, an denen die Flüssigkeit mit festen Körpern in Berührung steht, und daß sie im Innern der Flüssigkeit ganz außer acht gelassen werden kann. Man kann daher das Problem des Reibungswiderstandes so behandeln, daß man sich überhaupt nur auf die Betrachtung dieser Grenzschichten an den Wänden beschränkt, und im Innern eine Strömung mit gleichbleibender Geschwindigkeit u_0 über den ganzen Querschnitt annimmt.

Während die Betrachtung des Abschnittes **42** von dem Ausdrucke für den Druckverlust (oder das Gefälle J) ihren Ausgang nahm, so wollen wir jetzt die Ähnlichkeitsbetrachtung unmittelbar an den Ausdruck für die Schubspannung τ in ihrer Abhängigkeit von der Geschwindigkeit anknüpfen. Bei der Schichtenströmung hatten wir die Beziehung (157) zwischen τ und dem Geschwindigkeitsunterschied der benachbarten Schichten, die wir, wenn die Schicht von der kleinen Dicke δ einem Geschwindigkeitsunterschied gegen den Rand u entspricht, in der Form schreiben können:

$$\tau = \varkappa\, u/\delta.$$

Auch hier suchen wir eine Beziehung zwischen τ und u, indem wir die Frage aufwerfen: läßt sich eine Beziehung zwischen den Exponenten β und α auf Grund von Dimensionsbetrachtungen angeben, wenn wir für τ und u die Ansätze machen:

$$\tau \sim u^\beta, \qquad u \sim y^\alpha \sim \tau^{1/\beta}? \quad \ldots \ldots \quad (191)$$

Wenn wir zum Ausdruck bringen, daß für den Bewegungszustand, im besonderen für die Geschwindigkeit u der Flüssigkeit in der Nähe der Wand (Abb. 101), nur die Umgebung der betreffenden Stelle von Einfluß sein kann (und nicht die Form des ganzen Körpers), so wird u für glatte Rohre, bei denen der Einfluß des Rohrmaterials ganz verschwindet, im allgemeinen von folgenden Größen abhängen können:

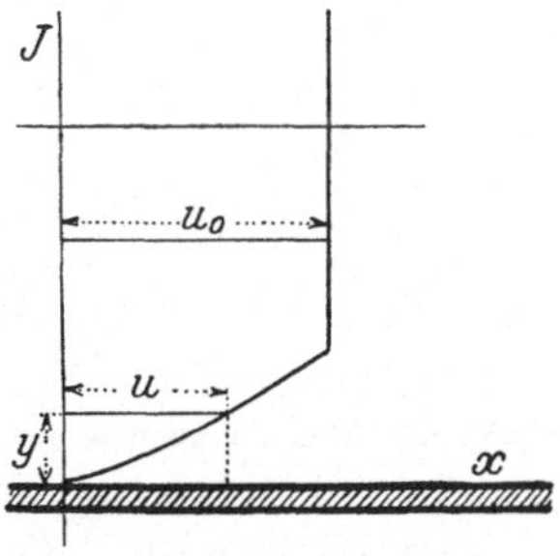

$$u = u(y,\, \nu,\, \tau,\, \varrho).$$

Abb. 101.

Durch welchen Zusammenhang dieser Größen läßt sich nun ein Ansatz herstellen, der die beiden Ansätze (191) in sich begreift? Beachtet man die Dimensionen dieser 4 Größen, so sieht man, daß

$$\left\{ \begin{aligned} &\left[\frac{y}{\nu}\right]^\alpha = \left[\frac{L}{L^2/T}\right]^\alpha = \left[\frac{T}{L}\right]^\alpha = \frac{1}{[u]^\alpha} \\[2ex] &\left[\frac{\tau}{\varrho}\right]^{(\alpha+1)/2} = \left[\frac{K/L^2}{K\,T^2/L^4}\right]^{(\alpha+1)/2} = \left[\frac{L^2}{T^2}\right]^{(\alpha+1)/2} = [u]^{\alpha+1}. \end{aligned} \right.$$

Lassen wir α zunächst beliebig, so kommt demnach auf der linken Seite eine Geschwindigkeit durch folgende Zusammenfassung heraus:

$$u = B \left(\frac{y}{\nu}\right)^{\alpha} \left(\frac{\tau}{\varrho}\right)^{(1+\alpha)/2} , \qquad \dots \dots \quad (192)$$

worin B eine dimensionslose Größe bedeutet, die sich nicht nur bei glatten, sondern auch bei rauhen Röhren als Konstante erweist; diese Gleichung gilt für jeden Wert von α.

Im besonderen erhält man nun für

$\alpha = 1:\ \tau \sim u$, d. h. das lineare oder Poiseuillesche Gesetz.

$\alpha = 0:\ \tau \sim u^2$, das Gesetz für rauhe Wände.

Neuere Beobachtungen zeigen, daß man für glatte Wände gute Annäherungen erhält durch den zwischen beiden liegenden Ansatz:

$$\tau \sim u^{7/4}, \qquad \text{oder} \qquad u = \tau^{4/7}$$

d. h. es ist nach Gl. (192)

$$\frac{4}{7} = \frac{1+\alpha}{2}, \qquad \text{oder} \qquad \boxed{\alpha = {}^1/_7} \ \dots \dots \quad (193)$$

Die diesem Ansatz zugrunde liegenden Beobachtungen beziehen sich, wie auch weiter unten in **45** bemerkt wird, auf den Zusammenhang zwischen Gefälle J und Geschwindigkeit u; wenn dabei, wie hier angenommen wurde, für die Reibung im wesentlichen die Grenzschicht von Bedeutung ist, so ist die durch das Druckgefälle J im wesentlichen die in dieser Grenzschicht auftretende Schubspannung τ zu überwinden, die daher einfach mit dem Gefälle J proportional anzusehen ist: $\tau \sim J$.

Die Abhängigkeit $u = u(y)$ ist dann durch die Beziehung gegeben

$$\boxed{u \sim y^{1/7}} , \qquad \dots \dots \dots \dots \quad (194)$$

was ein sehr rasches Anwachsen von u in der Grenzschicht bedeutet.

Im Anschluß an das in dieser Gleichung enthaltene Gesetz der „${}^1/_7$-ten Potenz des Abstandes" erhält man die folgende Gleichung für die Geschwindigkeitsverteilung über ein Rohr vom Halbmesser a:

$$u = u_{\text{max}} \left[1 - \left(\frac{r}{a}\right)^n\right]^{1/7} , \qquad \dots \dots \quad (195)$$

die mit $n = 1{,}25$ bis 2 die Beobachtungen mit großer Schärfe wiedergibt. Die durch diese Gleichung dargestellte Verteilung ist in Abb. 93 eingetragen; sie läßt die bei turbulenter Strömung beobachtete viel gleichmäßigere Verteilung der Geschwindigkeit über den Querschnitt und den raschen Abfall auf die Geschwindigkeit 0 an den Wänden deutlich erkennen.

VII. Rohrleitungen.

45. Reibungswiderstand für zylindrische Rohre. Nach den Betrachtungen des vorigen Kapitels ist mit jeder Flüssigkeitströmung — auch bei fehlender Nutzleistung, wie Hebung des Wassers auf eine gewisse Höhe — ein Reibungsverlust verbunden; zur Aufrechterhaltung der Strömung ist daher ein unausgesetzter Aufwand von Leistung erforderlich, der entweder auf maschinellem Wege oder durch ein natürliches Gefälle im Schwerefeld der Erde aufgebracht werden muß. Wir sprechen hier von einem Verlust, weil dieser Teil der verfügbaren Energie durch die Reibung in Wärme übergeht und nicht mehr in Druck- oder Geschwindigkeitsenergie zurückverwandelt werden kann.

Die Bestimmung der Größe dieses Verlustes ist eine außerordentlich wichtige Aufgabe, die insbesondere für die Ermittlung der Leistung der Pumpwerke für den Betrieb der Wasserleitungen der Städte, für die Ermittlung der Leistungen von Wasserkraftanlagen, wie überhaupt aller Anlagen, wo Strömungen von Wasser in Rohrleitungen vorkommen, von großer Bedeutung ist. Was von einer gesunden Theorie irgendeines technisch verwendeten Vorganges zu sagen ist, gilt auch hier: jeder Fortschritt der Theorie ist mit einem wirtschaftlichen Gewinn verbunden; je genauer die Einzelheiten der Vorgänge bekannt sind, um so wirtschaftlicher wird der Entwurf einer Anlage ausfallen können. Kein Wunder, daß die genaue Ermittlung der für die Rohrreibung geltenden Gesetze zu den Hauptaufgaben der technischen Hydraulik gehört; und zwar sind es vor allem die zylindrischen Rohre, mit denen wir uns hier zu beschäftigen haben.

Für die Berechnung einer Wasserleitung sind vor allem die folgenden Größen von Wichtigkeit:

$Q =$ der Durchfluß in m^3/sek,

$V =$ die mittlere Geschwindigkeit in m/sek,

$D =$ der Rohrdurchmesser in m,

$J =$ das verfügbare Druckgefälle (eine unbenannte Zahl).

Besteht das Nutzgefälle nur in dem Höhenunterschied h zwischen den Rohrenden, so ist bei einer Länge l des Rohres $J = h/l$; ist außerdem noch ein Druckunterschied $p_1 - p_2$ an den Rohrenden vorhanden, so ist zu setzen

$$J = \frac{h}{l} + \frac{p_1 - p_2}{\gamma\, l} \qquad \ldots \ldots \ldots \quad (196)$$

Zwischen den drei Größen Q, V, D besteht die Gleichung

$$Q = \frac{D^2\,\pi}{4} \cdot V, \qquad \ldots \ldots \ldots \quad (197)$$

so daß nur zwei von ihnen voneinander unabhängig sind. Wenn von Widerständen nur die Rohrreibung berücksichtigt wird, so wird das ganze verfügbare Gefälle J nur dazu verwendet, die Strömung gegen den Einfluß der Rohrreibung aufrecht zu erhalten. Da die Strömung turbulent verläuft, so gilt für das Gefälle in seiner Abhängigkeit von der mittleren Geschwindigkeit V die Gl. (186), die mit der abkürzenden Bezeichnung $\varepsilon = \lambda/2g$ bei gleichen Drücken an den Enden des Rohres die Form annimmt

$$J = \frac{h}{l} = \lambda \cdot \frac{1}{D} \cdot \frac{V^2}{2g}, \quad \text{oder} \quad \boxed{h = \lambda \cdot \frac{l}{D} \cdot \frac{V^2}{2g}} \quad . \quad . \quad . \quad (198)$$

Auch diese Gleichung stellt keineswegs ein Integral der Bewegungsgleichungen der Flüssigkeit dar, sondern wieder einen zusammenfassenden Ausdruck, der besagt, daß ein gewisser Teil h des ganzen verfügbaren Gefälles eben wegen der Zähigkeit (inneren Reibung) der Flüssigkeit für die bloße Aufrechterhaltung der Strömung verbraucht wird.

Nachdem die Form des Widerstandsgesetzes damit festgelegt ist, kommt die ganze Frage auf die richtige und zweckmäßige Festsetzung des Wertes von λ hinaus, das hier selbst als eine dimensionslose Zahl erscheint; und zwar stellt sich heraus, daß λ im allgemeinen zwischen 0,02 und 0,03 liegt.

Ungefähr brauchbare, und zwar meist zu hohe Werte erhält man daher, wenn man λ überhaupt als konstant ansieht, und zwar gleich dem größten dieser Werte nimmt. Man erhält so:

I. Die Annahme von Dupuit:

$$\boxed{\lambda = 0,03} \ldots \ldots \ldots \ldots \quad (199)$$

Wie schon in **43** auseinandergesetzt, folgt aus den Ähnlichkeitsbetrachtungen, die dort zu dem Widerstandsgesetze für turbulente Strömungen geführt haben, nicht mit Notwendigkeit, daß λ konstant sein müsse. Wenn es aber noch von den anderen Größen, wie V, D abhängt, so können jedenfalls diese Größen nur in der Verbindung $\Re = VD/\nu$ vorkommen. Da die Versuche über die Rohrreibung, wie gesagt, nahezu ausschließlich mit Wasser als Betriebsflüssigkeit vorgenommen wurden, und auf die Abhängigkeit von ν mit der Temperatur keine Rücksicht genommen wurde, so werden vom Standpunkte der Ähnlichkeitsbetrachtungen jene Formeln als in ihrer Bauart richtig anzusprechen sein, die die Größen V, D nur als Produkt VD enthalten. Zu diesen gehört

II. Die Formel von Lang:

$$\boxed{\lambda = \alpha + \frac{0,0018}{\sqrt{VD}}}, \quad \ldots \ldots \ldots \quad (200)$$

die auf Grund älterer, insbesondere von Weisbach herrührender Beobachtungen aufgestellt wurde. Darin ist zu setzen:

a) für gezogene Stahlrohre und Rohre aus Glas mit glatten Übergängen an den Verbindungsstellen: $\alpha = 0{,}010$ bis $0{,}012$;

b) für Gußeisenrohre und genietete Rohre: $\alpha = 0{,}02$.

Der Wert $0{,}0018$ gilt für Wasser von etwa 15^0 C und steigt bis $0{,}0024$ bei 3^0 C an; 100^0 C entspricht dem Werte von etwa $0{,}0004$.

Formeln, wie sie in der älteren Literatur vorkommen, die, wie die ältere von Weisbach, λ von V allein und die von Darcy, λ von D allein abhängig ansetzen, sind von vornherein als unbegründet anzusehen, und haben sich auch tatsächlich nur für ganz enge Bereiche als einigermaßen brauchbar erwiesen.

Für die Auswertung des Ansatzes (200) für besondere Fälle dient die folgende Zahlentafel, die die gebräuchlichsten Werte für V und D umfaßt:

	Rohrdurchm. in m	$V\,[\mathrm{m/sek}] = 0{,}1$	$= 0{,}50$	$= 1{,}0$	$= 1{,}5$	$= 2{,}0$	$= 4{,}0$
$\sqrt{VD}$	$D = 0{,}08$	0,090	0,2	0,282	0,346	0,4	0,565
	$= 0{,}15$	0,122	0,274	0,387	0,474	0,547	0,775
	$= 0{,}20$	0,141	0,316	0,447	0,547	0,633	0,894
	$= 0{,}50$	0,224	0,5	0,706	0,865	1,0	1,414
	$= 1{,}00$	0,316	0,707	1,0	1,222	1,414	2,0
$\dfrac{0{,}0018}{\sqrt{VD}}$	$D = 0{,}08$	0,0202	0,009	0,0064	0,0052	0,0045	0,0032
	$= 0{,}15$	0,0147	0,0066	0,0046	0,0038	0,0033	0,0023
$(T = 15^0 C)$	$= 0{,}20$	0,0127	0,0057	0,004	0,0033	0,0028	0,002
	$= 0{,}50$	0,008	0,0036	0,0025	0,0021	0,0018	0,0012
	$= 1{,}00$	0,0057	0,0025	0,0018	0,0015	0,0013	0,0010
$\dfrac{0{,}0023}{\sqrt{VD}}$	$D = 0{,}08$	0,0258	0,0115	0,0082	0,0008	0,0058	0,0041
	$= 0{,}15$	0,0187	0,0084	0,0059	0,0049	0,0042	0,0029
$(T = 5^0 C)$	$= 0{,}20$	0,0162	0,0073	0,0051	0,0042	0,0036	0,0025
	$= 0{,}50$	0,0102	0,0046	0,0032	0,0027	0,0023	0,0015
	$= 1{,}00$	0,0073	0,0032	0,0023	0,0019	0,0017	0,0013

III. Das Gesetz von Flamant und Blasius. Eine andere einfache Form von λ wurde auf Grund zahlreicher Beobachtungen (1892) von Flamant angegeben und später von Blasius auf Grund von Ähnlichkeitsbetrachtungen bestätigt. Dieser fand, daß bei Strömungen in Röhren ähnlichen Materials

$$\frac{JD}{V^2} \cdot \left(\frac{DV}{\nu}\right)^{1/4} = a' = \text{konst.} \quad \dots \dots \quad (201)$$

ist. Dieser Ansatz stimmt ganz überein mit dem Kármán-Prandtlschen Widerstandsgesetze, und wurde auch schon in 44 verwendet. Um ihn in der Form der Gl. (198) zu erhalten, schreiben wir mit $2\,g\,a'\,\nu^{1/4} = a$:

$$J = \frac{2\,g\,a'\,\nu^{1/4}}{(VD)^{1/4}} \cdot \frac{1}{D} \cdot \frac{V^2}{2\,g} = \frac{a}{\sqrt[4]{VD}} \cdot \frac{1}{D} \cdot \frac{V^2}{2\,g}, \quad \dots \dots \quad (202)$$

so daß

$$\lambda = \frac{a}{\sqrt[4]{VD}}$$ . . . . (203)

und darin ist nach Flamant (für $T \sim 15^{\circ}$ C) zu setzen:

$\left\{\begin{array}{l}\text{für Blei-, Glas- und Weißblechröhren:} \quad a = 0{,}0104 \text{ bis } 0{,}0122, \\ \text{für gebrauchte Rohre aus Eisen und Stahl: } a = 0{,}0180.\end{array}\right.$

Den praktischen Rechnungen wird meist dieser letzte Wert von a zugrunde gelegt; sie erfolgen vorteilhaft durch Verwendung der folgenden Zahlentafel.

	Rohrdurchm. in m	V[m/sek]$=0{,}1$	$=0{,}50$	$=1{,}0$	$=1{,}5$	$=2{,}0$	$=4{,}0$
$\sqrt[4]{VD}$	$D = 0{,}08$	0,30	0,45	0,53	0,59	0,63	0,75
	$= 0{,}15$	0,35	0,52	0,62	0,69	0,74	0,88
	$= 0{,}20$	0,38	0,56	0,67	0,74	0,80	0,95
	$= 0{,}50$	0,47	0,71	0,84	0,93	1,0	1,19
	$= 1{,}00$	0,56	0,84	1,0	1,11	1,19	1,41
$\dfrac{0{,}018}{\sqrt[4]{VD}}$	$D = 0{,}08$	0,060	0,04	0,034	0,031	0,028	0,024
	$= 0{,}15$	0,051	0,035	0,029	0,026	0,024	0,020
	$= 0{,}20$	0,048	0,032	0,027	0,024	0,022	0,019
	$= 0{,}50$	0,038	0,025	0,021	0,019	0,018	0,015
	$= 1{,}00$	0,032	0,021	0,018	0,016	0,015	0,013

In den bisher gegebenen Formeln trat nur bei II. und III. schon eine Abhängigkeit von der Beschaffenheit des Rohrmaterials zutage; diese Formeln gelten im allgemeinen nur für glatte Rohre, bei denen die Rauhigkeit der Wand noch zurücktritt. Will man — zur Erzielung noch größerer Genauigkeit — den Einfluß der Rauhigkeit der Wand berücksichtigen, so muß man notwendigerweise einen Zahlenwert einführen, der diese stets vorhandenen, wenn auch sehr kleinen Unebenheiten — etwa die Korngröße — der Wand angibt.

Um diese Angabe, wir nennen sie die „absolute Rauhigkeit" K, in dimensionsloser Weise in λ einzuführen, läßt man λ nicht von K selbst, sondern von der „relativen Rauhigkeit" K/D abhängen; dies ist auf Grund der Beobachtungen von Bazin u. a. von R. v. Mises durchgeführt worden, und führt auf den folgenden

IV. Ansatz für rauhe Rohre:

$$\lambda = 0{,}01 + \sqrt{\frac{K}{D} + 1{,}77\sqrt{\frac{\nu}{VD}}}$$ . . . . . (204)

Insbesondere wird für Wasser von 5° C, für das $\nu = 0{,}0000015 \text{ m}^2/\text{sek}$ zu setzen ist:

$$\lambda = 0{,}01 + \sqrt{\frac{K}{D} + \frac{0{,}0023}{\sqrt{VD}}}$$ . . . . . (205)

Für die in dieser Gleichung auftretende „absolute Rauhigkeit" K gelten nach v. Mises die folgenden Zahlenwerte, die hier etwas abgerundet wiedergegeben werden.

Absolute Rauhigkeit K.

Material	$10^8 \, K$ (in m)		$10^4 \cdot \sqrt{K}$ (in $m^{1/2}$)	
Glas	6,4 bis	25,6	2,5 bis	5,1
Gezogenes Messing, Blei od. Kupfer	6,4 „	32,0	2,5 „	5,7
Zement, geschliffen	240 „	480	15,5 „	22
„ roh	640 „	1280	25 „	36
Gummischlauch, gewöhnlich . . .	200 „	400	14 „	20
„ rauh	480 „	960	22 „	30
Eisenrohr	640 „	1600	25 „	40
Blech- oder Gußrohr, asphaltiert .	950 „	1900	30 „	44
Gußrohr, neu	3200 „	6400	60 „	80
„ gebraucht	8000 „	16000	90 „	126
Genietetes Blech	6400 „	16000	80 „	126
Holz	1600 „	3200	40 „	57
Mauerwerk, bearbeitete Quadern und Backstein	6400 „	12000	80 „	110
Bruchstein, Fels	64000 „	120000	250 „	360

Von den hier gegebenen Ansätzen enthält IV. die vollständigste Gliederung bezüglich der verschiedenen Materialien, die für Rohrleitungen in Betracht kämen, und wird deshalb mit Vorteil für genauere Rechnungen herangezogen.

V. Andere Ansätze. Außer diesen Ansätzen, deren Begründung — bis zu einem gewissen Grade wenigstens — in der allgemeinen Theorie verankert liegt, gibt es (wie auch später bei den Gerinnen und Flußläufen) zahlreiche andere, die rein empirisch festgelegt sind; sie werden dadurch erhalten, daß irgendein ein- oder mehrgliedriger algebraischer Ausdruck für das gesuchte Gesetz willkürlich gewählt wird und die darin auftretenden Beiwerte und Exponenten auf Grund der Forderung bestimmt werden, eine ausgewählte Reihe von Beobachtungen möglichst getreu darzustellen. Es ist bekannt, daß die „Methode der kleinsten Quadrate" ein allgemeines Verfahren an die Hand gibt, diese Forderung zu erfüllen. Einzelne der so gewonnenen Ausdrücke haben sich wohl zeitweise eingebürgert, doch ist keiner von ihnen zu allgemeinerer Bedeutung gelangt.

46. Berechnung der Rohrleitungen. Die Gln. (197) und (198) geben (mit einer der in **45,** I bis IV. enthaltenen Festsetzungen für λ) zwei Gleichungen zwischen den vier Größen Q, V, D, J, so daß es der Angabe zweier von diesen bedarf, um daraus die beiden anderen zu ermitteln. Am einfachsten — dafür auch am ungenauesten — gestaltet sich die Rechnung naturgemäß bei Annahme I., während die anderen erheblich umständlichere Rechnungen veranlassen. Aus diesem Grunde wird in der Praxis meist so vorgegangen, daß die gesuchte Größe, z. B. D, zunächst unter der Annahme I. bestimmt wird; sonach wird dieser Wert in eine der drei anderen Formeln II. bis IV. eingesetzt und damit ein genauerer Wert von λ ermittelt; mit diesem wird sodann abermals ein verbesserter Wert von D gerechnet und das Verfahren so lange fortgesetzt, bis die sich ergebenden Schwankungen klein genug geworden sind, wozu in den meisten Fällen eine ein- bis zweimalige Wiederholung der Rechnung ausreicht.

Die ganze Berechnung der Rohrleitungen ist damit, wie bereits hervorgehoben, auf die richtige Wahl von λ zurückgeführt.

Läßt man zunächst das λ unbestimmt, so folgt nämlich aus den beiden Gln. (197) und (198)

$$V = \frac{4\,Q}{\pi\,D^2} = \sqrt{2\,g\,\frac{D\,J}{\lambda}}$$

und daraus durch Auflösung nach D, da $\sqrt[5]{8/\pi^2 g} = 0{,}607$

$$\boxed{D = 0{,}607 \cdot \sqrt[5]{\lambda} \cdot \sqrt[5]{Q^2/J}} \qquad \ldots \ldots \ldots (206)$$

Im besonderen erhält man unter Benützung des Wertes von Dupuit $\lambda = 0{,}03$ aus den Gln. (197) und (198):

$$D\,J = 0{,}001\,54\,V^2$$

und

$$Q = \frac{D^2\,\pi}{4} \cdot V = 20 \cdot \sqrt{D^5 J}.$$

Wenn 2 von den 4 Größen Q, V, D, J bekannt sind, so ergeben sich demnach die beiden anderen aus der folgenden Zusammenstellung, die alle hiebei vorkommenden Möglichkeiten enthält:

$$\left.\begin{aligned}
Q &= 20\,\sqrt{D^5 J} = 0{,}785\,D^2\,V = 0{,}000\,000\,1\,87\,V^5/J^2 \\
D &= 0{,}302\,\sqrt[5]{Q^2/J} = 0{,}001\,54\,V^2/J = 1{,}128\,\sqrt{Q/V} \\
J &= 0{,}0025\,Q^2/D^5 = 0{,}001\,54\,V^2/D = 0{,}001\,37\,\sqrt{V^5/Q} \\
V &= 25{,}5\,\sqrt{D\,J} = 1{,}27\,Q/D^2 = 14{,}0\,\sqrt[5]{Q\,J^2}.
\end{aligned}\right\} \quad (207)$$

Dadurch sind in allen möglichen Fällen erste Näherungen gewonnen, die den weiteren Rechnungen zugrunde gelegt werden können. Was die Durchführung der Rechnungen anlangt, so geben wir diese sogleich an der Hand der folgenden Beispiele, in denen die verschiedenen Ansätze I. bis IV. aneinandergereiht sind; dabei bezeichnen wir die unter Benützung der einzelnen Ansätze I. bis IV. gewonnenen Ergebnisse unmittelbar mit den zugehörigen römischen Ziffern.

a) Gegeben zwei von den drei Größen Q, D, V; gesucht die dritte und J.

Beispiel 55. $Q = 1/3$ m³/sek, $V = 1,2$ m/sek, gebrauchtes Gußrohr, $T = 5^0$ C. Zunächst ergibt sich unmittelbar aus Gl. (197):

$$D = \sqrt{\frac{4\,Q}{\pi\,V}} = 0,594 \text{ m}.$$

Es empfiehlt sich, $D = 0,6$ m zu wählen, und damit folgt der zugehörige Wert der Geschwindigkeit:

$$V = \frac{4\,Q}{\pi\,D^2} = 1,18 \text{ m/sek}.$$

Mit diesen Werten folgt nach:

I. $\quad \lambda = 0,03, \quad J = \lambda \cdot \frac{1}{D} \cdot \frac{V^2}{2\,g} = 0,003\,54 \qquad$ (zu groß!)

II. $\quad \lambda = 0,02 + \dfrac{0,0018}{\sqrt{1,18 \cdot 0,6}} = 0,022, \quad J = 0,0026$

III. $\quad \lambda = \dfrac{0,0180}{\sqrt[4]{1,18 \cdot 0,6}} = 0,0196, \quad J = 0,0023$

IV. $\quad \lambda = 0,01 + \dfrac{90}{10^4 \cdot \sqrt{0,6}} + \dfrac{0,0023}{\sqrt{1,18 \cdot 0,6}} = 0,0242, \quad J = 0,0029.$

Beispiel 56. **Notwendige Leistung für den Betrieb einer Wasserleitung.** Das für den Betrieb einer wagrecht verlegten Wasserleitung nötige Druckgefälle J ist durch Gl. (198) gegeben, worin λ, wie eben gezeigt, durch einen der Ansätze I. bis IV. bestimmt ist. Einer Leitungslänge l entspricht daher die „Verlusthöhe"

$$h = J\,l;$$

und zu deren Überwindung ist die Leistung nötig

$$L \text{ (kgm/sek)} = \gamma\,Q\,h = \gamma\,Q\,J\,l,$$

oder in PS

$$\boxed{N\,(PS) = L/75 = \gamma\,Q\,J\,l/75} \qquad \ldots \ldots \ldots \ldots (208)$$

Z. B. für die Angaben des Beispiels 55, d. i. für $Q = 1/3$ m³/sek, $J = 0,0029$ und für eine Leitungslänge $l = 500$ m folgt

$$N = 1000 \cdot \tfrac{1}{3} \cdot 0,0029 \cdot 500/75 = 6,45 \text{ PS}.$$

Beispiel 57. **Die Berechnung verzweigter Rohrleitungen nach dem Ansatze von Dupuit** geschieht in der Weise, daß die Verlusthöhe für jeden Rohrstrang nach Gl. (207) durch $h = J\,l$ ermittelt wird; diese Verlusthöhen werden addiert und für jeden Rohrstrang den gegebenen Höhenunterschieden zwischen Oberspiegel und Austritt gleichgesetzt.

a) Verzweigung nach Abb. 102. Gegeben h_1, h_2, l, l_1, l_2, Q, Q_1, Q_2, gesucht D_1, D_2. Die dritte der Gln. (207), angewendet auf die Stränge I, II, III und I, II, IV gibt

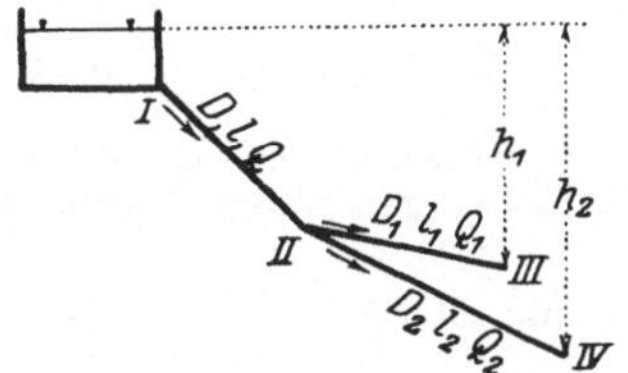

Abb. 102.

$$\begin{cases} h_1 = 0,0025 \left[\dfrac{Q^2\,l}{D^5} + \dfrac{Q_1^{\,2}\,l_1}{D_1^{\,5}} \right], \\[3mm] h_2 = 0,0025 \left[\dfrac{Q^2\,l}{D^5} + \dfrac{Q_2^{\,2}\,l_2}{D_2^{\,5}} \right] \end{cases}$$

und daraus

$$D_1 = \sqrt[5]{\frac{Q_1^{\,2}\,l_1}{400\,h_1 - Q^2\,l/D^5}}, \qquad D_2 = \sqrt[5]{\frac{Q_2^{\,2}\,l_2}{400\,h_2 - Q^2\,l/D^5}}.$$

b) In Abb. 103 sei gegeben l, l_1, l_2, D, D_1, D_2, h_1, h_2; gesucht Q_1, Q_2. Wie zuvor ist anzusetzen, wenn $Q = Q_1 + Q_2$:

$$\begin{cases} h_1 = 0{,}0025 \left[\dfrac{(Q_1 + Q_2)^2\, l}{D^5} + \dfrac{Q_1{}^2\, l_1}{D_1{}^5} \right], \\[2ex] h_2 = 0{,}0025 \left[\dfrac{(Q_1 + Q_2)^2\, l}{D^5} + \dfrac{Q_2{}^2\, l_2}{D_2{}^5} \right]. \end{cases}$$

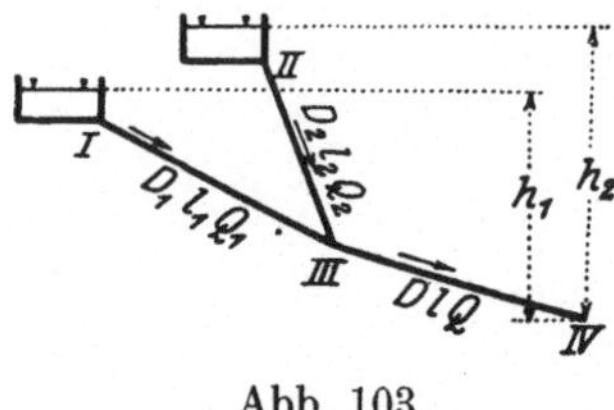

Abb. 103.

Hinsichtlich Q_1, Q_2 sind dies zwei quadratische Gleichungen, die nach Q_1, Q_2 aufzulösen sind. —

Der Ansatz von Dupuit wird auch zur Berechnung der wirtschaftlichsten Durchmesser einer Rohrleitung — unter Voraussetzung eines bestimmten Ansatzes für die Herstellungs- und Betriebskosten der ganzen Anlage — herangezogen.

Da in den Ansätzen II und IV die Größe D (und auch V) in ziemlich verwickelter Weise vorkommen, so empfiehlt es sich, wie schon einleitend bemerkt, wenn eine dieser Größen gesucht wird, zunächst mittels I und der Gl. (206) eine Schätzung vorzunehmen, sodann mit dem dadurch erhaltenen Werte von D nach II und IV einen verbesserten Wert von λ und mit diesem wieder nach Gl. (206) einen genaueren Wort von D auszurechnen (und ähnliches gilt für V). Der Ansatz III würde zwar auch eine direkte Ausrechnung von D (und V) gestatten, da nach den Gln. (197) und (202)

$$V = \frac{4\,Q}{\pi\,D^2} = \left(\frac{2\,g}{a}\right)^{4/7} \cdot J^{4/7} \cdot D^{5/7} \quad \ldots \ldots (209)$$

ist, führt aber, wie man sieht, auf verwickeltere Ausdrücke, weshalb auch in diesem Falle mit Vorteil dasselbe Näherungsverfahren angewendet wird; dieses Näherungsverfahren ist in allen Fällen so oft zu wiederholen, bis die Schwankungen entsprechend klein geworden sind.

b) Gegeben Q und J, gesucht D und V.

Beispiel 58. $Q = 0{,}5$ m³/sek, $h = 18$ m, $l = 1200$ m, also $J = h/l = 0{,}015$. Rohr aus genietetem Blech. Zunächst gibt der Ansatz I:

I. und Gl. (206): $D = 0{,}302 \sqrt[5]{Q^2/J} = 0{,}53$ m,

$$V = 4\,Q/\pi\,D^2 \qquad = 2{,}26 \text{ m/sek,}$$

sodann gibt

IV. Gl. (205): $\lambda = 0{,}01 + \dfrac{80}{10^4 \cdot \sqrt{0{,}53}} + \dfrac{0{,}0018}{\sqrt{2{,}26 \cdot 0{,}53}} = 0{,}0227$.

Damit folgt nach Gl. (206) der verbesserte Wert von D:

$$D = 0{,}607 \sqrt[5]{\lambda} \cdot \sqrt[5]{Q^2/J} = 0{,}5 \text{ m}$$

und das entsprechende

$$V = 2{,}54 \text{ m/sek}.$$

Rechnet man mit diesem Wert von D nochmals das λ, so erhält man

$$\lambda = 0{,}023$$

und damit nahezu dieselben Werte von D und V wie vorher.

c) Gegeben D und J, gesucht V und Q.

Beispiel 59. Für einen Wasserstollen im natürlichen Felsen sollen die Angaben gelten: $D = 2$ m, $J = 0{,}001$; wie groß ist V und Q?

I. Nach Gl. (207) folgt mit diesen Werten für $\lambda = 0{,}03$:

$$V = 25{,}5 \sqrt{D J} = 1{,}14 \text{ m/sek}.$$

IV. Rechnet man damit λ nach Gl. (205), so ergibt sich

$$\lambda = 0{,}01 + \frac{250}{10^4 \cdot \sqrt{2}} + \frac{0{,}0023}{\sqrt{1{,}14 \cdot 2}} = 0{,}0293 \sim 0{,}03 ,$$

d. h. der Dupuitsche Wert $\lambda = 0{,}03$ gilt bei großen Durchmessern des Stollens ungefähr für die Rauhigkeit, wie sie dem natürlichen Felsen entspricht. Ferner folgt:

$$Q = \frac{\pi D^2}{4} \cdot V = 3{,}58 \text{ m}^3/\text{sek}.$$

d) Gegeben V und J, gesucht D und Q.

Beispiel 60. Es ist der Durchmesser D und der Durchfluß Q für den Grundablaß einer Talsperre im Felsen so zu bestimmen, daß das Druckgefälle $J = 0{,}005$ beträgt, und das Wasser die im Beispiel 59 gefundene Geschwindigkeit $V = 1{,}14$ m/sek besitzt.

I. Gl. (207) gibt für $\lambda = 0{,}03$:

$$D = 0{,}001\,54\, V^2 / J = 0{,}4 \text{ m}.$$

Damit folgt nach IV. Gl. (204) in zweiter Annäherung:

$$\lambda = 0{,}01 + \frac{250}{10^4 \cdot \sqrt{0{,}4}} + \frac{0{,}0023}{\sqrt{1{,}14 \cdot 0{,}4}} = 0{,}0551 ,$$

rechnet man damit D, so folgt:

$$D = \lambda \cdot \frac{1}{J} \cdot \frac{V^2}{2\,g} = 0{,}73 \text{ m},$$

und weiter

3. Annäherung: $\qquad \lambda = 0{,}0426, \qquad D = 0{,}567$ m,

4.   „   : $\qquad \lambda = 0{,}0458, \qquad D = 0{,}605$ m.

Es ist somit $D = 0{,}6$ m zu wählen und damit folgt

$$Q = \frac{\pi D^2}{4} V = 0{,}322 \text{ m}^3/\text{sek}.$$

Diese letzte Form der Fragestellung ist praktisch von geringerer Bedeutung.

47. Besondere Widerstände bei Rohrleitungen. Die im Vorhergehenden gegebenen Ansätze dienen für die Berechnung des Reibungsverlustes in zylindrischen, geraden Rohrstücken. Die Verlegung und der Betrieb von Rohrleitungen führen zur Verwendung von besonderen Einbauten, wie Krümmern, Erweiterungen, Verengungen und von Reguliervorrichtungen wie Hähnen, Schiebern, Ventilen usw., und es ist klar, daß jede einzelne dieser Einbauten einen Leistungsverlust verursachen und die Geschwindigkeit des Wassers im Rohr herabsetzen wird. Von diesen Verlusten kann allgemein nur ausgesagt werden, daß ihre Größe durch die Art der Bewegung des Wassers bedingt sein wird, die der betreffende Einbau veranlaßt, daß sich aber der Verlauf dieser Wasserbewegungen nur unvollkommen beschreiben läßt, so daß eine Berechnung dieser Verluste auf rein hydrodynamischer Grundlage heute nicht möglich ist. Man ist in allen diesen Fragen in weitem Ausmaße auf die Ergebnisse von Versuchen angewiesen, deren Zweck es ist, den Einfluß jeder einzelnen dieser Einbauten durch direkte Messungen festzustellen.

Die in Gebrauch stehenden Taschenbücher (Foerster, Dubbel, „Hütte") enthalten alle ausführliche Angaben über die Größe der Einzelwiderstände, die bei Rohrleitungen auftreten; hier folgen nur einige wenige Angaben hierüber. Für jeden einzelnen Verlust wird die entsprechende Verlusthöhe als Vielfaches oder Bruchteil der Geschwindigkeitshöhe $V^2/2\,g$ unmittelbar hinter dem betreffenden, den Widerstand verursachenden Einbau angesetzt und die Druckgleichung durch Einführung dieser Verlusthöhen erweitert, so daß sie die Form annimmt:

$$\boxed{\frac{p_0}{\gamma} + \frac{V_0{}^2}{2\,g} + h = \frac{p_1}{\gamma} + \frac{V_1{}^2}{2\,g} + (\text{Summe der Verlusthöhen } \Sigma\,h_w)} \quad , \quad (210)$$

wobei sich die Zeiger 0, 1 auf den Eintritt und Austritt beziehen und h den verfügbaren Höhenunterschied bedeutet.

Diese Gleichung dient auch dazu, um (angenähert) die Wassergeschwindigkeit in einer Rohrleitung mit bekannten Einbauten zu bestimmen; zu diesem Zwecke werden die in allen Verlusthöhen auftretenden Geschwindigkeiten mittels der Durchflußgleichung durch die Geschwindigkeit im Rohr ausgedrückt, die auf diese Weise als einzige Unbekannte in dieser Gleichung übrigbleibt. Übrigens kann gesagt werden, daß im allgemeinen der Reibungswiderstand im Rohr alle anderen Widerstände weitaus überwiegt, so daß bei längeren Rohrleitungen die in **46** gegebenen Ansätze ohne weiteres auch dann anwendbar bleiben, wenn in der Leitung solche besondere Widerstände vorhanden sind, vorausgesetzt, daß diese nicht gerade außergewöhnlich große Verlusthöhen verursachen.

Von besonderen Widerständen seien hier als die wichtigsten die folgenden hervorgehoben:

1. **Ausfluß- oder Eintrittswiderstand in das Rohr:**

a) Bei gut abgerundeter Öffnung ist nach Gl. (57)

$$h_w = \zeta \cdot V^2/2\,g, \quad \zeta = 0,065, \quad \ldots \ldots \quad (211)$$

b) bei scharfkantiger Öffnung ($\mu \sim 0,60$) ist

$$\zeta = (1/\mu^2 - 1) = 1,78.$$

2. **Plötzliche Rohrerweiterung** von F_1 auf F. Nach Gl. (134) ist

$$h_w = \zeta \cdot V^2/2\,g, \quad \zeta = \left(\frac{F}{F_1} - 1\right)^2. \quad \ldots \ldots \quad (212)$$

Bei allmählicher Erweiterung kann der Verlust in der Form angesetzt werden

$$h_w = (0{,}12 \text{ bis } 0{,}2)\left[\left(\frac{F}{F_1}\right)^2 - 1\right]\cdot\frac{V^2}{2\,g} \quad\ldots\ldots \quad (213)$$

3. **Rohrverengungen durch Drosselscheiben** verursachen dadurch Verluste, daß sich der Strahl durch die Drosselscheibe einschnürt und hernach wieder auf den Rohrquerschnitt erweitert. Setzt man $h_w = \zeta\, V^2/2\,g$, so gilt nach J. Weisbach in den beiden Fällen, die durch die Abb. 104 a) und b) gekennzeichnet sind:

$\frac{F_1}{F_2} =$	0,1	0,2	0,3	0,4	0,5	0,6	0,7	0,8	0,9	1,0,
a) $\zeta =$	232	51	20	9,6	5,3	3,1	1,9	1,2	0,74	0,48,
b) $\zeta =$	226	48	17,5	7,8	3,8	1,8	0,8	0,3	0,06	—.

Setzt man im Falle b) den Querschnitt des eingeschnürten Strahles $= \alpha\,F_1$, so läßt sich der Verlust nach in einer der Gl. (212) in 2. ähnlichen Form ansetzen:

$$\zeta = \left(\frac{F_2}{\alpha\,F_1} - 1\right)^2 \quad\ldots\ldots \quad (214)$$

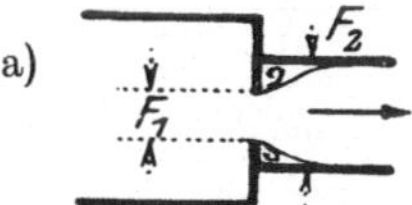
Abb. 104.

und es können nach J. Weisbach die Zahlenwerte b) in die Formel zusammengefaßt werden:

$$\alpha = 0{,}63 + 0{,}37\,(F_1/F_2)^3 \quad\ldots\ldots\ldots \quad (215)$$

4. **Krümmer** geben ebenfalls Anlaß zu Verlusten, einerseits weil eine Ablösung des Flüssigkeitstrahles von der Rohrwand erfolgt, was zur Entstehung eines mit wirbelnder Flüssigkeit erfüllten Raumes führt, andererseits weil eine stark wirbelnde Bewegung der Flüssigkeit auch hinter dem Krümmer zurückbleibt, die sich erst nach Durchlaufen einer längeren Strecke beruhigt.

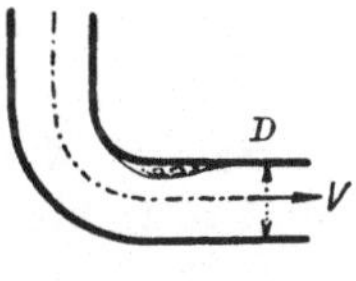

a) Für den rechtwinkligen Krümmer nach Abb. 105 gilt ($D =$ Rohrdurchmesser, $R =$ Krümmungshalbmesser der Mittellinie):

Abb. 105.

bei kreisförmigem Rohrquerschnitt: $\zeta = 0{,}13 + 0{,}16\,(D/R)^{3/5}$
bei rechteckigem Rohrquerschnitt: $\zeta = 0{,}12 + 0{,}27\,(D/R)^{3/5}$ $\Big\}$ (216)

oder ausgerechnet für:

	$D/R =$	0,1	0,4	0,8	1,0	1,4	1,8	2,0
(Kreis)	$\zeta =$	0,13	0,14	0,21	0,29	0,66	1,41	1,98
(Rechteck)	$\zeta =$	0,12	0,15	0,29	0,40	1,01	2,27	3,23

Für normalisierte Krümmer ist $D/R = 0{,}1$.

Für Krümmer mit dem Winkel δ^0 ist für die Widerstandszahl etwa der entsprechende Teil $\zeta\cdot\delta^0/90$ zu nehmen.

b) **Für Kniestücke** mit dem Winkel δ nach Abb. 106 ist nach
Weisbach zu setzen:

$$\zeta = \sin^2 (\delta/2) + 2 \sin^4 (\delta/2), \quad\quad\quad (217)$$

d. i. für

$$\begin{cases} \delta = 20^0 & 40^0 & 60^0 & 80^0 & 90^0 & 120^0 & 140^0 \\ \zeta = 0{,}05 & 0{,}14 & 0{,}36 & 0{,}74 & 0{,}98 & 1{,}86 & 2{,}43 \end{cases}$$

5. **Schieber im Kreisrohr** (Abb. 107):

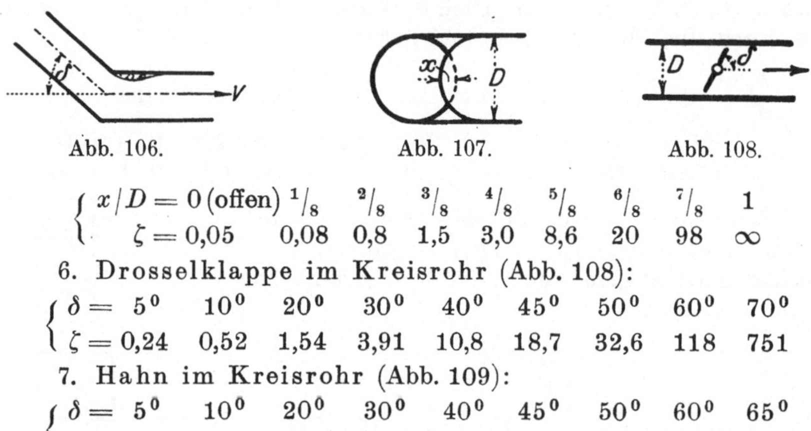

Abb. 106.   Abb. 107.   Abb. 108.

$$\begin{cases} x/D = 0\,(\text{offen}) & {}^1/_8 & {}^2/_8 & {}^3/_8 & {}^4/_8 & {}^5/_8 & {}^6/_8 & {}^7/_8 & 1 \\ \zeta = 0{,}05 & 0{,}08 & 0{,}8 & 1{,}5 & 3{,}0 & 8{,}6 & 20 & 98 & \infty \end{cases}$$

6. **Drosselklappe im Kreisrohr** (Abb. 108):

$$\begin{cases} \delta = 5^0 & 10^0 & 20^0 & 30^0 & 40^0 & 45^0 & 50^0 & 60^0 & 70^0 \\ \zeta = 0{,}24 & 0{,}52 & 1{,}54 & 3{,}91 & 10{,}8 & 18{,}7 & 32{,}6 & 118 & 751 \end{cases}$$

7. **Hahn im Kreisrohr** (Abb. 109):

$$\begin{cases} \delta = 5^0 & 10^0 & 20^0 & 30^0 & 40^0 & 45^0 & 50^0 & 60^0 & 65^0 \\ \zeta = 0{,}05 & 0{,}29 & 1{,}56 & 5{,}17 & 17{,}3 & 31{,}2 & 52{,}6 & 206 & 486 \end{cases}$$

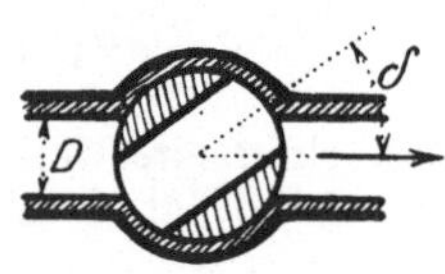

8. **Ventile.** Die über den Widerstand von
Ventilen angestellten Versuche beziehen sich aus-
schließlich auf Ventile in geraden, zylindrischen
Rohrstücken. Über die Größe des Widerstandes
der mannigfaltigen technischen Ausführungen von
Ventilen in größeren Pumpenleitungen oder Rohr-
leitungen für Wasserkraftwerke liegen keinerlei
Ergebnisse in Form allgemeiner Ansätze vor.

Abb. 109.

Sei D der Rohrdurchmesser, h der Ventilhub, so gilt nach
Abb. 110a) bis e) für:

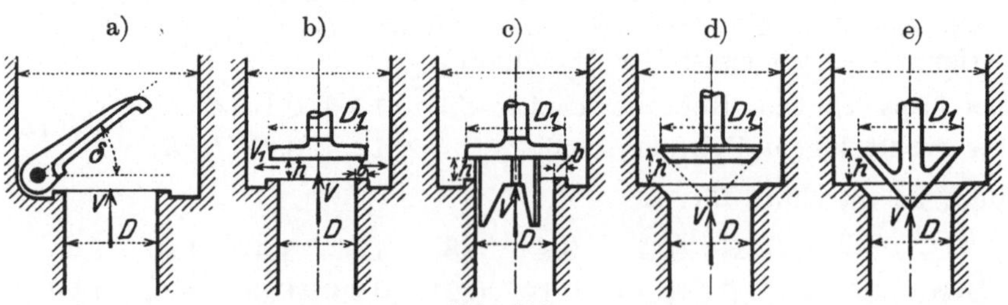

a)   b)   c)   d)   e)

Abb. 110.

a) **Klappenventile:**

$$\begin{cases} \delta = 15^0 & 20^0 & 30^0 & 45^0 & 60^0 & 70^0 \\ \zeta = 90 & 62 & 30 & 9{,}5 & 3{,}2 & 1{,}7 \end{cases}$$

b) **Tellerventile ohne untere Führung:**

$$\zeta = \alpha + \beta\,(D/h)^2, \quad \ldots \ldots \ldots \quad (218)$$

mit $\alpha = 0{,}55 + 4\,(b - 0{,}1 \cdot D)/D$, $\beta = 0{,}15$ bei schmaler, bis $\beta = 0{,}16$ bei breiter Dichtungsfläche.

c) **Tellerventile mit unterer Führung:**

$$\zeta = \alpha + \beta\,[D^2/(\pi D - n\,c)\,h]^2, \quad \ldots \ldots \quad (219)$$

worin α gleich den in a) gegebenen Werten vermehrt um 0,8 bis 1,6, $\beta = 1{,}7$ bis 1,75 und $n\,c$ die Summe der auf dem Umfang πD gemessenen Rippenbreiten sind.

d) **Kegelventile mit ebener Unterfläche:**

$$\zeta = 2{,}6 - 0{,}8\,D/h + 0{,}14\,(D/h)^2. \quad \ldots \ldots \quad (220)$$

e) **Kegelventile mit kegelförmiger Unterfläche:**

$$\zeta = 0{,}6 + 0{,}15\,(D/h)^2. \quad \ldots \ldots \ldots \quad (221)$$

Die allgemeine Form der hier angeführten Formeln läßt sich dadurch verstehen, daß der Ventilwiderstand in herkömmlicher Weise in der Form $\zeta V^2/2g$ angesetzt wird, d. h. zunächst von der Geschwindigkeit im zylindrischen Zuführungsrohr abhängig gemacht wird, und daß dieser Ventilwiderstand sodann zerlegt wird in einen von der Geschwindigkeit V selbst und einen zweiten von der Geschwindigkeit V_1 beim Austritt aus dem Ventil abhängigen Teil [s. z. B. Abb. 110b)]:

$$\zeta V^2/2g = \alpha\,V^2/2g + \beta\,V_1^2/2g\,.$$

Nimmt man hiezu die Durchflußgleichung

$$V \cdot D^2\,\pi/4 = V_1 \cdot \pi\,D\,h\,,$$

so folgt die oben angegebene Form:

$$\zeta = \alpha + \beta'\,(D/4h)^2 = \alpha + \beta\,(D/h)^2,$$

die durch die ausgeführten Versuche gut bestätigt worden ist (C. v. Bach).

9. **Rohrverzweigung.** Bezeichnet V_1 die Geschwindigkeit im abgezweigten Rohre, so kann der bei jeder Abzweigung auftretende Verlust (nach Maillet und Génieys) angenähert in der Form angesetzt werden:

$$h_w = 2 \cdot V_1^2/2g. \quad \ldots \ldots \ldots \ldots \quad (222)$$

10. **Saugkorb mit Rückschlagklappe:**

$D =$	0,04	0,07	0,1	0,15	0,2	0,3	0,5	0,75
$\zeta =$	12	8,5	7	6	5,2	3,7	2,5	1,6.

Um die Widerstandszahl ζ für irgendein Organ (Ventil oder dergleichen) durch Messung zu bestimmen, wird dieses in eine passend angeordnete Versuchsrohrleitung eingesetzt und durch diese Wasser in stationärer Bewegung durchgeleitet. Sei h die Druckhöhe, ζ_0 die Widerstandszahl der Leitung ohne das Organ, dessen Widerstandszahl zu bestimmen ist, V, V_0 die Durchflußgeschwindigkeiten mit und ohne Ventil, so gelten die Gleichungen

$$h = (1 + \zeta_0 + \zeta)\,V^2/2g, \qquad h = (1 + \zeta_0)\,V_0^2/2g. \qquad (V_0 > V)$$

Die Geschwindigkeiten V_0 und V werden durch Messung oder Wägung der Durchflußmengen bestimmt. Aus beiden Gleichungen folgt, wenn für h bei beiden Versuchen derselbe Wert genommen wird, die gesuchte Widerstandszahl in der Form:

$$\zeta = 2 g h \left(\frac{1}{V^2} - \frac{1}{V_0^2} \right) \quad \ldots \ldots \ldots \quad (223)$$

Die experimentelle Bestimmung der Rohrreibungszahl λ geschieht auf ganz ähnliche Weise. Werden die Größen h, l, V, D in der Versuchsleitung gemessen, aus der sämtliche Einbauten entfernt sind, so folgt aus Gl. (198):

$$\lambda = \frac{2 g h D}{l V^2} . \quad \ldots \ldots \ldots \quad (224)$$

Beispiel 61. Man bestimme die Leistung einer Kreiselpumpe, die in der Minute 3600 l Wasser aus einer Tiefe von 2 m ansaugt und auf eine Höhe von 15 m hebt; außerdem sei gegeben: $D = 180$ mm, $l = 30$ m. Am Anfang der Leitung befindet sich ein Saugkorb, außerdem sind in die Leitung 4 Krümmer und 1 Schieber eingebaut.

Die gesamte „nützliche" Förderhöhe ist:

$$h = 2 + 15 = 17 \text{ m}$$

und die mittlere Geschwindigkeit:

$$V = 4 Q / \pi D^2 = 2{,}36 \text{ m/sek} .$$

Nach IV ist:

$$\lambda = 0{,}01 + \frac{25}{10^4 \sqrt{0{,}18}} + \frac{0{,}0023}{\sqrt{2{,}36 \cdot 0{,}18}} = 0{,}0194 ,$$

daher die Verlusthöhe durch Rohrreibung

$$h_r = \lambda \frac{l}{D} \frac{V^2}{2 g} = 0{,}93 \text{ m} .$$

Die Verlusthöhe für den Saugkorb, die 4 Krümmer und den Schieber beträgt:

$$h_w = (5 + 4 \cdot 0{,}12 + 0{,}05) \, V^2 / 2 g = 1{,}58 \text{ m} .$$

Daraus folgt die notwendige Nutzleistung N der Pumpe in PS für die Hebung des Wassers und Überwindung der Widerstände:

$$N = \gamma Q (h + h_r + h_w) / 75 = 1000 \cdot 0{,}06 \cdot 19{,}51 / 75 = 15{,}6 \, \text{PS} ,$$

und bei einem Wirkungsgrad der Pumpe von $\eta = 0{,}75$ ergibt sich die effektive Leistung der Pumpe:

$$N_e = N / 0{,}75 = 20{,}8 \text{ PS} .$$

Beispiel 62. Änderung der Geschwindigkeit im Rohr durch Einbau eines Kegelventils mit ebener Unterfläche; gegeben sei $D / h = 4$.

Wenn V und V_1 die Geschwindigkeiten vor und nach dem Einbau des Ventils sind, so gibt die Druckgleichung:

$$\frac{V^2}{2 g} = (1 + \zeta) \frac{V_1^2}{2 g} , \quad \text{also} \quad \boxed{V_1 = V / \sqrt{1 + \xi}} \quad \ldots \ldots \quad (225)$$

Nach 8d) ist nun:

$$\zeta = 2{,}6 - 0{,}8 \cdot 4 + 0{,}14 \cdot 16 = 1{,}61$$

und

$$V_1 = V / 1{,}62 .$$

Neben den kreisförmigen Profilen bei Rohren kommen von geschlossenen Profilen noch ovale und andere, aus Kreisbogen mit verschiedenen Halbmessern zusammengesetzte vor, für die ähnliche Ansätze wie beim Kreis zur Anwendung kommen; die Bestimmung der Beiwerte geschieht in jedem einzelnen Falle durch besondere Versuche. Für die Beiwerte gibt es auch empirische Formeln, die aus den Handbüchern zu entnehmen sind (s. insbesondere Weyrauch, Hydraulisches Rechnen).

Beispiel 63. Die Bestimmung der Reibung in einem Leitungstücke mit veränderlichem Querschnitt erfolgt durch einen Ansatz von derselben Form, wie bei gleichbleibenden Querschnitten, wobei die Beiwerte wieder durch Versuche zu ermitteln sind.

Bei einem Turbinenkanal nach Abb. 75 wird demgemäß die Verlusthöhe durch Reibung auf die größte Geschwindigkeit bezogen und in der Form angesetzt:

$$h_r = \zeta_r \cdot w_2^2 \,/\, 2\,g,$$

worin also w_2 die Geschwindigkeit beim Austritt aus dem betreffenden Leitungsstück bezeichnet. Wir erhalten daher die erweiterte Druckgleichung in der Form:

$$\frac{w_1^2}{2\,g} + h = \frac{w_2^2}{2\,g}\,(1 + \zeta_r) \quad \ldots \ldots \ldots \ldots \quad (226)$$

Dieselbe Gleichung ergibt sich auch aus dem Ansatz für die Leistung bei gleichförmig bewegtem Kanal. Sei der Durchfluß Q m³/sek und h die Höhe, so ist die Leistung, die von dem Wasser auf das Gefäß abgegeben werden kann (mit den Bezeichnungen der Abb. 75:

$$L = \gamma\,Q\,h + \gamma\,Q\left(\frac{c_1^2}{2\,g} - \frac{c_2^2}{2\,g}\right) - \zeta_r\,\gamma\,Q \cdot \frac{w_2^2}{2\,g},$$

und wenn u die Geschwindigkeit des Gefäßes bedeutet, so ist auch

$$L = \frac{\gamma\,Q}{g}\,u\,(w_1 \cos\beta_1 - w_2 \cos\beta_2)\,.$$

Nun folgt aus den Geschwindigkeitsdreiecken bei Ein- und Austritt:

$$\begin{cases} c_1^2 = w_1^2 + u^2 + 2\,w_1\,u\,\cos\beta_1 \\ c_2^2 = w_2^2 + u^2 + 2\,w_2\,u\,\cos\beta_2, \end{cases}$$

und daraus:

$$c_1^2 - c_2^2 = w_1^2 - w_2^2 + 2\,u\,(w_1 \cos\beta_1 - w_2 \cos\beta_2)\,.$$

Durch Gleichsetzung der beiden Ausdrücke für L ergibt sich daher dieselbe Gl. (226) wie zuvor.

VIII. Kanäle und Flüsse.

48. Kennzeichnung der Wasserbewegung in Flußläufen. Bezeichnungen. Die theoretische Begründung der Gesetze für die Bewegung von Flüssigkeiten bereitete schon beim Kreisrohr — dem einfachsten Profil — im turbulenten oder hydraulischen Strömungszustande nicht unbedeutende grundsätzliche Schwierigkeiten, die nur durch Anwendung der besonderen, über die gewöhnliche

Mechanik hinausgehenden Methoden der „Ähnlichkeitsmechanik" —
bis zu einem gewissen Grade wenigstens — überwunden werden
konnten. So ist es nicht überraschend, daß die Ermittlung der
Gesetze für die Bewegung des Wassers in offenen künstlichen „Gerinnen" mit anderen Profilformen (Halbkreis, Rechteck, Trapez
u. dgl.) oder gar in den natürlichen Flußläufen theoretisch noch
unsicherer ist. Immerhin gelingt es, durch Übertragung der für
das Kreisrohr angestellten Betrachtungen auch für diese verwickel-
teren Bewegungsformen Ansätze zu gewinnen, die für die Bedürfnisse
der Technik ausreichen; diese zielen im wesentlichen darauf ab, die
erforderlichen Grundlagen für die Dimensionierung von Werkskanälen
für neu zu errichtende Wasserkraftanlagen und für die technisch-
wirtschaftliche Bewertung der vorhandenen Wasserkräfte zu gewinnen.

Wir werden in diesem Abschnitte die Gesetze, die sich für die
Bewegung des Wassers in Gerinnen mit künstlichen und natürlichen Profilen als zutreffend erweisen, gemeinsam behandeln, da sie
eng miteinander zusammenhängen. Künstliche Profile sind solche,
die für künstlich angelegte Werkskanäle gewählt werden und meist
rechteckige oder trapezförmige, seltener halbkreisförmige Gestalt haben;
die dabei erhaltenen Gesetze können auch für geschlossene Profile
von anderer als Kreisform (Ovale usw.) als gültig angenommen werden.
Die natürlichen Profile sind die Querschnitte der in der Natur
vorkommenden Bäche, Flüsse und Ströme. Es ist gewiß eine merk-
würdige Tatsache, daß die Darstellung der Gesetze für alle diese
Fälle durch einheitliche und verhältnismäßig einfache Formeln möglich ist.

Für die hier zu entwickelnde erste Einführung in dieses umfang-
reiche Gebiet ist im wesentlichen nur die eine Frage nach den gesetz-
mäßigen Zusammenhängen zu beantworten, die zwischen den
geometrischen Größen, die einen Kanal als Flußlauf kennzeichnen, — es sind dies das Gefälle J und eine oder mehrere
vom „Profil" selbst abhängige Größen — und der mittleren Geschwindigkeit V bestehen; aus V ergibt sich sodann, wenn F die
Fläche des Profils bedeutet, der Durchfluß in der Form

$$\boxed{Q = FV}\; ; \qquad \ldots \ldots \ldots \ldots \quad (227)$$

welche Gleichung auch umgekehrt zur Definition der mittleren Geschwindigkeit dienen kann.

Dieser Bewegungsvorgang selbst verläuft übrigens im ganzen
ziemlich ähnlich wie der im geschlossenen Rohr. Die Strömung ist
wie dort turbulent, wie dort findet ein Haften der als zäh anzu-
sehenden Flüssigkeit an den Wänden — den Ufern und der Sohle —
statt. Der Hauptunterschied besteht darin, daß beim offenen Gerinne
eine freie Oberfläche vorhanden ist, was aber für die hier zu entwickelnde elementare Auffassung von untergeordneter Bedeutung ist.

Bezüglich der Verteilung der Geschwindigkeit über den Querschnitt ist von einer Achsensymmetrie, wie beim Kreisrohr, natürlich keine Rede mehr, höchstens kommt bei regelmäßigen Profilen eine Symmetrie um die lotrechte Mittelebene in Frage. Die größte Geschwindigkeit in einem lotrechten Schnitte tritt in oder nahe der Spiegelfläche auf, der größte dieser Größtwerte — der Stromstrich — liegt bei regelmäßigen Profilen in der Mitte, sonst meist irgendwo seitlich.

49. Stationäre Bewegung in Gerinnen und Flußläufen. Die Geschwindigkeitsverteilung und die Größe des Druckunterschiedes, der zur Aufrechterhaltung einer laminaren Parallelströmung einer Flüssigkeitsmasse durch irgendein Profil erforderlich ist, kann ähnlich wie in 39 berechnet werden, wenn die Form der Stromröhren bekannt ist und für die Flüssigkeitsreibung zwischen benachbarten Schichten etwa wieder die Gl. (157) zugrunde gelegt wird. So bereitet es keinerlei Schwierigkeiten, diese Rechnung für einen breiten rechteckigen Kanal auszuführen, wenn der Einfluß der Seitenwände außer acht gelassen wird; dabei würde sich als Geschwindigkeitsverteilung von der Sohle bis zum Spiegel das Stück einer Halbparabel ergeben und für den Durchfluß ein ähnliches Gesetz wie das Poiseuillesche. Diese Strömungsform kommt aber nur bei ganz seichten Gerinnen und sehr kleinen Geschwindigkeiten vor und hat praktisch nur geringe Bedeutung.

Die allgemeine Form für das notwendige Gefälle zur Aufrechterhaltung der in Wirklichkeit turbulent verlaufenden Bewegung des Wassers in einem Flußlaufe ergibt sich wieder aus der Bemerkung, daß bei der turbulenten Bewegung die Verteilung der Geschwindigkeit über den Querschnitt sehr nahe gleichförmig ist, mit Ausnahme eines kleinen Bereichs am Rande, in dem ein rascher Geschwindigkeitsabfall bis auf den Wert Null am Rande selbst eintritt, und in dem der Sitz des Widerstandes in erster Linie zu suchen ist.

Für die stationäre Bewegung einer Flüssigkeitsmenge von irgendeiner Länge l und dem Gewichte G in einem Flußbette mit gleichbleibender Oberflächen-Neigung J nach abwärts wird die bewegende Kraft GJ sein, da die Druckunterschiede zwischen den beiden, um l voneinander entfernten Stellen außer Betracht bleiben können, und diese Kraft GJ wird im wesentlichen zur Überwindung der gesamten, am Rande des Profils auftretenden Schubspannungen τ verbraucht werden. Wenn demgemäß angenommen wird, daß sich die mittlere Geschwindigkeit V des Flußlaufes schon sehr nahe am Rande einstellt, und für die Abhängigkeit der Schubspannung von V der schon in **44** Gl. (191) verwendete Ansatz

$$\tau = c\,V^{\beta} \quad \ldots \ldots \ldots \quad (228)$$

herangezogen wird, so gilt:

$$GJ = \tau \times \text{benetzte Fläche} = \tau \cdot U \cdot l, \quad \ldots \quad (229)$$

worin U den „benetzten Umfang" bedeutet (Abb. 111), längs welchem die Flüssigkeit mit den Ufern in Berührung ist, so daß daher die Fläche $U \cdot l$ allein als Sitz des Widerstandes in Betracht kommt. Aus diesen Gleichungen folgt, da $G = \gamma F l$:

$$J = \frac{c}{\gamma} \cdot V^\beta \cdot \frac{U}{F} \qquad \ldots \ldots \ldots \quad (230)$$

Die Größe $F/U = R$ stellt eine von der Form des Profils abhängige Länge dar, die in den auf Gerinne bezüglichen Rechnungen eine große Rolle spielt und als hydraulischer Radius oder Profilradius bezeichnet wird. Bei rechteckigen Profilen ist der Profilradius nahe gleich der Tiefe, bei kreisförmigen gleich dem halben Radius, was als ungefährer Anhaltspunkt für die Bedeutung dieser Größe dienen mag.

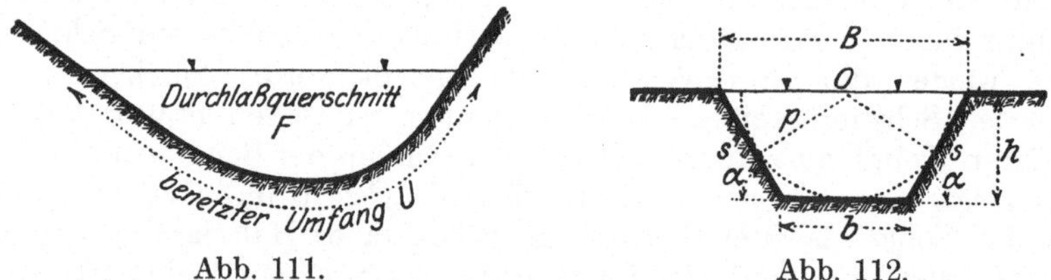

Abb. 111.Abb. 112.

Aus der Gl. (230) folgt nach Einführung der Bezeichnung $(\gamma/c)^{1/\beta} = \lambda$ und für $\beta = 2$, was dem für rauhe Wände nach den vorliegenden Messungen zutreffenden quadratischen Widerstandsgesetz entspricht, die Gleichung:

$$\boxed{V = \lambda \cdot \sqrt{R J}} \qquad \ldots \ldots \ldots \quad (231)$$

Diese Gleichung, die als de Chézysche Gleichung schon seit langem bekannt ist, sagt aus, daß die geometrischen Bestimmungsstücke, von denen V wesentlich abhängt, der Profilradius R und das Gefälle J sind. Als erste Näherung wurde zunächst (von Courtois und Eytelwein i. J. 1850): $\lambda = 50 = $ konst. angenommen.

Beispiel 64. Profil größten Durchflusses. Nach der Gl. (231) ergibt bei gegebenem J jene Profilform den größten Wert von V, und damit auch von $Q = F V$, für welche R den größten Wert erreicht. Da $R = F/U$, so ist das „Profil größten Durchflusses" jenes, für das bei gegebenem F der benetzte Umfang U so klein als möglich, oder bei gegebenem U die Fläche F so groß als möglich wird. Die Kurve, die diese Eigenschaft hat, ist bekanntlich der Kreis, und diese „isoperimetrische" Eigenschaft des Kreises, die auch für jedes Stück des Kreisumfanges gilt, findet demnach hiebei eine bemerkenswerte Anwendung.

Aus Herstellungsgründen kommt jedoch der Kreis als „künstliche" Profilform nicht in Betracht, es wird vielmehr entweder ein Rechteck oder ein Trapez gewählt; die erwähnte isoperimetrische Eigenschaft überträgt sich insofern auf diese Profilform, als der größte Durchfluß — immer unter Zugrundelegung der einfachen Formel (231) — dann eintritt, wenn die Umrißlinie einem Kreis umschrieben ist.

Sei z. B. der Böschungswinkel α der Ufer vorgegeben, so haben wir die Bedingungsgleichung (Abb. 112):

$$U = b + 2 s = \text{Min.}, \text{ während } F = \text{konst. und vorgegeben.}$$

Es ist nun

$$F = (b + s \cos \alpha)\, h = (b + h \operatorname{ctg} \alpha)\, h$$

oder

$$b = F/h - h \operatorname{ctg} \alpha$$

und daher führt die Gleichung $\partial U/\partial h = 0$, sobald U als Funktion von h allein ausgedrückt wird, nämlich durch:

$$U = b + 2\,s = b + 2\,h/\sin \alpha = F/h - h \operatorname{ctg} \alpha + 2\,h/\sin \alpha \,,$$

auf die folgende Bedingungsgleichung:

$$\frac{\partial U}{\partial h} = -\frac{F}{h^2} - \operatorname{ctg} \alpha + \frac{2}{\sin \alpha} = 0\,,$$

woraus folgt

$$h = \sqrt{\frac{F \sin \alpha}{2 - \cos \alpha}}\,,$$

und weiter (mit Berücksichtigung der vorhergehenden Gleichung):

$$B = b + 2\,s \cos \alpha = \frac{F}{h} - h \operatorname{ctg} \alpha + 2\,h \operatorname{ctg} \alpha = \frac{F}{h} + h \operatorname{ctg} \alpha = \frac{2\,h}{\sin \alpha} = 2\,s\,,$$

und da somit das von O auf s gefällte Lot:

$$p = s \sin \alpha = h$$

ist, so folgt, daß das gesuchte Trapez dem Halbkreis vom Halbmesser h umschrieben ist.

Für das Rechteck ist $\alpha = \pi/2$ zu setzen, und daher wird hiebei:

$$h = \sqrt{F/2} = \sqrt{b\,h/2}\,, \qquad \text{oder} \qquad h = b/2\,.$$

Wenn außer h noch α unbestimmt gelassen wird, so muß U als Funktion der beiden Veränderlichen h und α angegeben werden und die Forderung des Minimums von U verlangt außer der Gleichung $\partial U/\partial h = 0$ auch das Bestehen der Gleichung $\partial U/\partial \alpha = 0$, oder

$$\frac{\partial U}{\partial \alpha} = \frac{1}{\sin^2 \alpha} - \frac{2 \cos \alpha}{\sin^2 \alpha} = 0\,, \quad \text{d. h.} \quad \cos \alpha = {}^1/_2\,, \quad \alpha = 60^0\,,$$

und

$$B = b + s = 2\,s\,, \qquad b = s\,,$$

d. h. die Hälfte des dem Kreise vom Halbmesser h umschriebenen regelmäßigen Sechsecks ergibt den größten Wert des Durchflusses.

Die allmählich zunehmende Genauigkeit der Beobachtungen an Kanälen und Flüssen und die Erkenntnis, daß die Beschaffenheit der Ufer von entscheidender Bedeutung für die Durchflußgeschwindigkeit ist, hat nun dazu geführt, die Gl. (231), die nur auf Grund ganz einfacher Vorstellungen aufgestellt wurde, zu erweitern und sie der verschiedenen Beschaffenheit des Flußgrundes anzupassen, und zwar ist diese Erweiterung auf dreierlei Wegen versucht worden:

I. Es wird zu dem in Gl. (231) schon vorhandenen Gliede noch ein zweites additiv hinzugefügt, das die Abweichungen gegen die Beobachtungen ausgleichen soll. Auf diese Weise entstanden zwei- und mehrgliedrige Formeln von der Art wie die von Prony u. a., die sich aber nicht recht einzubürgern vermochten. Bei diesen Formeln kommt die Beschaffenheit der Ufer noch nicht zur Auswirkung.

II. Es wird die Form der Gl. (231) beibehalten, aber das λ nicht mehr als konstant angesehen, sondern selbst wieder von R oder von U oder von beiden abhängig angenommen. Außerdem wird die Beschaffenheit des Flußgrundes durch Einführung einer Bestimmungszahl (oder mehrerer) in Ansatz gebracht. Auf diese Weise wurden Ansätze gewonnen, welche die Beobachtungen an Kanälen und Flüssen schon gut darzustellen vermögen. Zu dieser Gruppe gehören:

a) Die Formel von Ganguillet und Kutter:

$$V = \lambda \sqrt{RJ}, \quad \text{wobei} \quad \boxed{\lambda = \frac{23 + 0,001\,55/J + 1/n}{1 + (23 + 0,001\,55/J)\cdot n/\sqrt{R}}}. \tag{232}$$

Die darin auftretende Größe n bezeichnet man als den Rauhigkeitsgrad, der für verschiedene Fälle aus der folgenden Zusammenstellung zu entnehmen ist:

	n	$1/n$
1. Kanäle mit sorgsam gehobeltem Holz oder glattem Zementverputz	0,01	100
2. Kanäle mit ungehobelten Brettern	0,012	83
3. Kanäle mit behauenen Quadern oder gut gefügten Ziegeln	0,013	77
4. Kanäle mit Bruchsteinmauerwerk	0,017	59
5. Kanäle in Erde, Bäche und Flüsse	0,025	40
6. Ströme mit größerem Geschiebe und Pflanzen	0,030	33

Bei der Festsetzung der Beschaffenheit des Flußgrundes, der vom Standpunkte der Mechanik als eine rauhe Fläche anzusehen ist, macht sich wieder der auch sonst bei Reibungserscheinungen auftretende Umstand störend bemerkbar, daß es schwierig ist, den Rauhigkeitsgrad einer Fläche in unzweideutiger Weise zu beschreiben. Die auf die Rauhigkeit bezüglichen Angaben betreffen nur das Material der Flußsohle, verzichten aber darauf, die Beschaffenheit dieser Flächen selbst in einwandfreier und unzweideutiger Weise zu kennzeichnen.

b) Die (neue) Bazinsche Formel, die auf Grund außerordentlich sorgfältiger und umfassender Versuche aufgestellt wurde:

$$\boxed{V = \frac{87}{1 + \sqrt{\beta/R}}\sqrt{RJ}}, \quad \ldots \ldots \tag{233}$$

worin für β, das wieder als Rauhigkeitsgrad bezeichnet werden kann, und in dieser Schreibweise als ein Maß für die Größe der auftretenden Unebenheiten dienen kann (wenn β wie R in m genommen wird, so kommt ihm allerdings keine unmittelbar anschauliche Bedeutung zu), die folgenden Zahlenwerte zu setzen sind:

	$\sqrt{\beta}$	β
1. Glatter Verputz, gehobeltes Holz	0,06	0,0036
2. Nicht gehobeltes Holz, Quadern, Ziegel . .	0,16	0,0256
3. Bruchsteinmauerwerk	0,46	0,2116
4. Pflaster, regelmäßiges Erdbett	0,85	0,7225
5. Erdkanäle üblichen Zustandes	1,30	1,6900
6. „ mit großem Geschiebe und Pflanzen	1,75	3,0625
7. Flußläufe mit Gerölle	2	4

(und darüber)

Diese Formel hat die Eigenschaft, daß für zunehmendes R ($R = \infty$) der Einfluß der Rauhigkeit ganz verschwindet; dadurch wird die richtige Erwägung zum Ausdruck gebracht, daß für größer werdendes R, also für tiefere Flüsse, der Einfluß des Flußgrundes zurücktreten muß.

Für Halbkreisprofile sind in beiden Fällen' die aus den Formeln sich ergebenden Werte von V um 6 bis 10 v. H. zu erhöhen.

III. Bei der dritten Gruppe von Formeln wird der Anschluß an die Beobachtungen in der Weise herzustellen gesucht, daß für V ein eingliedriger Ausdruck in den Größen R, J angesetzt wird, daß aber die Exponenten dieser Größen zunächst willkürlich gelassen und erst auf Grund der Beobachtungen festgelegt werden. Ausdrücke der so entstehenden Art

$$V = \lambda R^{\alpha} J^{\beta} \qquad \qquad \ldots \ldots \ldots \ldots \quad (234)$$

eignen sich — nach dem Logarithmieren — sehr gut zur zahlenmäßigen Festlegung von α und β für eine beliebige Anzahl von ausgewählten Beobachtungen nach der Methode der kleinsten Quadrate. Formeln dieser Gestalt sind in den letzten Jahrzehnten in großer Zahl aufgestellt worden, die letzte und anscheinend sehr zuverlässige Form rührt unter Verwertung der ältern Bazinschen und zahlreicher neuerer eigener Messungen von Ph. Forchheimer her und hat die folgende Form:

$$\boxed{V = \lambda R^{0,7} \cdot J^{0,5} \text{ mit } \lambda \sim 1/n} , \qquad \ldots \ldots \quad (235)$$

so daß hier also λ (nahe) gleich dem reziproken Rauhigkeitsgrad in der Ganguillet-Kutterschen Formel IIa) gesetzt werden kann.

Diese Formel (235), die übrigens auch die Bazinschen Messungen besser wiedergibt als die Bazinsche Gl. (233), zeigt bezüglich der Abhängigkeit von J dieselbe Form wie die Ausgangsgl. (231), so daß jedenfalls $J \sim V^2$ sowohl für künstliche Kanäle, wie auch für natürliche Flußläufe als zutreffend angesehen werden darf. Dagegen ist die Abhängigkeit von R, insbesondere was den Exponenten von R betrifft, durch die Beobachtungen selbst bestimmt worden und läßt sich heute in keiner Weise durch theoretische Betrachtungen begründen.

Da die hier entwickelten Formeln die Geschwindigkeit V durch R und J ausdrücken, so können wir im wesentlichen 3 verschiedene Aufgaben unterscheiden, die sich hier darbieten. Die Bestimmung von V bei gegebenen R und J ist nach allen dreien ganz einfach; dagegen ist die umgekehrte Aufgabe, J zu ermitteln, sobald V und R

gegeben sind, nach Ganguillet-Kutter schon sehr umständlich, nach Bazin und Forchheimer aber noch unmittelbar ausführbar. Die dritte der möglichen Fragestellungen: aus gegebenen Werten von V und J den Profilradius R zu bestimmen, ist nur nach der Formel von Forchheimer unmittelbar lösbar, während sie nach den beiden anderen Formeln am besten nach dem Annäherungsverfahren gelöst wird, das auch schon bei der Berechnung der Rohrleitungen verwendet wurde. Für die Ausführung der Rechnungen mögen die folgenden Beispiele (Abschnitt 50) dienen, in denen die vier Gln. (231), (232), (233) und (235) mit der Durchflußgl. (227) in Verbindung gesetzt werden.

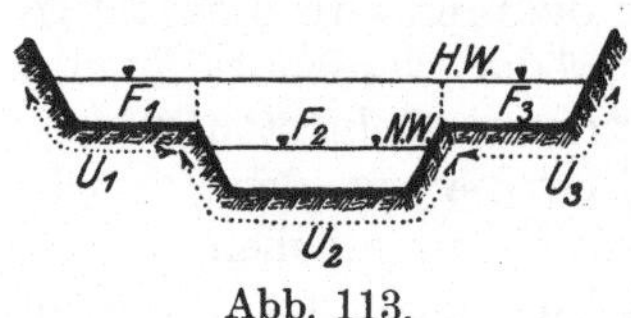

Abb. 113.

Bei Profilen, die aus Teilflächen von sehr verschiedener Tiefe und gegebenenfalls auch verschiedener Rauhigkeit der Sohle zusammengesetzt sind, ist der Durchfluß durch jede Teilfläche für sich zu berechnen. So ist z. B. für das in Abb. 113 dargestellte Profil, das bei Hochwasser bis zum oberen Spiegel durchflossen werde, der Durchfluß in der Form anzusetzen

$$Q = F_1 V_1 + F_2 V_2 + F_3 V_3$$
$$= (\lambda_1 F_1 \sqrt{R_1} + \lambda_2 F_2 \sqrt{R_2} + \lambda_3 F_3 \sqrt{R_3}) \sqrt{J}. \quad . \quad . \quad (236)$$

Bei der Berechnung der Profilradien R_1, R_2, R_3 sind die inneren, in der Abb. 113 gestrichelten Grenzlinien als nicht vorhanden anzusehen, da in ihnen keine Reibung wie an der Flußsohle auftritt; es ist also $R_1 = F_1/U_1$, $R_2 = F_2/U_2$, $R_3 = F_3/U_3$ mit den aus der Abb. ersichtlichen Werten von U_1, U_2 und U_3 zu setzen.

In Beurteilung der Größe der Widerstandszahlen $\sqrt{\beta}$ (in der Bazinschen) und λ (in der Forchheimerschen Formel) auf Grund wirklich ausgeführter Messungen an Flüssen möge die folgende Zusammenstellung dienen, deren Angaben (zum Teil) dem Jahrbuch des hydrographischen Zentralbüros in Wien entnommen sind.

Gewässer	Mittl. Ge-schw. V m/sek	Gefälle J	Fläche F m²	Breite B m	Ben. Um-fang U m	Mittl. Tiefe h m	Profilrad. $R = F/U$ in m	$\sqrt{\beta}$ nach Bazin	λ nach Forchheimer
Polzen bei Warten-berg	0,30	0,00075	2,85	3,25	4,63	0,88	0,62	4,1	15,3
Tauernbach am Simplon	0,34	0,00175	—	~ 2	—	0,23	0,23	2,0	23,0
Rhein bei Basel .	1,94	0,0012	—	—	—	2,10	2,10	1,834	35,2
Donau bei Marit-hausen	1,7	0,00055	750	271	280	2,77	2,68	1,49	38,6
Ladowitzerbachi.B.	0,48	0,00065	1,70	5,20	5,69	0,33	0,3	1,21	43,8

50. Beispiele. a) Gegeben R, J, gesucht V, Q.

Beispiel 65. Bestimmung der Durchflußgeschwindigkeit durch einen Kanal mit Trapezquerschnitt in Erde mit folgenden Abmessungen: $B = 12$ m, $b = 6$ m, $h = 3$ m, daher die Böschung der Seitenwände $1 : 1$, ferner sei $J = 0,0003$.

Mit den gegebenen Werten folgt $R = 1{,}875$ m und daher geben die Formeln des vorigen Abschnittes:

a) de Chézy: $V = 50 \cdot \sqrt{R J} = 1{,}18$ m/sek,

b) Ganguillet-Kutter: $1/n = 40$, $V = \lambda \sqrt{R J} = 45{,}0 \cdot \sqrt{R J} = 1{,}065$ m/sek,

c) Bazin: $\sqrt{\beta} = 0{,}85$, $V = 87/(1 + 0{,}85/\sqrt{R}) \sqrt{R J} = 53{,}5 \sqrt{R J} = 1{,}265$ m/sek,

d) Forchheimer: $\lambda = 1/n = 40$, $V = 40 \cdot R^{0,7} \cdot J^{0,5} = 1{,}072$ m/sek.

Beispiel 66. Für ein breites flaches Gerinne mit $B = 40$ m, $b = 39$ m, $h = 0{,}5$ m, also Böschung der Seitenwände $1:1$ und $R = 0{,}49$ m in Zement und mit $J = 0{,}002$ folgt nach:

a) de Chézy: $V = 50 \sqrt{R J} = 1{,}565$ m/sek,

b) Ganguillet-Kutter: $1/n = 100$, $V = 92{,}4 \cdot \sqrt{R J} = 2{,}89$ m/sek,

c) Bazin: $\sqrt{\beta} = 0{,}06$, $V = 80{,}1 \cdot \sqrt{R J} = 2{,}5$ m/sek,

d) Forchheimer: $\lambda = 1/n = 100$, $V = 100 \, R^{0,7} \cdot J^{0,5} = 2{,}85$ m/sek.

Aus diesen Ergebnissen ist zu erkennen, daß die Formeln von Ganguillet-Kutter und von Forchheimer fast völlig übereinstimmende Ergebnisse liefern, während die Bazinsche Formel entweder auf kleinere oder größere Werte führt, der Ansatz von de Chézy scheidet für technische Rechnungen als zu ungenau vollständig aus. —

b) Gegeben: Q, J, gesucht: V, R und die Abmessungen des Profils. Durch R allein wäre das Profil selbst noch nicht ausreichend bestimmt, es ist vielmehr nötig, die Form des Profils und einzelne seiner Bestimmungsstücke von vornherein anzunehmen, und nur eine Abmessung unbestimmt zu lassen, die zu ermitteln sodann Aufgabe der Rechnung ist. Das folgende Beispiel soll deutlich machen, wie dies zu geschehen hat.

Beispiel 67. Es sind die Abmessungen eines Gerinnes mit Trapezprofil in Erde für die Durchflußmenge $Q = 24$ m³/sek und das Gefälle $J = 0{,}00003$ zu bestimmen. Für das Profil werde ferner die Tiefe $h = 3$ m und das Böschungsverhältnis $1:1{,}5$ der Ufer gewählt, dann bleibt zur Festlegung des Profils als einzige Unbekannte nur die Sohlen- oder Spiegelbreite übrig. Für die Ausführung der Rechnung empfiehlt sich in allen Fällen ein Annäherungsverfahren nach folgender Art. (Bez. der Bezeichnungen vgl. Abb. 112.)

I. Nach Ganguillet-Kutter. Gl. (232) gibt mit $n = 40$ (Erde):

$$\lambda = \frac{114{,}7}{1 + 1{,}87/\sqrt{R}}.$$

1. Ann. $R = h = 3$ m, $\quad \lambda = 55$, $\quad V = \lambda \sqrt{R J} = 0{,}522$ m/sek,
$F = Q/V = 46$ m², $\quad b = 10{,}8$ m, $\quad s = 5{,}4$ m,
$U = b + 2 s = 21{,}6$ m, $\quad R = 2{,}11$ m.

2. Ann. $R = 2{,}11$ m, $\quad \lambda = 50{,}1$, $\quad V = 0{,}398$ m/sek,
$F = 60{,}2$ m², $\quad b = 15{,}57$ m, $\quad U = 26{,}37$ m, $R = 2{,}28$ m.

3. Ann. $R = 2{,}28$ m, $\quad \lambda = 51$, $\quad V = 0{,}42$ m/sek,
$F = 57$ m², $\quad b = 14{,}5$ m, $\quad U = 25{,}3$ m, $\quad R = 2{,}28$ m.

Damit folgen die Abmessungen des Profils:
$$B = 23{,}5 \text{ m}, \quad b = 14{,}5 \text{ m}, \quad h = 3 \text{ m}.$$

II. Nach Bazin. Gl. (233) gibt mit $\sqrt{\beta} = 1{,}3$:

$$\lambda = \frac{87}{1 + 1{,}3 \sqrt{R}}.$$

1. Ann.　$R = h = 3$ m,　　$\lambda = 49{,}6$,　$V = 0{,}47$ m/sek,
$\qquad\qquad\qquad F = Q/V = 51$ m²,　$b = 12{,}5$ m,　$s = 5{,}4$ m,
$\qquad\qquad\qquad U = b + 2s = 23{,}3$ m,　$R = F/U = 2{,}2$ m .

2. Ann.　$R = 2{,}2$ m,　　$\lambda = 46{,}3$,　$V = 0{,}375$ m/sek,
$\qquad\qquad\qquad F = 64$ m²,　$b = 16{,}8$ m,　$U = 27{,}6$ m,　$R = 2{,}31$ m.

3. Ann.　$R = 2{,}31$ m,　　$\lambda = 46{,}7$,　$V = 0{,}39$ m/sek,
$\qquad\qquad\qquad F = 61{,}5$ m²,　$b = 16$ m,　$U = 26{,}8$ m,
$\qquad\qquad\qquad R = 2{,}295$ m .

Damit folgen die Abmessungen des zu wählenden Profils:

$$B = 25\text{ m}, \quad b = 16, \quad h = 3\text{ m} .$$

III. Nach Forchheimer. Gl. (235) gibt mit $\lambda = 40$:

$$V = 40 \cdot R^{0{,}7} \cdot J^{0{,}5} .$$

1. Ann.　$R = h = 3$ m,　$V = 0{,}47$ m/sek,　$F = 51$ m²,　$b = 12{,}5$ m,
$\qquad\qquad\qquad U = 23{,}3$ m,　$R = 2{,}2$ m .

2. Ann.　$R = 2{,}2$ m,　　$V = 0{,}38$ m/sek,　$F = 63{,}2$ m²,　$b = 16{,}6$ m,
$\qquad\qquad\qquad U = 27{,}4$ m,　$R = 2{,}3$ m .

3. Ann.　$R = 2{,}3$ m,　　$V = 0{,}39$ m/sek,　$F = 61{,}2$ m²,　$b = 15{,}9$ m,
$\qquad\qquad\qquad U = 26{,}7$ m,　$R = 2{,}3$ m .

Daher sind die gesuchten Abmessungen des Profils nach dieser Formel:

$$B = 25\text{ m}, \quad b = 16\text{ m}, \quad h = 3\text{ m} .$$

c) Gegeben Q, R, gesucht V und J.

Auch in diesem Falle müssen über das Profil noch nähere Voraussetzungen gemacht werden, die der Bedingung genügen müssen, daß der Profilradius den gegebenen Wert annimmt.

Wenn etwa ein Trapezprofil gewählt werden soll, für das die Tiefe h und das Böschungsverhältnis $1:1$ vorgegeben sind, so ist

$$F = Bh - h^2, \quad U = B - 2h + 2h\sqrt{2} = B + 0{,}83\,h,$$
$$R = \frac{F}{U} = \frac{Bh - h^2}{B + 0{,}83\,h},$$

und daraus

$$B = h \cdot \frac{h + 0{,}83\,R}{h - R} . \qquad \dots \dots \quad (237)$$

Beispiel 68. Man bestimme das Gefälle eines Kanales mit Trapezprofil mit dem Böschungsverhältnis $1:1$ in Zement für $Q = 20$ m³/sek, $R = 1$ m.

Wird für das Profil die Tiefe $h = 1{,}4$ m gewählt, so ergibt sich nach Gl. (237): $B = 7{,}8$ m, und damit die Sohlenbreite $b = B - 2 \cdot 1{,}4 = 5$ m. Mit diesen Abmessungen folgt $U = 8{,}96$ m, $F = 8{,}96$ m², und daher ergibt sich

$$V = Q/F = 2{,}23\text{ m/sek} .$$

Mit $\lambda = 100$ erhält man endlich aus der Formel (235) von Forchheimer:

$$J = \frac{V^2}{\lambda^2 \cdot R^{1{,}4}} = 0{,}0005 .$$

In ähnlicher Weise würde man auch auf Grund der beiden anderen Formeln zu verfahren haben.

Durch die hier verwendeten Ansätze ist auch die Möglichkeit gegeben, die entsprechenden Aufgaben für geschlossene Kanäle von beliebiger Form bei vollständiger oder teilweiser Füllung zu lösen. Bezüglich näherer Angaben hierüber sei u. a. auf die Werke von Weyrauch verwiesen.

Obwohl die hier mitgeteilten und verwendeten Formeln, wie schon hervorgehoben, in theoretischer Hinsicht nicht vollkommen befriedigen, ist doch wenigstens ihre allgemeine Form als aus theoretischen Erwägungen hervorgegangen anzusehen. Neben diesen Formeln gibt es auch zahlreiche andere, die auch noch dieser losen Beziehung zur Theorie entbehren; unter diesen ist insbesondere die Formel von Siedek bekannt geworden, die V durch J, die Spiegelbreite B, die Tiefe h und eine Anzahl von Erfahrungszahlen in recht verwickelter Weise ausdrückt; ihre Verwendbarkeit für praktische Rechnungen steht jedenfalls weit hinter den hier besprochenen eingliedrigen Ausdrücken zurück, so daß hier keine Veranlassung vorliegt, auf sie einzugehen.

51. Verwendung von logarithmischen Tafeln (Fluchtlinientafeln). Ein außerordentlich brauchbares Hilfsmittel zur numerischen Verwertung von Formeln von der Art der Forchheimerschen ist die Verwendung von logarithmischen Diagrammen — sog. Nomogrammen —, die in verschiedener Weise angelegt werden können.

Für die Forchheimersche Formel ist in Abb. 114 eine solche Tafel dargestellt, die sofort verständlich wird, wenn man sich diese Formel logarithmiert und für jede der Veränderlichen, V, λ, J, R eine logarithmische Skala nach Art der auf dem gewöhnlichen Rechenschieber verwendeten aufzeichnet. Von Wichtigkeit ist nur die Wahl der Maßstäbe für die einzelnen Skalen, die am leichtesten durch Ausrechnung von zusammengehörigen Wertegruppen der vier Veränderlichen V, λ, R, J erhalten werden; solche sind z. B. $R = 1$, $\lambda = 50$, $J = 0,01$, $V = 5$, die auf einer geraden Linie (in der Abb. 114) angenommen werden. Durch ein zweites Paar von zusammengehörigen Werten sind dann die Skalen auf allen vier „Leitern" festgelegt.

Die Abb. 114 ist so eingerichtet, daß dem Produkte $R^{0,7} \cdot J^{0,5}$ der unendlich ferne Punkt der Verbindungslinie der entsprechenden Skalenpunkte — von R und J zugeordnet wird. Jedem Werte des Produktes entspricht eine bestimmte Richtung, daher müssen die Skalen R und J entgegengesetzten Sinn haben. Soll dieses Produkt noch mit einem bestimmten Wert von λ multipliziert werden, so ist durch diesen auf der λ-Skala eine Parallele zu jener Verbindungslinie zu ziehen, und diese Parallele schneidet auf der V-Skala das gesuchte V ab.

Die in den vorhergehenden Beispielen durchgerechneten Fälle lassen sich unmittelbar aus diesem Diagramm ablesen. Die in Beispiel 67 für $R = 3$, $J = 0,0003$, $\lambda = 40$, und für $R = 2,3$ benützten Linien (die natürlich durchaus nicht wirklich durchgezogen werden müssen), führen auf $V = 0,47$ bzw. $V = 0,39$ m/sek und sind in Abb. 114 punktiert eingezeichnet.

52. Bestimmung der Durchflußmenge durch direkte Messungen.

Durch die wirtschaftliche Entwicklung in den letzten Jahrzehnten ist
insbesondere wegen der zunehmenden Kohlenknappheit in allen Kultur-

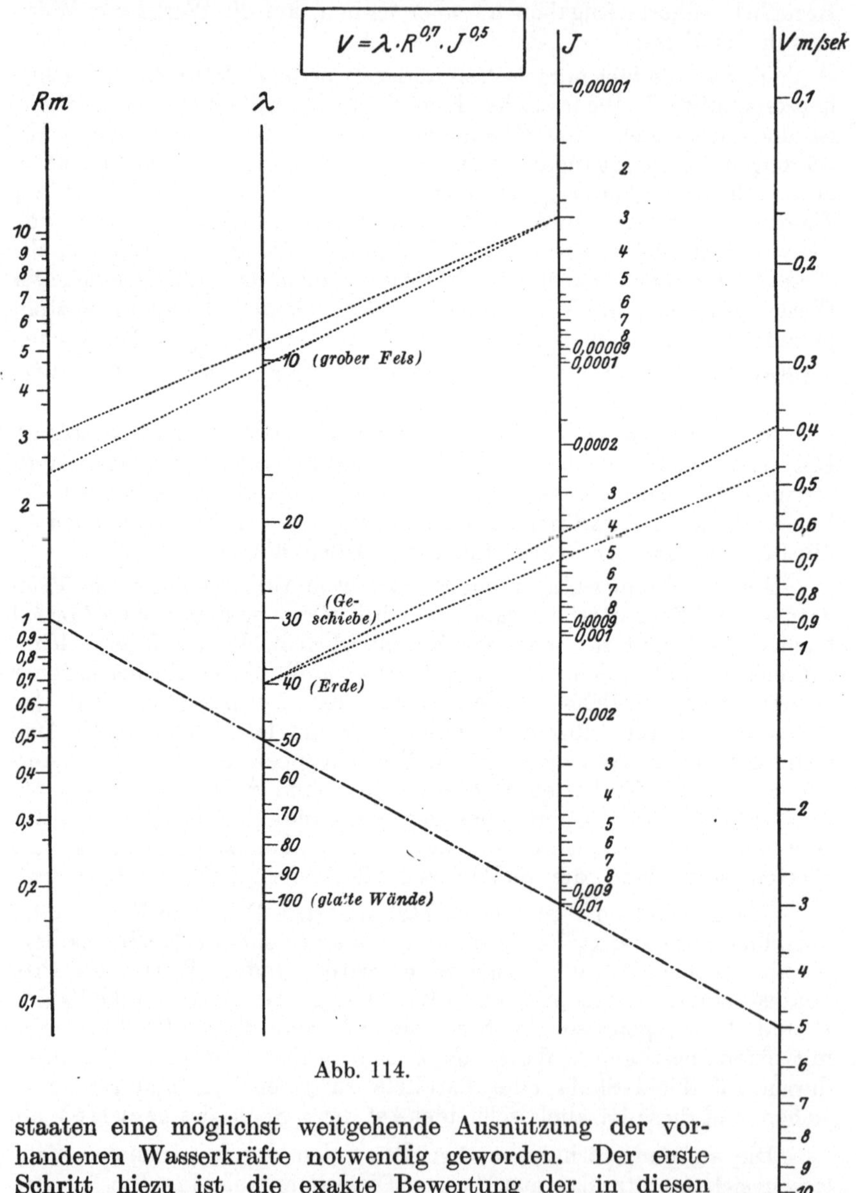

Abb. 114.

staaten eine möglichst weitgehende Ausnützung der vorhandenen Wasserkräfte notwendig geworden. Der erste
Schritt hiezu ist die exakte Bewertung der in diesen
Wasserkräften zur Verfügung stehenden Energiemengen.
Jede Energieform ist das Produkt aus zwei Faktoren: einem Inten-
sitäts- oder Höhenfaktor und einem Quantitäts- oder Mengen-
faktor. Für die im fließenden Wasser steckende Energie ist der

erstere der Höhenunterschied gegen eine tiefer liegende Stelle — ähnlich wie es ohne Temperaturunterschied keine Ausnützung einer Wärmemenge gibt — der letztere ist die Durchflußmenge des Flußlaufes. Die Höhenunterschiede werden durch Nivellements bestimmt und haben uns hier nicht weiter zu beschäftigen.

Was die Ermittlung der Durchflußmenge betrifft, so dienen die in 49 mitgeteilten Formeln in erster Linie dazu, die notwendigen Angaben für den Entwurf von neu zu errichtenden Kanälen und Werksgräben zu schaffen. Für die Bestimmung der Wassermengen in natürlichen Flußläufen wären die Ergebnisse dieser Rechnungen, insbesondere in Anbetracht der Unterschiede in den verschiedenen Jahreszeiten, bei starken Niederschlägen und großer Trockenheit usw. nicht zuverlässig genug und in all diesen Fällen, wie auch zur Kontrolle der Wasserführung in ausgeführten Werkskanälen, ist die wirkliche Messung der Durchflußmengen oder, was auf dasselbe hinauskommt, der mittleren Geschwindigkeit notwendig.

Die ältesten Meßvorrichtungen sind die verschiedenen Arten von Schwimmern, von ihnen sind insbesondere die Tiefenschwimmer, wie der Stabschwimmer und die Doppelkugel zu erwähnen; sie liefern nur die Mittelwerte der Geschwindigkeit in der Lotebene des Stromstrichs längs einer gewissen Meßstrecke, die Ergebnisse sind für profilierte Kanäle im Notfalle auch brauchbar, sie versagen aber bei natürlichen Flußläufen vollständig. Andere von den älteren Meßgeräten, wie das Strauberrädchen, der Meßschirm, die Wasserfahne, das hydrometrische Pendel u. dgl. liefern wohl Angaben, die sich auf eine bestimmte Stelle des Flußlaufes beziehen; ihre Genauigkeit ist aber gleichfalls sehr gering.

Die eingangs erwähnten Bedürfnisse verlangen die genaue Bestimmung der Durchflußmenge durch Messung der Geschwindigkeit an mehreren, über den ganzen Querschnitt des Profils verteilten Punkten. Meßgeräte, die dies mit der erforderlichen Genauigkeit und Raschheit zu leisten vermögen, sind nur zwei bekannt: die Pitotsche Röhre und die hydrometrischen Flügel (Woltmannsche Flügel); für Messungen in der Natur kommen nahezu allein die verschiedenen Ausführungen der Flügel in Betracht.

1. Die Pitotsche Röhre (17. Beispiel 30) besteht aus einem rechtwinklig abgebogenen, nach vorne passend verjüngten Rohr, dessen Öffnung der Strömung entgegengehalten wird. In diesem Rohr kommt die Flüssigkeit zur Ruhe und steigt im lotrechten Schenkel, der aus Glas hergestellt wird, an; die Größe dieses Anstiegs, zu deren Ablesung noch ein zweites, daneben befestigtes und gleichfalls lotrecht gestelltes Glasrohr ohne Abbiegung verwendet wird, ist ein Maß für die Geschwindigkeit an der betreffenden Stelle.

2. Der hydrometrische Flügel (Abb. 115) besteht aus einem auf Kugellagern laufenden Schraubenrädchen, dessen Drehzahl in einer gewissen Zeit mit Hilfe eines Schneckentriebes und einer elektrischen Kontaktvorrichtung gezählt werden kann; die Drehzahl n in der Zeiteinheit (sek) ist dann ein Maß für die augenblickliche Geschwindig-

keit V an der betreffenden Stelle. Da jeder Flügel wegen seiner Eigenreibung erst bei einer bestimmten, endlichen Geschwindigkeit V_0 zu zählen beginnt, so ist V in der Form anzusetzen

$$\boxed{V = V_0 + an} \qquad \ldots \ldots \ldots \ldots (238)$$

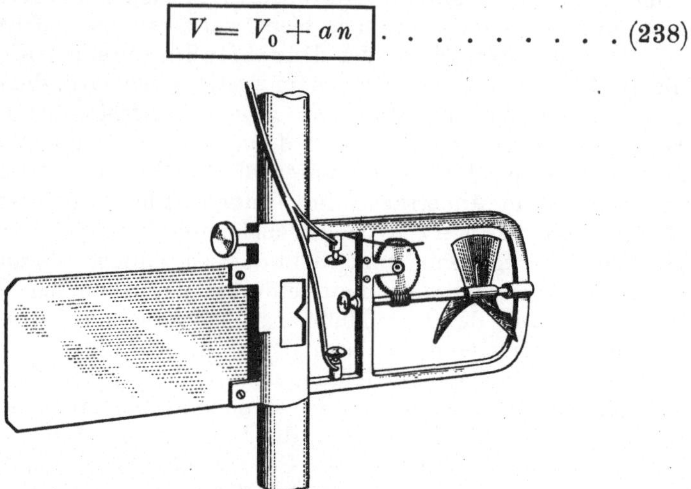

Abb. 115.

Die Konstanten V_0 und α werden für jeden Flügel durch Eichung bestimmt und diesem auf einem Eichschein beigegeben. Zur Einstellung in die Stromrichtung ist hinten eine dünne Platte, ein sog. „Steuer", angeschlossen.

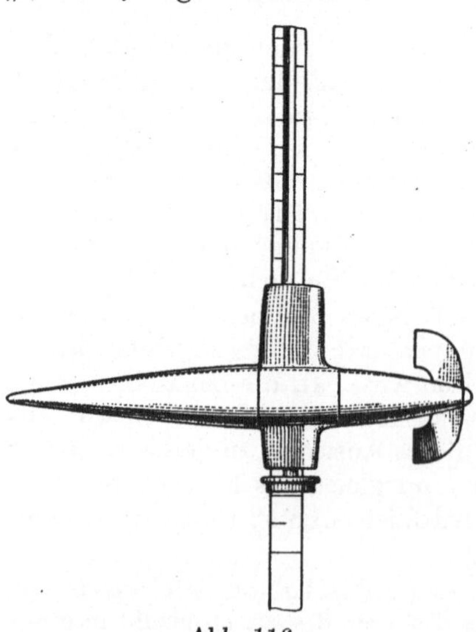

Abb. 116.

Zur Erhöhung der Empfindlichkeit werden neuestens elektrische Flügel verwendet [System *DBF* — Dubs, Bitteri, Fischer]; durch den Flügel wird eine kleine Dynamomaschine angetrieben, und der bei der Drehung des Flügels erzeugte Strom über Wasser auf einem hochempfindlichen Galvanometer abgelesen; bei dem als Präzisionsinstrument ausgeführten Flügel ist der Zeigerausschlag des Galvanometers der Wassergeschwindigkeit V direkt proportional. Bei dieser Ausführung ist es möglich, die augenblicklichen Werte von V abzulesen. Um die Strömung an der Stelle, an der der Flügel eingesetzt wird, möglichst wenig zu stören, wird das Maschinchen in einen „Stromlinienkörper" eingeschlossen, aus dem nur das Flügelrädchen selbst hervorragt, wie dies die schematische Abb. 116 erkennen läßt. Auch die Führungsschiene kann „profiliert" ausgeführt werden (s. **56, 3**).

Bei der Messung selbst wird die Geschwindigkeit an mehreren Stellen der über die ganze Breite des Gerinnes verteilten Lotrechten (Abb. 117) mittels des Flügels bestimmt; für jede dieser Meßstellen wird die Geschwindigkeit aufgetragen, und die mittleren Geschwindigkeiten V_1, V_2, ... in den aufeinanderfolgenden Lotrechten bestimmt; wenn dann die zwischen den Loten liegenden Flächen f_1, f_2, ... sind, so kann $V_1/2$ als die mittlere Geschwindigkeit in f_1 angesehen werden, $(V_1 + V_2)/2$ die in f_2, usw., so daß (mit $V_0 = 0$) der ganze Durchfluß in der Form erscheint:

$$Q = \sum_i f_i\, (V_{i-1} + V_i)/2. \quad\ldots\ldots\ldots (239)$$

Oder es werden die **Punkte gleicher Geschwindigkeit** im Profil durch Kurven miteinander verbunden — **Isotachen** —, die von jeder dieser Kurven umspannten Flächen ausgemessen und mit dem zugehörigen Geschwindigkeitsunterschied zwischen den benachbarten Kurven multipliziert; die Summe dieser Produkte gibt dann ebenfalls den Durchfluß Q.

Neben diesen Meßgeräten wurden neuestens auch Vorrichtungen ersonnen, die eine ununterbrochene, selbsttätige Aufschreibung des Durchflusses gestatten, um dessen Schwankungen

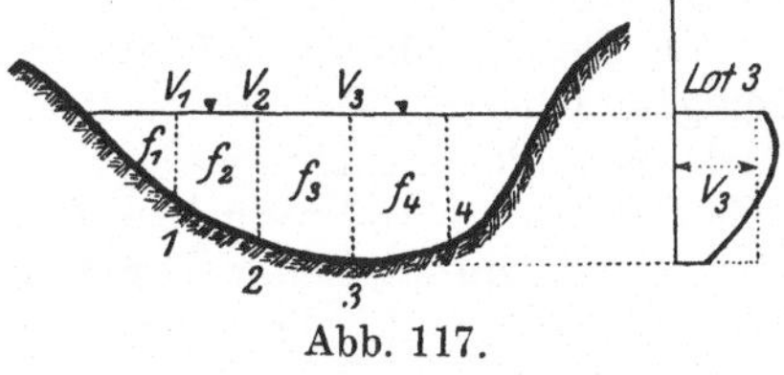

Abb. 117.

genauer verfolgen zu können. Eine Möglichkeit hiezu, freilich nur für Kanäle mit künstlichen Profilen, bietet das **Poebingsche Meßgitter**, bei dem die **Kraft**, mit der die ganze durchfließende Wassermasse auf ein drehbares, mit kleinen „Stromlinienkörpern" passend besetztes Gitter einwirkt, als ein Maß für die Durchflußmenge angesehen wird.

53. Die Staukurve im Rechteckprofil. Den Betrachtungen der letzten Abschnitte über die Bewegung in einem natürlichen Gerinne wurde stets nur die gleichförmige Bewegung in einem längs des Bettes unveränderlichen Profil zugrunde gelegt. In vielen Fällen erweist es sich jedoch als notwendig, **beschleunigte** oder **verzögerte** Bewegungen zu betrachten. Der wichtigste Fall dieser Art ist die Bewegung, die durch ein **Wehr** (**23**) hervorgerufen wird, womit man einen quer in den Fluß eingesetzten Einbau bezeichnet, der dazu dient, den Wasserspiegel künstlich zu heben und dadurch eine verbesserte Ausnützung der Energie des durchfließenden Wassers zu ermöglichen. Die durch das Wehr bewirkte Erhöhung des Wasserspiegels über seine natürliche Lage nennt man die **Stauhöhe**; diese Erhöhung macht sich natürlicherweise nicht nur an der Stelle des Wehres selbst geltend, sondern auch eine Strecke weit flußaufwärts, deren Länge — die **Stauweite** — von verschiedenen Umständen

abhängt, insbesondere von der Wehrhöhe, dem Gefälle, der Wassertiefe, der Geschwindigkeit der ungestörten Strömung und der Profilform. Die Bestimmung der Länge dieser Stauweite, auf die sich
der Einfluß eines eingebauten Wehres erstreckt, ist eine wichtige
Aufgabe, die auch für das Wasserrecht der längs des Flußlaufes aufeinanderfolgenden Wasserkraftanlagen von Bedeutung ist.

Die Kurve, in der sich der Flüssigkeitsspiegel zufolge des Wehreinbaues stromaufwärts des Wehres einstellt, nennt man die Staukurve. Zur Berechnung der Staukurve werden solche Lösungen der
durch das Widerstandsglied erweiterten Bewegungsgleichung gesucht,
die einer stationären, aber längs des Flußbettes ungleichförmigen
Geschwindigkeitsverteilung entsprechen; diese Lösungen werden dann
an die (ungestörte) Strömung angepaßt. Auf diese Weise erhalten
wir die Form des durch den Wehreinbau gestörten Wasserspiegels
nur bis in die Nähe des Wehrs, keinesfalls die Form der über das
Wehr fließenden Wassermasse.

Da es uns hier vor allem um die Hervorhebung der leitenden
Gedanken zu tun ist, so beschränken wir uns auf den einfachsten Fall,
indem wir die folgenden vereinfachenden Annahmen zugrunde legen:

1. Beschränkung auf Wasserläufe von gleichbleibendem rechteckigem Querschnitt mit großer Breite B und kleiner Tiefe h, die
auch nach der Erhöhung durch das Wehr klein bleiben soll, es kann
daher überall: Profilradius = Tiefe, $R = y$, gesetzt werden.

2. Unveränderlicher Druck längs der ganzen betrachteten Flußoder Kanalstrecke, also $dp/ds = 0$.

3. Annahme des quadratischen Widerstandsgesetzes in der einfachsten Form der de Chézyschen Gl. (231)

$$v^2 = \lambda^2 R J,$$

für jeden Teil des Gerinnes, auch für veränderliche Tiefe y und daher
längs des Flußlaufes veränderliche Geschwindigkeit v. Die Größe des
Widerstandes für die Masseneinheit des fließenden Wassers, d. i. eben
die Beschleunigung, ist demnach in der Form anzusetzen:

$$g J = \frac{g}{\lambda^2}\,\frac{v^2}{R} = g\,a\,\frac{v^2}{y}, \quad \ldots \ldots \ldots \quad (240)$$

wobei $1/\lambda^2 = a$ als Konstante betrachtet wird. Bezeichnet man jetzt
das unveränderliche Sohlengefälle mit J_1, die Tiefe des ungestörten
Spiegels mit h und die zugehörige Geschwindigkeit mit V, so gilt
insbesondere

$$J_1 = a V^2/h. \quad \ldots \ldots \ldots \ldots \quad (241)$$

Wird nun in die Bewegungsgl. (46) im Abschnitt 16 noch dieser
Widerstand (240) als eine der Bewegung entgegengerichtete Beschleunigung eingeführt, so wird sie für die Stelle P:

$$b \equiv \frac{dv}{dt} \equiv v\frac{dv}{ds} = -\frac{1}{\varrho}\frac{dp}{ds} - g\frac{dz}{ds} - g J = -g\frac{dz}{ds} - g a\frac{v^2}{y}. \quad (242)$$

In dieser Gleichung bedeutet $-\,dz/ds = J$ das längs des Flusses veränderliche Gefälle des durch das Wehr gestörten Spiegels (Abb. 118), wenn z lotrecht nach oben positiv gezählt wird; also ist:

$$J = \frac{v}{g}\frac{dv}{ds} + a\frac{v^2}{y} \quad\ldots\ldots\ldots (243)$$

Diese Gleichung, die den Ausgangspunkt der weiteren Betrachtungen bildet, besagt, daß das Spiegelgefälle die Beschleunigung der Flüssigkeitsmasse und den Widerstand zu bestreiten hat. Wenn, wie hier, dv/ds negativ, also eine Verzögerung ist, so wird der Widerstand an jeder Stelle durch das Zusammenwirken aus dem Spiegelgefälle und der Verzögerung der Flüssigkeitsmasse überwunden — dies ist die einfache Bedeutung der Gl. (243).

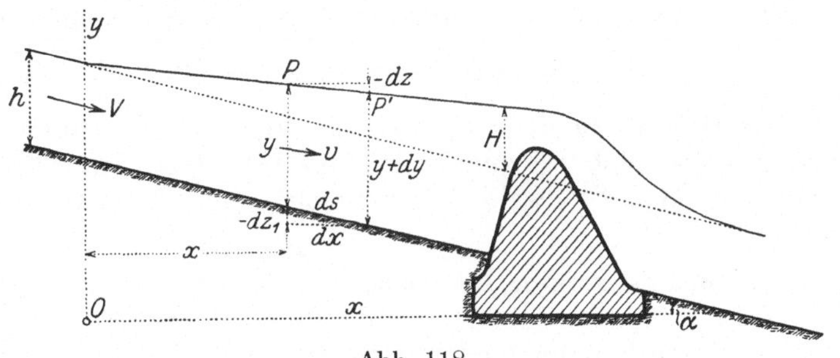

Abb. 118.

In diese Gleichung führen wir statt des veränderlichen Spiegelgefälles J das unveränderliche Sohlengefälle $J_1 = -\,dz_1/ds$ ein, wozu die aus der Abbildung unmittelbar abzulesende Beziehung dient:

$$y - dz_1 = y + dy - dz$$

oder

$$J = -\frac{dz}{ds} = -\frac{dz_1}{ds} - \frac{dy}{ds} = J_1 - \frac{dy}{ds}. \quad\ldots\ldots (244)$$

Ferner benützen wir die Durchflußgleichung

$$Q = Fv = byv = bhV$$

und die daraus sich ergebende Gleichung

$$v = V\cdot\frac{h}{y}, \qquad \frac{dv}{ds} = -\,V\cdot\frac{h}{y^2}\frac{dy}{ds}. \quad\ldots\ldots\ldots (245)$$

Mit Benützung dieser Gln. (244) und (245) wird Gl. (243)

$$J = J_1 - \frac{dy}{ds} = -\frac{V^2 h^2}{g y^3}\frac{dy}{ds} + a\frac{V^2 h^2}{y^3}$$

oder

$$\frac{dy}{ds}\left(y^3 - \frac{V^2 h^2}{g}\right) = J_1\left(y^3 - \frac{a V^2 h^2}{J_1}\right) \quad\ldots\ldots (246)$$

eine Gleichung, die mit Benützung von Gl. (241) und durch Einführung der Bezeichnung

$$V^2 h^2 / g = k^3$$

in die Differentialgleichung der Staukurve übergeht:

$$\boxed{\frac{dy}{ds} = J_1 \cdot \frac{y^3 - h^3}{y^3 - k^3}} \qquad\qquad (247)$$

Wenn man den Zähler und Nenner des Bruches auf der rechten Seite dieser Gleichung durch y^3 dividiert und zur Grenze $y = \infty$ (große Tiefe) übergeht, so sieht man, daß hieraus $dy/ds = J_1$, also nach Gl. (244) $J = 0$ folgt, d. h. die Staukurve hat — flußabwärts ins Unendliche fortgesetzt — eine wagrechte Asymptote.

Ebenso würde aus Gl. (246) für $h = k$, also ($\lambda = 50$, $g \sim 10$):

$$J_1 = ag = g/\lambda^2 = 10/2500 = 0{,}004$$

und weiter folgen: $dy/ds = J_1$ oder $J = 0$, d. h. die Staukurve wäre in diesem Falle eine **wagrechte Gerade**; einer Stauhöhe H am Wehre würde eine Stauweite L entsprechen, die durch die Gleichung gegeben ist

$$\sin \alpha \sim J_1 = H/L, \quad \text{also} \quad \boxed{L = H/J_1} \quad \ldots \ldots (248)$$

Durch $h = k$ werden die beiden Möglichkeiten $h > k$ und $h < k$ voneinander getrennt, und zwar bedeuten

$$h > k,\ J_1 < 0{,}004 \ldots \ldots \ldots \text{gewöhnliche Flüsse,}$$
$$h < k,\ J_1 > 0{,}004 \ldots \ldots \ldots \text{Wildbäche.}$$

Die Staukurven, die sich aus Gl. (247) ergeben, sind in beiden Fällen voneinander verschieden. Aus dieser Gleichung folgt durch Trennung der Veränderlichen

$$J_1\, ds = \frac{y^3 - k^3}{y^3 - h^3}\, dy = dy + \frac{h^3 - k^3}{y^3 - h^3}\, dy,$$

also durch Einführung der dimensionslosen Veränderlichen η mit $y = h\eta$:

$$J_1\, s = h\eta + \frac{h^3 - k^3}{h^2} \int \frac{d\eta}{\eta^3 - 1} + C.$$

Das Integral kann durch Partialbruchzerlegung in endlicher Form ausgewertet werden und liefert nach kurzer Rechnung:

$$J_1\, s = h\eta - \frac{h^3 - k^3}{6\, h^2} \left\{ \log \frac{\eta^2 + \eta + 1}{(\eta - 1)^2} - 2\sqrt{3}\, \text{arc ctg}\, \frac{2\eta + 1}{\sqrt{3}} \right\} + C$$

oder

$$= h\eta - \frac{h^3 - k^3}{h^2} \cdot f(\eta) + C \qquad\qquad\qquad (249)$$

Die Werte der Funktion $f(\eta)$ sind zuerst von J. J. Ch. Bresse berechnet worden; eine Reihe von ihnen ist in der folgenden Zusammenstellung enthalten:

$$\begin{cases} \eta = & 0{,}0 & 0{,}5 & 0{,}6 & 1 & 1{,}05 & 1{,}10 & 2{,}00 & 5{,}00 & 10 & \infty \\ f(\eta) = & -0{,}605 & 0{,}088 & 0{,}033 & \infty & 0{,}88 & 0{,}68 & 0{,}32 & 0{,}02 & 0{,}005 & 0 \end{cases}$$

Die Formen der Staukurven, die sich nach dieser Gleichung für $C = 0$, also $h = y$, oder $\eta = 1$ für $s = \infty$ ergeben, sind für den Fluß in Abb. 119, für den Wildbach in Abb. 120 dargestellt. In beiden Fällen besteht die Staukurve aus 3 Ästen 1, 2, 3, von denen zwei miteinander zusammenhängen. Ihre Bedeutung ist folgende:

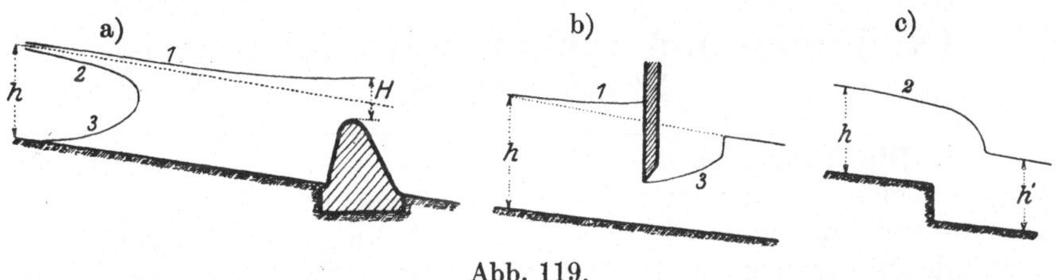

Abb. 119.

Für den Fluß (Abb. 119) ist der Ast 1 die Staukurve durch ein eingebautes Wehr. Der Ast 3 tritt beim Ausfluß unter der Kante einer etwas gelüfteten Schütze auf, wobei gleichzeitig hinter der Schütze der Ast 1 erscheint (Abb. 119b). Der Ast 2 (Abb. 119c) wird bei einer Stufe oder einem Knick in der Sohle beobachtet.

Übrigens wurde auch beobachtet, daß die Welle, die beim Durchbruch eines Staudammes über das stromabwärts gelegene Tal hinwegzieht, eine steil abfallende Vorderwand zeigt — Ast 2 mit nahezu lotrechtem Abfall zur Sohle — und deshalb die großen Verheerungen anrichtet, die damit verbunden sind.

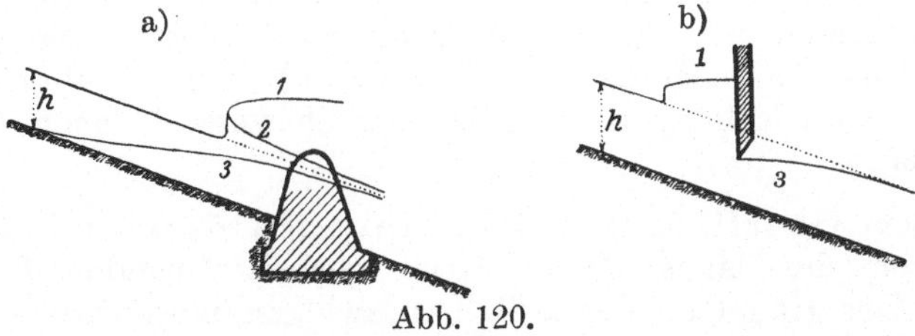

Abb. 120.

Für den Wildbach (Abb. 120) ist der Ast 1 die Form des Spiegels durch ein eingebautes Wehr; es entsteht oberhalb des Wehrs ein sogenannter Wassersprung, ein Knick in der Spiegelfläche mit scharf ausgeprägter Kante. Der Ast 3 (Abb. 120b) entsteht wieder beim Austritt aus einer geöffneten Schütze, wobei wieder hinter der Schütze ein Wassersprung mit Ast 1 beobachtet wird. — Durch den hier mitgeteilten Vorgang ist auch nahegelegt, wie die Staukurve bei anderen Profilen und auch bei Heranziehung anderer Gesetze für den Reibungswiderstand als den einfachen de Chézyschen zu ermitteln ist. Weitere interessante Fragen, die sich hier anschließen, beziehen sich auf den Einfluß von Unebenheiten der Sohle, oder eines veränderlichen Sohlengefälles J_1, oder eines Einbaues an einem Flußufer, ferner gehören hieher alle mit der Geschiebeführung verbundenen Erscheinungen u. dgl. Die in allen diesen und ähnlichen Fragen gewonnenen Erfahrungen lassen erkennen, daß jeder Flußlauf ein empfindliches, sozusagen organisches Gebilde ist, das auf Veränderungen jeder Art in ganz bestimmter, von vornherein oft schwierig zu ermittelnder Weise reagiert.

IX. Widerstand von bewegten Körpern in Flüssigkeiten.

54. Die Ursachen des Flüssigkeitswiderstandes. Es ist seit langem bekannt, daß zur Aufrechterhaltung der Bewegung eines allseits von ruhendem Wasser oder Luft umgebenen Körpers die dauernde Einwirkung einer Kraft erforderlich ist; in der Sprache der Mechanik wird diese Erfahrungstatsache durch die Aussage ausgedrückt, daß bei der Bewegung jedes Körpers in einer Flüssigkeit (Wasser, Luft usw.) ein Widerstand geweckt wird, der jener Kraft gleich und entgegengesetzt gerichtet anzunehmen ist.

Über die mechanischen Ursachen dieses Widerstandes waren lange Zeit irrige Vorstellungen verbreitet, doch wurde das Problem in den letzten Jahren einer befriedigenden Lösung nahegebracht, als die für den Fortschritt unabweislichen Forderungen der Schifffahrt und insbesondere der Flugtechnik eingehende Untersuchungen verlangten. Nach den Ergebnissen dieser Untersuchungen besteht dieser Widerstand, den ein Körper bei der gleichförmigen Bewegung (ungleichförmige, d. h. beschleunigte oder verzögerte Bewegungen bieten noch viel verwickeltere Erscheinungen dar und wurden bisher kaum eingehender betrachtet) in einer Flüssigkeit erfährt, aus zwei Teilen, die aus wesentlich verschiedenen Ursachen entspringen:

1. Dem Oberflächen- oder Reibungswiderstand, der durch das Gleiten der längs des Körpers vorbeiströmenden Flüssigkeit entsteht. Der Hauptteil dieses Reibungswiderstandes wird — ähnlich wie bei der Bewegung der Flüssigkeit in Röhren und Kanälen — dort seinen Sitz haben, wo der Geschwindigkeitsabfall am größten ist, d. i. in der mit dem Körper in Berührung stehenden Grenzschicht, in der ein rascher Übergang von der Geschwindigkeit der umgebenden Flüssigkeit auf die des Körpers stattfindet, an dem ein Haften der Flüssigkeit eintritt. Die Größe dieses Reibungswiderstandes hängt zunächst von der Größe und der Rauhigkeit der Oberfläche des Körpers ab, und außerdem von der Geschwindigkeit, und wird durch sorgfältige Glättung der Oberfläche herabgesetzt.

2. Dem Formwiderstand, der durch den gesamten Verlauf der Flüssigkeitsbewegung bedingt ist, die durch den Körper selbst hervorgerufen wird. Die Bezeichnung rührt daher, weil diese Flüssigkeitsbewegung ganz wesentlich von der Form des Körpers in seiner ganzen Ausdehnung abhängt. Dieser Teil des Widerstandes wird auch als Druckwiderstand bezeichnet, weil er auch als die Summe der Drücke angesehen werden kann, die die Flüssigkeit auf die einzelnen Elemente der Körperoberfläche ausübt.

Der Verlauf dieser Flüssigkeitsbewegung, die je nach der Körperform sehr verschieden ausfallen wird, läßt sich z. B. für die gleichförmige Bewegung eines Drehkörpers, der etwa vorne rund ist und hinten in einer Spitze ausläuft, in einer unbegrenzten Flüssigkeit in folgender Weise beschreiben (Abb. 121): An der Vorderseite teilt sich die herankommende Flüssigkeit und umschließt den Körper in glatter, beschleunigter Strömung bis zum größten Querschnitt — nach einer im Schiffbau üblichen Bezeichnung: Hauptspant genannt —, an dem die Geschwindigkeit den größten Wert annimmt. Hinter dem Körper schließt sich die Strömung nicht mehr vollständig zusammen, sie löst sich vielmehr (etwa an den Stellen a) vom Körper ab und bildet

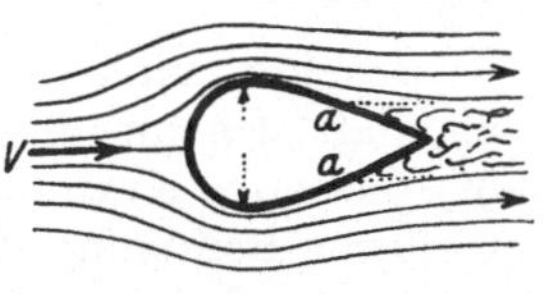

Abb. 121.

ein Kiel- oder Totwasser, das im allgemeinen stark von Wirbeln durchsetzt ist. In diesen Wirbeln, die fortgesetzt durch Ablösung neu entstehen und im Kielwasser bald wieder zur Ruhe kommen, liegt der Sitz des Formwiderstandes; die Energie der Wirbel wird in Reibung, also in Wärme umgesetzt und ist daher für den dynamischen Vorgang als verloren anzusehen. Dieser Formwiderstand überwiegt in den meisten Fällen den Reibungswiderstand um ein Vielfaches (außer bei Platten, die parallel zur Strömungsrichtung liegen). Um ihn möglichst klein zu halten, ist es nötig, das Kielwasser selbst möglichst zu verkleinern, und dies geschieht durch Wahl solcher Formen, bei denen die Ablösestelle möglichst nahe an das hintere Ende des Körpers gerückt ist. Aus diesem Grunde verkleinert eine nach hinten spitz zulaufende Körperform den Widerstand des Körpers. Durch sorgfältige Wahl einer so geformten Verkleidung ist es gelungen, Drehkörper (Ballonkörper) herzustellen, die sich der reibungsfreien Strömung fast vollständig anpassen — sogenannte Stromlinienkörper — und deren Widerstand nur den 27. Teil des Widerstandes einer Kreisplatte von der Größe des Hauptspantes beträgt.

Bei langgestreckten Körpern, wie z. B. bei Kabeln oder Streben von Flugzeugen, die quer zu ihrer Längsrichtung bewegt werden, muß man ein passendes, ebenes Profil wählen, das ähnlich wie dieses runde ein glattes Abströmen mit kleinem Kielwassergebiet ergibt; ursprünglich anders gestaltete Körper (wie Drähte, Stiele, Streben u. dgl.) werden durch „Verkleidung" mit solchen profilierten Körpern umgeben, um kleine Werte des Widerstandes zu erhalten.

55. Das Widerstandsgesetz. Die Größe des Widerstandes W, den ein Körper bei seiner Bewegung in einer Flüssigkeit findet, hängt erfahrungsgemäß von folgenden Bestimmungstücken ab:

1. Von der Beschaffenheit des Mittels, in dem die Bewegung stattfindet, und zwar ist die physikalische Größe, die dabei in Betracht kommt, die Dichte $\varrho = \gamma / g$.

2. Von den Abmessungen des Körpers, also etwa von der Größe des Hauptspantes F, oder seiner Ansichtsfläche, d. i. seine Projektion auf eine Ebene senkrecht zur Bewegungsrichtung.

3. Von der (relativen) Geschwindigkeit V des Körpers gegen die umgebende Flüssigkeit. Außerdem ist

4. eine Festsetzung erforderlich, die den Einfluß der Körper- form zur Geltung bringt, da doch von dieser in erster Linie die Breite des Kielwassers und damit die Größe des Widerstandes ab- hängt.

Beachtet man die Dimensionen der Größen ϱ, F, V, so erkennt man, daß sich aus ihnen durch das Produkt $\varrho F V^2$ eine Größe bilden läßt, die eine Kraft $[K]$ darstellt; der besonderen Körperform wird nur durch Beifügung eines Widerstandsbeiwertes ζ_w Rechnung ge- tragen, die dann eine reine Zahl ist, so daß das Widerstandsgesetz in der folgenden Form erscheint, in der es nahezu allen praktischen Rechnungen zugrunde gelegt wird:

$$\boxed{W = \zeta_w \cdot \varrho F V^2} \quad \ldots \ldots \ldots \ldots \quad (250)$$

In der Flugtechnik ist es üblich, dieses Gesetz etwas anders zu schreiben, indem für $\varrho V^2 / 2 = \gamma V^2 / 2g = q$ der Staudruck eingeführt wird, der aus der Druckgleichung für jede Stelle berechnet werden kann und der durch die Höhe des Wasserspiegels in einem Pitot- rohr angegeben wird, das an dieser Stelle — mit dem abgebogenen Ende stromaufwärts gerichtet — eingesetzt wird. Setzt man noch $2\zeta_w = c_w$, so nimmt die letzte Gleichung die gleichwertige Form an

$$\boxed{W = c_w \cdot F \cdot q} \quad . \quad \ldots \ldots \ldots \ldots \quad (251)$$

Die allgemeine Form der Gl. (250) wurde schon von Newton aufgestellt und zwar durch folgende Betrachtung: Bei der Bewegung räumt der Körper in jeder Sekunde eine Masse $M = \varrho F V$ [kgsek/m] aus dem Wege und erteilt dabei jedem (ursprünglich ruhenden) Massenelement eine Geschwindigkeit, die V proportional ist; der Widerstand ist also proportional der sekundlich erzeugten Bewegungs- größe:

$$W \sim \varrho F V^2.$$

Diese ältere Auffassung ging von der Annahme aus, daß der Widerstand der Flüssigkeit durch den Stoß der aus dem Wege ge- räumten Teilchen hervorgerufen wird, so daß die Vorgänge an der

Vorderseite des Körpers allein für die Größe des Widerstandes maßgebend sein würden. Eine Folge davon wäre z. B., daß der Widerstand eines Diëders nach Abb. 122 doppelt so groß sein müßte, wie der Widerstand der einzelnen Platte für den gleichen Neigungswinkel α, während er nach den Messungen bei $\alpha = 30^0$ tatsächlich nur 60 vH. des doppelten Widerstandes einer Platte bei gleichen α beträgt. Dieser Sachverhalt findet im Sinne der obigen Darlegungen seine Erklärung in dem Umstande, daß die Strömung um das Diëder ganz anders verläuft als die um die beiden geneigten Platten, wenn sie einzeln vom Strom getroffen werden. Der Widerstand eines ausgedehnten Körpers kann daher nicht dadurch erhalten werden, daß man die Widerstände seiner Teile, etwa seiner Flächenelemente, bildet und diese summiert.

Für die Anwendbarkeit der Gl. (250) ist es nun wichtig, daß sie für die gebräuchlichen Geschwindigkeiten, bei denen auf die damit im Zusammenhang stehenden Druck- und Volumsänderungen keine Rücksicht genommen zu werden braucht, ebensowohl für Wasser wie auch für Luft mit guter Annäherung richtig bleibt.

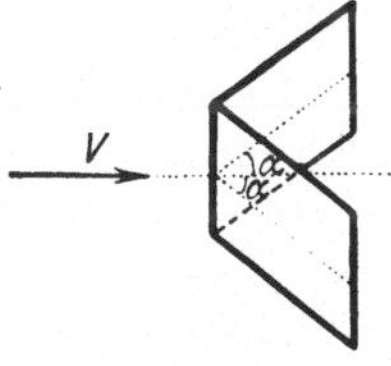

Abb. 122.

Bei der adiabatischen Zustandsänderung, (s. 68):

$p = k \cdot \varrho^{1,4}$ entspricht nämlich einer Dichteänderung $\Delta\varrho/\varrho$ von 1 vH., eine Druckänderung $\Delta p/p$ von 1,4 vH., und dieser entspricht bei $p = 1 \text{ kg/cm}^2$ eine Änderung der Druckhöhe (in Luft!) von

$$\Delta h = \frac{\Delta p}{\gamma} = \frac{0,014 \cdot 10000}{1,2} = 117 \text{ m},$$

was nach der Druckgleichung einer Geschwindigkeit zugehört von

$$V = \sqrt{2\,g \cdot \Delta h} \sim \sqrt{20 \cdot 117} = 48 \text{ m/sek}.$$

Bei Luftschrauben kommen Geschwindigkeiten von 100 m/sek vor, was einer Dichteänderung von nur 4 vH. entsprechen würde. Für die in der Flugtechnik anzustellenden Rechnungen kann daher die Luft näherungsweise als unzusammendrückbar vorausgesetzt werden, so daß die im folgenden mitgeteilten Zahlenwerte für ζ_w ebenso für Wasser wie auch für Luft gültig sind. Der Einfluß des umgebenden Mittels kommt dann lediglich in dem Wert von ϱ in Gl. (250) zur Geltung, und zwar ist zu setzen

für Wasser: . . . . $\varrho = 1000/g \; [\text{kgsek}^2/\text{m}^4]$,

„ Luft von 0^0 C u. 760 mm: $\varrho = 1,293/9,81 \sim 1/8 \; [\text{kgsek}^2/\text{m}^4]$.

Wenn größere Geschwindigkeiten ins Spiel treten, wie z. B. in der Ballistik, genauer gesagt, wenn die Geschwindigkeiten der Schallgeschwindigkeit (332 m/sek in Luft) nahekommen, ist diese Vereinfachung, die Luft als unzusammendrückbar zu betrachten, nicht mehr zulässig.

Die Frage nach dem Widerstande eines allseits von Flüssigkeit oder Luft umgebenen Körpers ist somit auf die Ermittlung von ζ_w zurückgeführt; eine theoretische Bestimmung von ζ_w läßt sich jedoch heute (von ganz wenigen Sonderfällen abgesehen) nicht geben, man ist vielmehr ausschließlich auf **direkte Messungen** an den in Betracht kommenden Körperformen angewiesen. Diese Messungen werden heute in den **aerodynamischen Versuchsanstalten** in der Weise ausgeführt, daß der Versuchskörper von einem (zeitlich und räumlich) möglichst gleichförmigen Luftstrom angeblasen wird, um — relativ zueinander — dieselben Verhältnisse zu erhalten, wie bei der tatsächlich meist vorliegenden Bewegung des Körpers in ruhiger Luft (Relativitätsprinzip der **Galilei-Newton**schen Mechanik); die von dem Luftstrom auf den Körper ausgeübten Kräfte sind gleich dem **Widerstande** bei der umgekehrten Bewegung und werden durch passend angeordnete Wägevorrichtungen (meist einfache Hebelwagen) bestimmt.

Nach den in **42** über ähnliche Flüssigkeitsbewegungen angestellten Betrachtungen ist klar, daß ζ_w für verschiedene Bewegungen nur so lange einen festen Wert behalten wird, als die **Reynolds**sche Zahl $\Re = VL/\nu$ die die betreffende Strömungsart kennzeichnet, unverändert bleibt. Im allgemeinen wird daher ζ_w von der **Reynolds**schen Zahl $\Re$ abhängen können, also $\zeta_w = \zeta_w(\Re)$ zu setzen sein. Da ν in Gleichung (250) nur vermöge $\Re$ vorkommt, so sieht man, daß immer dann, wenn der Einfluß des Reibungswiderstandes gegen den Formwiderstand zurücktritt, auch ζ_w merklich konstant wird. Dies trifft z. B. bei Platten zu, die senkrecht oder unter steilen Winkeln zu ihrer Ebene angeblasen werden; bei ihnen wird für alle Größen und ähnlichen Formen $\zeta_w = $ konst. beobachtet, Abweichungen treten nur bei verschiedenen **Formen** der Platten auf (s. **56,** 1). Spielt dagegen die Reibung eine wesentliche Rolle, wie bei dünnen Platten, die in ihrer eigenen Richtung angeblasen werden, so erweist sich tatsächlich ζ_w als von $\Re$ abhängig, was dann auch eine Änderung des quadratischen Widerstandsgesetzes mit sich bringt.

Wenn man sonach heute noch weit davon entfernt ist, eine vollständige **Theorie des Flüssigkeitswiderstandes** zu besitzen, so hat man doch ein angenähertes Bild über die dabei auftretenden, sehr verwickelten, physikalischen Vorgänge — eine qualitative Theorie — gewonnen und besitzt außerdem durch direkte Messungen eine große Reihe von Zahlenwerten für ζ_w für besondere Körperformen.

56. Zahlenwerte von ζ_w für einige Körper. Bezüglich des Luftwiderstandes bietet fast jeder einzelne Körper gewisse Besonderheiten dar, über die hier nur vereinzelte Andeutungen gegeben werden können. Die Zahlen bedeuten Mittelwerte aus den vorliegenden Beobachtungen verschiedener Forscher.

1. **Ebene Platten.** a) **Kreis** oder **Quadrat,** $\perp$ **angeblasen:**
bei kleinen Flächen $(\sim 0,1 \text{ m}^2): \zeta_w = 0,55,$
„ größeren „ $(\sim 1 \text{ m}^2): \zeta_w = 0,65.$

b) **Rechteck, $\perp$ angeblasen,**
für ein Seitenverhältnis 1 : 5, $\zeta_w = 0{,}70$,
„   „   „   1 : 10, $\zeta_w = 0{,}78$.

c) **Für eine quadratische Platte, die unter verschiedenen** Winkeln α angeblasen wird, ändert sich ζ_w mit α nach Abb. 123. Die auf dem Ast 1 gelegenen Werte stellen sich ein, wenn die Platte vom Wert $\alpha = 0$ an allmählich aufgerichtet wird, wobei sich zwei an den Rändern nach hinten abgehende (durch Rauch u. dgl. auch sichtbar zu machende) Wirbelzöpfe ausbilden. Wenn dagegen der

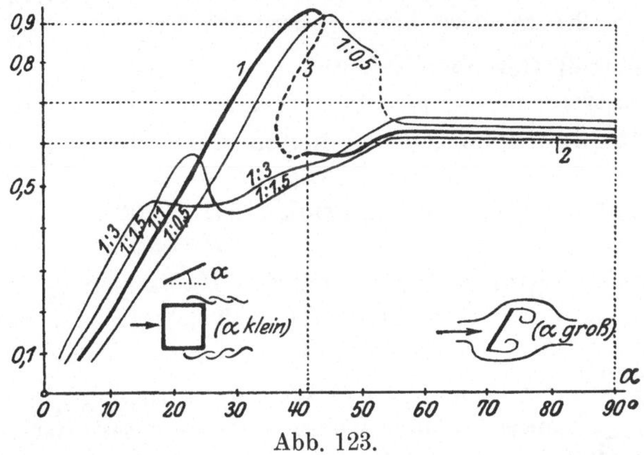

Abb. 123.

Winkel α aus der Stellung $\alpha = 90^0$ allmählich verkleinert wird, so ergeben sich die Werte auf Ast 2, in diesem Falle liegt der Sitz des Widerstandes in einem großen Wirbelring, der an der Rückseite der Platte entsteht und bis zu $\alpha = 40^0$ viel weniger Widerstand gibt als die beiden Wirbelzöpfe in der Nähe dieses Winkels. Die Form der in beiden Fällen entstehenden Wirbel ist in Abb. 123 schematisch angedeutet. Bei $\alpha = 40^0$ etwa tritt somit eine Unstetigkeit in den Werten von ζ_w auf, der **Dinessche Buckel**. Für das Übergangstück 3 wird man instabile Wirbelgebilde anzunehmen haben, die sich der direkten Beobachtung entziehen.

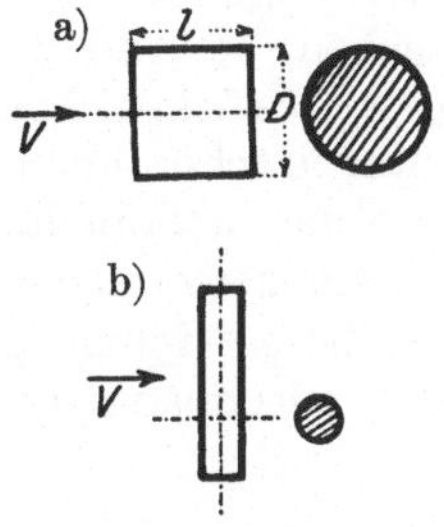

d) Für nicht zu große α (kleiner als etwa 30^0) verläuft bei ebenen Platten die Kurve für den Widerstand W als Funktion von α angenähert geradlinig (s. Abb. 123 Ast 1).

2. **Kreiszylinder oder Prismen.** a) $\parallel$ zur Achse angeblasen, Abb. 124a) ($l = $ Länge, $D = $ Durchmesser der Grundfläche):

$$\begin{cases} l/D = & 0 & 0{,}5 & 1 & 2 & 4 & 7 \\ \zeta_w = & 0{,}55 & 0{,}54 & 0{,}44 & 0{,}40 & 0{,}41 & 0{,}47. \end{cases}$$

b) $\perp$ zur Achse angeblasen Abb. 124b):

$$\begin{cases} D = & 0{,}05 \text{ mm (Draht)} & 0{,}2 \text{ mm} & 1 \text{ mm} & 1 \text{ cm} & 3 \text{ cm} & 15 \text{ cm} \\ \zeta_w = & 0{,}88 & & 0{,}64 & 0{,}52 & 0{,}49 & 0{,}48 & 0{,}32. \end{cases}$$

Abb. 124.

(Die Zunahme von ζ_w bei abnehmender Drahtstärke ist dem stärker werdenden Einfluß der Reibung zuzuschreiben.)

3. **Profilrohr** (mit Stromlinienprofil umkleideter Zylinder). $\perp$ zur Erzeugenden angeblasen (je nach der Form des Profils):

$$\zeta_w = 0{,}05 \text{ bis } 0{,}08.$$

4. **Für die Vollkugel** ist der Wert von ζ_w bei kleinen Geschwindigkeiten etwa 2,5mal so groß wie bei großen. Die Stelle des Übergangs, der sich übrigens in einem ganz kurzen Intervall vollzieht, hängt von der Geschwindigkeit und dem Kugeldurchmesser D ab. Für $D \sim 20$ cm etwa kann gesetzt werden:

bei größeren Geschwindigkeiten $(> 15 \text{ m/sek})$ $\zeta_w = 0{,}11$
  „ kleineren   „ $(< 15 \text{ m/sek})$ $= 0{,}3$

5. **Halbkugelschale**, nach hinten offen . . . $\zeta_w = 0{,}17$
                 „ vorne   „   . . . $= 0{,}66.$

6. **Kegel** mit dem Öffnungswinkel $2\,\alpha = 60^0$: $\zeta_w = 0{,}26$
(Abb. 125.) $2\,\alpha = 30^0$: $= 0{,}17$

7. **Ballonkörper**, a) Zylinder mit zwei Halbkugeln $\zeta_w = 0{,}060$
(Abb. 126.)   b) Halbkugel und Kegel . . . $= 0{,}040$
                      c) Beste Form . . . . $= 0{,}024.$

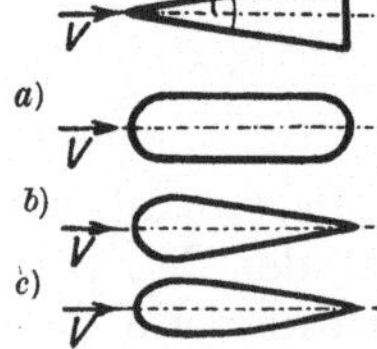

Abb. 125 und 126.

Beispiel 68. Widerstand einer Kugel vom Durchmesser 20 cm in Wasser, mit $V = 2$ m/sek. Nach Gl. (250) ist:

$$W = 0{,}11 \cdot \frac{1000}{g} \cdot \frac{0{,}04 \cdot \pi}{4} \cdot 4 = 1{,}4 \text{ kg}.$$

Beispiel 69. Ballon nach der besten Form in Luft, $F = 50$ m², $V = 20$ m/sek:

$$W = 0{,}024 \cdot {}^1\!/_8 \cdot 50 \cdot 400 = 60 \text{ kg}.$$

In neuester Zeit hat man auch damit begonnen, die „Winddrücke" auf die verschiedenen Arten von Ingenieurbauten nach den hier angedeuteten Gesichtspunkten in systematischer Weise zu untersuchen; so sind z. B. für Hochbauten aller Art (wie z. B. Ballonhallen usw.), Brücken, Masten und Leitungen von elektrischen Anlagen, Windmühlen schon bemerkenswerte Ergebnisse erhalten worden, die jedenfalls von den gebräuchlichen nach der Newtonschen Vorstellung des Luftstoßes gewonnenen Werten für den Winddruck erheblich abweichen; in dieses Gebiet gehört auch die Bestimmung des Luftwiderstandes von Eisenbahnzügen und Kraftfahrzeugen.

X. Tragflügel und Luftschrauben.

Die großen Fortschritte der Flugtechnik in den letzten Jahren gingen Hand in Hand mit wichtigen und bedeutungsvollen theoretischen Erkenntnissen insbesondere in der Theorie der Tragflügel, die sich vorwiegend an die Namen Kutta, Joukowsky und vor allen L. Prandtl und seiner Schule anknüpfen. Aus diesem neuen und

schon sehr ausgebreiteten Zweige der „flugtechnischen Aerodynamik"
(die Luft wird dabei als unzusammendrückbare Flüssigkeit betrachtet)
können hier nur die ersten Anfänge besprochen werden.

57. Eigenschaften der Tragflügel. Während jeder Körper, mag
er wie immer beschaffen sein, bei der Bewegung durch die Luft
einen gewissen Widerstand W, d. i. eine der Bewegung entgegengerichtete Kraft, erfährt, haben schon ebene Platten, die gegen die
Bewegungsrichtung unter einem von 0 verschiedenen Winkel „angestellt" sind, die Eigenschaft, daß ein Teil der auf sie ausgeübten
Luftkraft $\overline{K}$ senkrecht zur Bewegungsrichtung ausfällt; man nennt
ihn den Auftrieb $\overline{A}$, so daß $\overline{K} = \overline{W} + \overline{A}$. Bei ebenen Platten muß
man jedoch einen erheblichen Widerstand in Kauf nehmen, um einen
mäßigen Auftrieb zu erzielen: die Gleitzahl $\varepsilon = W/A$ ist bei ebenen
Platten sehr ungünstig, d. i. sehr groß. Gekrümmte Platten verhalten sich
in dieser Hinsicht schon viel günstiger, ent-
scheidend für die Entwicklung der Flugtechnik war jedoch die Entdeckung, daß
„profilierte" sichelförmige Querschnitte
von der in Abb. 127 gegebenen Gestalt,
die vorne gut abgerundet sind und nach
hinten in eine scharfe Kante auslaufen,
bei langer und schmaler Grundrißform
einen Auftrieb erzeugen, der für kleine
„Anstellwinkel" α ein Vielfaches des damit verbundenen Widerstandes ausmacht,
so daß für sie die Gleitzahl W/A sehr
klein ausfällt.

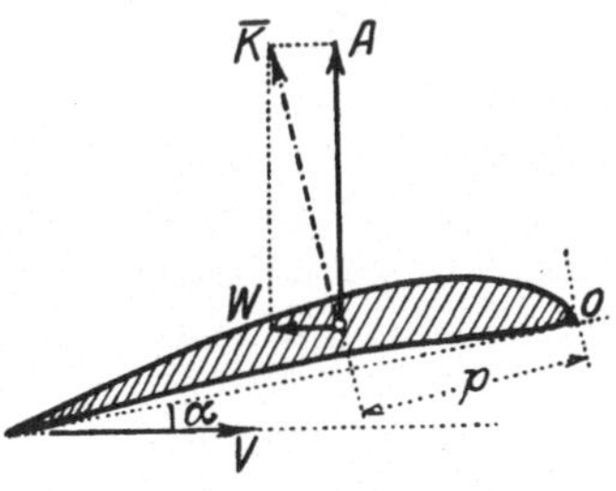

Abb. 127.

Was die Abhängigkeit der Größen A und W von anderen geometrischen und mechanischen Bestimmungsstücken anlangt, so zeigt
sich, daß auch für Tragflügel aller Art sowohl A wie auch W
durch Ansätze von derselben Form dargestellt werden können, wie
sie im vorigen Kapitel für W für beliebige Körper angegeben wurde;
nur ist jetzt zu berücksichtigen, daß sowohl A wie auch W vom
Anstellwinkel α abhängen, so daß man setzen kann:

$$\boxed{\begin{aligned} A &= \zeta_a \cdot \varrho\, FV^2, & \zeta_a &= \zeta_a\,(\alpha) \\ W &= \zeta_w \cdot \varrho\, FV^2, & \zeta_w &= \xi_w\,(\alpha) \end{aligned}} \quad \ldots \ldots \quad (252)$$

In diesen Gleichungen bedeutet jetzt F die Größe des Grundrisses
des Tragflügels (nicht wie früher die Größe der Ansichtsfläche); ζ_a
nennt man den Auftriebsbeiwert, ζ_w den Widerstandsbeiwert.
Nach diesen Formeln ist die Kennzeichnung der Eigenschaften eines
Tragflügels auf die Angabe der Werte von ζ_a und ζ_w in ihrer Abhängigkeit vom Anstellwinkel α zurückgeführt. Diese Abhängigkeit
wird durch direkte Messungen — die in ähnlicher Weise durchgeführt
werden wie die in **55** beschriebenen Widerstandsmessungen — ermittelt

und in Kurvenform nach Abb. 128 aufgetragen. Dabei ist in jedem Falle anzugeben, gegen welche im Tragflügel feste Gerade der Anstellwinkel α^0 zu rechnen ist: bei Profilen, die nach einer Seite hohl sind, ist es gebräuchlich, den Winkel der Tangente des Flügels gegen die Bewegungsrichtung als Anstellwinkel α^0 zu nehmen (Abb. 127). Man könnte auch den Winkel der Bewegungsrichtung gegen jene Richtung als Anstellwinkel nehmen, die den Auftrieb Null ergibt (die bei dem Flügel, auf den sich Abb. 128 bezieht, $= -7^0$ entsprechen würde); doch ist diese Richtung am Flügelprofil von vornherein nicht bestimmt und nur durch Messungen angebbar.

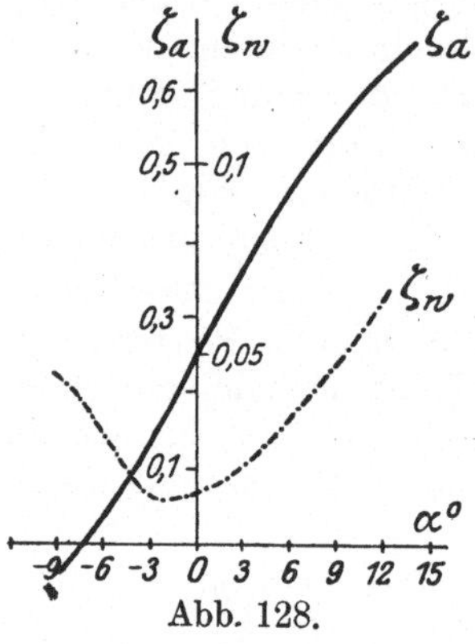
Abb. 128.

Einfacher ist noch die Darstellung der Profileigenschaften eines bestimmten Flügels, worunter man die Funktionen $\zeta_a = \zeta_a(\alpha)$, $\zeta_w = \zeta_w(\alpha)$ versteht, mittels der sog. Eiffelschen Polaren (Abb. 129), die in einem rechtwinkligen Achsensystem zusammengehörige Werte von ζ_w, ζ_a als Koordinaten eines Bildpunktes angeben, dem der zugehörige Anstellwinkel α beigeschrieben wird.

Durch die zwei Komponenten A und W ist aber die Lage der Luftkraft $\overline{K}$ an dem Tragflügel noch nicht vollständig bestimmt, es muß vielmehr noch eine dritte Angabe hinzutreten, die die Wirkungslinie von $\overline{K}$ kennzeichnet; als solche dient vorteilhaft — nach dem in der Statik üblichen Verfahren — das Moment um eine ausgezeichnete Achse, als welche sich hier unmittelbar die scharfe Hinterkante des Flügels empfiehlt. Bei den praktischen Messungen wird jedoch als Bezugsachse die Schnittlinie (O in Abb. 127) der Flügelebene mit der dazu senkrechten Tangentialebene durch die Vorderkante des Flügels genommen. Auch die Größe des Moments wird in der Flugtechnik durch einen Ausdruck von der Form der Gl. (252) dargestellt, in dem aber aus Dimensionsgründen rechts noch irgendeine Länge,

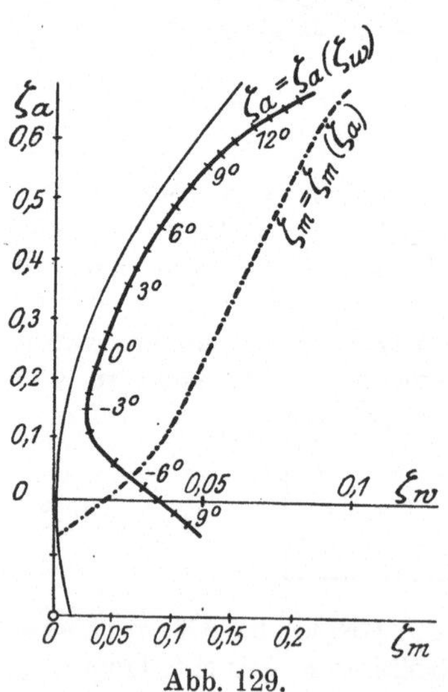
Abb. 129.

und zwar etwa die Flügeltiefe τ als Faktor hinzutreten muß. Wir erhalten demnach auch für das Moment den Ansatz:

$$\boxed{\mathfrak{M} = \zeta_m \cdot \varrho F V^2 \cdot \tau, \qquad \zeta_m = \zeta_m(\alpha)} \quad \ldots \ldots \ldots (253)$$

Zur experimentellen Bestimmung der drei Größen A, W, $\mathfrak{M}$ muß das Tragflügelmodell an drei Drähten befestigt werden, die nicht durch einen Punkt gehen dürfen; die in ihnen durch die Luftkräfte hervorgerufenen Spannungen werden gemessen — die eindeutige Bestimmung einer Kraft in der Ebene verlangt immer drei Bestimmungsstücke. Die Wirkunglinien der gesamten Luftkraft $\bar{K}$ sind für verschiedene Werte von α in Abb. 130 eingetragen, und die Werte von ζ_m in bezug auf die oben erklärte Achse O, die ihnen entsprechen, auch im Eiffelschen Schaubild (Abb. 129) verzeichnet, und zwar in Abhängigkeit von ζ_a. Aus Abb. 130 ist zu ersehen, daß die Wirkungslinie der Luftkraft auf den Flügel bei zunehmendem Anstellwinkel α nach vorne wandert; diese Druckpunktwanderung — den Schnitt von $\bar{K}$ mit der Anblasrichtung durch die Hinterkante nennt man den Druckpunkt (P) — ist eine bemerkenswerte Eigenschaft der Tragflügel, die für die Stabilität der Flugzeuge von besonderer Bedeutung ist.

Wenn die Verteilung des Druckes um das Flügelprofil herum durch direkte Manometermessungen bestimmt wird, indem der Flügel hohl ausgeführt und längs des Umfanges mit einer Reihe von Löchern versehen wird, von denen alle bis auf je eines verschlossen werden können, so findet man, daß der Auftrieb eines Tragflügels daher rührt, daß an der Oberseite (Saugseite) des Flügels ein Unterdruck, an der Unterseite (Druckseite) ein Überdruck entsteht, und zwar findet man, daß die Saugwirkung nach oben ungefähr $^2/_3$, die Druckwirkung von unten ungefähr $^1/_3$ des gesamten Auftriebes ausmacht.

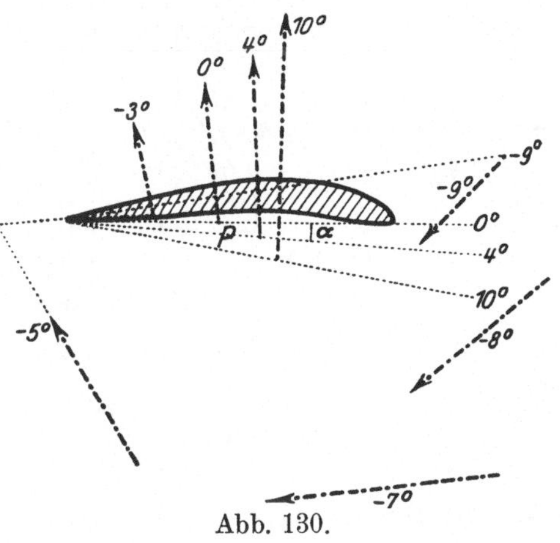

Abb. 130.

Das gleiche Ergebnis erhält man durch Rechnung nach der theoretisch ermittelten Flügelströmung (65); Abweichungen zeigen sich nur in einem kleinen Bereich an der Hinterkante des Flügels, an dem die Wirbelablösung erfolgt.

58. Der induzierte Widerstand. Betrachtet man die wagrechte Bewegung eines Flugzeuges in der Luft, so erkennt man, daß die Erzeugung eines lotrecht nach oben gerichteten Auftriebes ihren Gegenwert finden muß in der Abwärtsbewegung einer bestimmten Luftmasse mit einer entsprechenden Geschwindigkeit, die der vorüberstreichende Flügel erfaßt und nach unten wirft. Diese Abwärtsbewegung der Luft kommt natürlich praktisch nicht voll zur Auswirkung, sie wird vielmehr sehr bald durch innere Reibung der Luft wieder vernichtet. Teilweise hat sie auch ein seitliches Ausweichen und eine Aufwärtsbewegung der Luft außerhalb des Flügels zur Folge.

Eine zutreffende Angabe für die Größe des Querschnittes der Luftmasse, die in jeder Sekunde auf diese Weise erfaßt wird, erhält man durch die Schätzung (Abb. 131):

$$F' = \pi b^2 / 4 \,,$$

so daß die in jeder Sekunde nach abwärts bewegte Luftmasse die Größe hat:

$$M = \varrho F' V .$$

Wenn man mit w die zunächst unbekannte Geschwindigkeit bezeichnet, die dieser Luftmasse mitgeteilt wird, so ist die sekundlich erzeugte Bewegungsgröße Mw; daher ist nach dem Impulssatz:

$$A = Mw = \varrho F' V w \,,$$

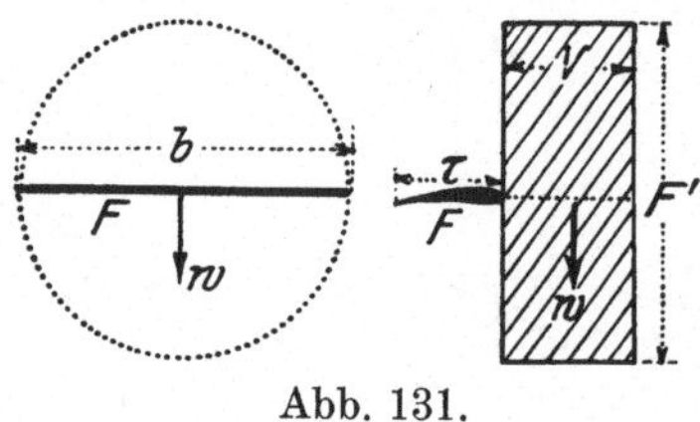

Abb. 131.

und daraus ist

$$w = A / \varrho F' V .$$

Die aufgewendete Leistung ist aber WV, und wenn man eine verlustlose Umformung der Motorarbeit in die lebendige Kraft der nach abwärts bewegten Luft annimmt, so hat man für 1 sek zu setzen:

$$WV = Mw^2 / 2 = A^2 / 2 \varrho F' V$$

oder

$$W = \frac{A^2}{2 \varrho F' V^2} = \frac{2 A^2}{\pi b^2 \varrho V^2} \,,$$

und mit Benützung der (Gln. 252):

$$\boxed{\zeta_w = \frac{2}{\pi} \frac{\tau}{b} \cdot \zeta_a^2} \qquad \ldots \ldots \ldots \ldots \quad (254)$$

Aus dieser (von L. Pran dtl herrührenden) Betrachtung folgt zunächst das grundsätzlich wichtige Ergebnis, daß bei Flügeln endlicher Länge mit jedem Auftrieb A auch bei verlustloser Energieumwandlung ein Widerstand W verbunden ist oder von jenem Auftrieb „induziert" wird; dieser induzierte Widerstand ist um so kleiner, je größer die Breite b des Tragflügels ist — dies ist auch ein wesentlicher Grund dafür, warum mit Vorteil breite Flügel von geringer Tiefe angewendet werden.

Trägt man diesen induzierten Widerstand in die Eiffelsche Polare (Abb. 129) des betreffenden Flügels ein, so erhält man die Parabel des induzierten Widerstandes; die an wirklichen Flügeln angeführten Messungen zeigen nun, daß der Restwiderstand (d. i. der Unterschied zwischen dem gemessenen und induzierten Widerstand) bei den Anstellwinkeln, bei denen das Profil gut ist und tatsächlich verwendet wird, sehr klein ist und fast nur vom Reibungswiderstand der Luft an dem Flügel herrührt. Ferner zeigt sich, daß dieser Restwiderstand vom Seitenverhältnis so gut wie unabhängig ist, welcher Umstand z. B. dazu verwendet werden kann, aus der bekannten Polaren eines Flügels, die Polaren eines anderen Flügels mit anderen Seitenverhältnissen abzuleiten.

59. Die Wirkungsweise der Luftschrauben läßt sich unmittelbar verstehen, wenn man jedes ihrer Blätter als eine Reihe nebeneinanderliegender Tragflügel betrachtet, die um eine gemeinsame Achse in Drehung gesetzt werden; durch diese Auffassung erhält man auch unmittelbar jene Gesetze, die für die technische Verwendung der Luftschrauben von Interesse sind. Die mechanischen Größen, auf die es dabei ankommt, sind die Zugkraft Z, die eine Luftschraube auszuüben vermag, und das Drehmoment $\mathfrak{M}$, das zur Aufrechterhaltung der Drehung der Luftschraube erforderlich ist. Ähnlich wie bei den Tragflügeln erhebt sich auch hier die Frage nach der Abhängigkeit

dieser dynamischen Größen von geometrischen und kinematischen Bestimmungstücken, und zwar sind dies einerseits die Größe und Form der Luftschraube, andrerseits ihr Geschwindigkeitszustand. Was den Geschwindigkeitszustand anlangt, so haben wir zwischen Hubschrauben (Luftschrauben am Stand) und Treibschrauben zu unterscheiden; bei den ersteren

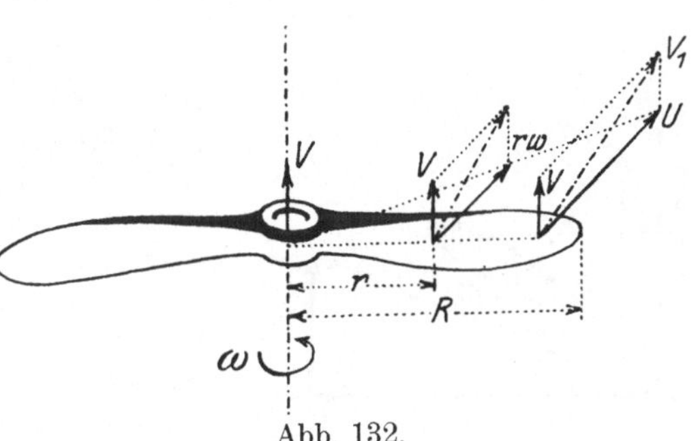

Abb. 132.

ruht die Achse und es kommt nur die Drehgeschwindigkeit um sie in Betracht, bei der zweiten Art besitzt die Achse selbst eine Geschwindigkeit V in ihrer eigenen Richtung, während die Schraube um sie mit einer gewissen Winkelgeschwindigkeit ω gedreht wird. Ähnlich wie bei den Tragflügeln wird auch bei den Luftschrauben nur die stationäre Bewegung betrachtet, die gleichbleibenden Werten von V und ω entspricht.

Die geometrische Grundform für die Luftschrauben ist die Schraubenfläche. Sei h ihre Ganghöhe, dann ist der Steigungswinkel der auf der Schraubenfläche liegenden Schraubenlinie in der Entfernung r von der Achse durch die Gleichung bestimmt:

$$\operatorname{tg} \alpha = h / 2\,r\,\pi\,.$$

α ist also um so kleiner, je größer r wird; die Schraubenlinien verlaufen daher um so flacher, je weiter wir uns von der Achse entfernen.

Auf einer solchen Schraubenfläche wird die profilierte Luftschraube (meist zweiflügelig) aufgebaut. Bei der Bewegung (Abb. 132) erhält jedes Element der Luftschraube eine Geschwindigkeit, die durch die vektorielle Summe aus der Vortriebsgeschwindigkeit V und der Tangentialgeschwindigkeit $r\omega$ gebildet ist; diese ist für den Umfang der Luftschraube am größten, und zwar $U = R\omega$. Die Neigung der Geschwindigkeit gegen die zur Drehachse senkrechte Ebene wird im selben Verhältnis kleiner wie die Neigung der Schraubenfläche, so daß die „Anstellwinkel" aller Elemente gegen ihre Geschwindigkeit gleich groß und zwar gleich jenem Wert gemacht werden können, der der günstigsten Wirkungsweise bei kleinstem Widerstand jedes Elementes entspricht.

In Abb. 133 ist das äußerste (wirksamste) Element der Luftschraube in einer Seitenansicht gezeichnet. Zerlegt man die Luftkraft $\overline{\varDelta K}$, die auf jedes Element der Luftschraube entfällt, in eine Teilkraft $\overline{\varDelta Z}$ parallel zur Achse und in eine $\overline{\varDelta W}$ senkrecht zur Achse, also

$$\overline{\varDelta K} = \overline{\varDelta Z} + \overline{\varDelta W},$$

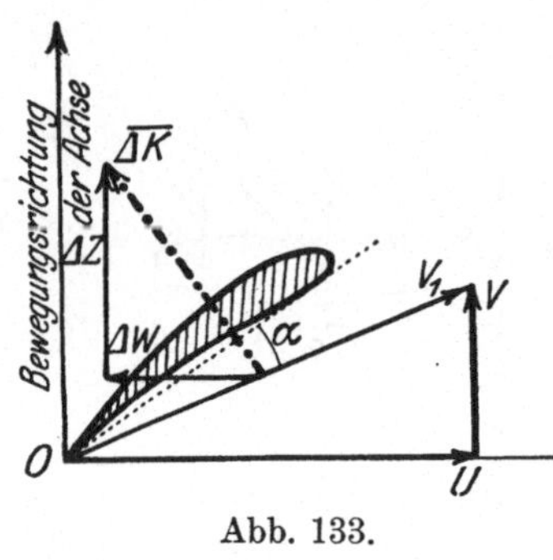

Abb. 133.

so ist $\varSigma \varDelta Z = Z$ die Zugkraft und $\varSigma(r \cdot \varDelta W) = \mathfrak{M}$ das Drehmoment („Widerstandskraftmoment") der Luftschraube, herrührend von den Widerständen der einzelnen Luftschraubenelemente.

Um einen Ansatz für diese beiden Größen zu erhalten, betrachten wir zunächst die Luftschraube am Stand, also für $V = 0$; die Geschwindigkeiten aller Elemente sind dann proportional mit U und wir können die gesamte Zugkraft Z — ähnlich wie beim Tragflügel — in der Form ansetzen:

$$Z = \zeta_K \cdot \varrho F U^2,$$

wo jetzt F die Projektion des Luftschraubenblattes auf eine Ebene senkrecht zu seiner Achse und ζ_K den Beiwert der Zugkraft bedeuten.

Bei der bewegten Luftschraube $(V \neq 0)$ ist (s. Abb. 132) der Anstellwinkel α jedes Elements kleiner geworden, und zwar in demselben Maße, in dem V zugenommen hat, bleibt jedoch unverändert, wenn V/U denselben Wert behält. In der eben angeschriebenen Gleichung wird dies dadurch zum Ausdruck gebracht, daß ζ_K von dem Verhältnis V/U abhängig angesehen wird; mit abnehmendem Anstellwinkel α des Luftschraubenelementes werden auch die Luftkräfte $\varDelta K$ kleiner und daher ist $\zeta_K(V/U)$ eine bei zunehmendem V/U abnehmende Funktion. Wir erhalten daher die Gleichung:

$$\boxed{Z = \zeta_K(V/U) \cdot \varrho F U^2} \qquad \ldots \ldots \ldots \quad (255)$$

Aus denselben Gründen wird das Drehmoment $\mathfrak{M}$ der Luftschraube, das noch einen eine Länge darstellenden Faktor, etwa R, enthalten muß, in der Form anzusetzen sein:

$$\boxed{\mathfrak{M} = \zeta_M \left(V/U\right)\cdot \varrho\, F U^2 \cdot R}, \quad . \quad . \quad . \quad . \quad . \quad (256)$$

worin ζ_M den Beiwert des Drehmomentes der Luftschraube bezeichnet.

Das ganze Verhalten der Luftschraube bei den verschiedenen Betriebszuständen ist daher durch die Angabe der Funktionen $\zeta_K = \zeta_K(V/U)$, $\zeta_M = \zeta_M(V/U)$ gekennzeichnet, die natürlicherweise außer von dem angegebenen Argumente V/U noch von der besonderen Profilgestaltung und auch von der Form des Blattes abhängen.

Da die Nutzleistung der Luftschraube ZV [kgm/sek] und die vom Motor abgegebene Leistung $L = \mathfrak{M}\,\omega$ [kgm/sek] sind, so ergibt sich der Wirkungsgrad der Anlage $(R\,\omega = U)$:

$$\boxed{\eta = \frac{ZV}{\mathfrak{M}\,\omega} = \frac{\zeta_K \cdot V}{\zeta_M \cdot R\,\omega} = \eta\left(\frac{V}{U}\right)}. \quad . \quad . \quad . \quad . \quad (257)$$

Der Verlauf der Funktionen ζ_K, ζ_M und η in Abhängigkeit von V/U ist in Abb. 134 dargestellt. Für $V = 0$ gibt die Luftschraube (als „Hubschraube" oder „am Stand") die größte Zugkraft, aber auch das größte Drehmoment, während η verschwindet. Mit zunehmendem V werden ζ_K, ζ_M kleiner, während η bis zu einem Größtwert zunimmt und dann wieder abnimmt. Ebenso wie es bei den Tragflügeln einen Anstellwinkel α gibt, für den der Auftrieb verschwindet, so gibt es auch hier einen bestimmten Wert des Verhältnisses (V/U), für welchen die Zugkraft verschwindet, bei dem sich sozusagen die Luftschraube in sich selbst vorwärts schraubt und für den sie keine Zugkraft entwickelt; auch für diesen Wert ist der Wirkungsgrad null. Aus Abb. 134 ist zu ersehen, daß es hinsichtlich des Wirkungsgrades einen günstigsten Wert von V/U gibt, für den die Luftschraube am besten arbeitet und dem man sich beim Betriebe möglichst nähern soll.

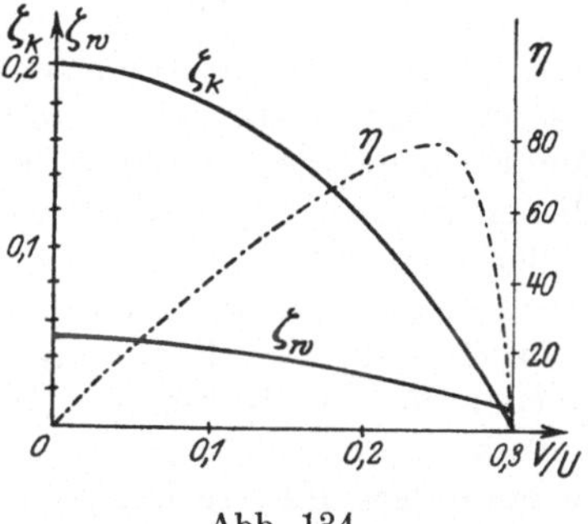

Abb. 134.

Die Ermittlung der Werte von ζ_K, ζ_M und η geschieht meist durch Modellversuche; diese Modelle müssen den wirklichen Luftschrauben geometrisch ähnlich sein. Um aus diesen Versuchen im kleinen die Werte der Zugkraft und des Drehmoments für eine Luftschraube im großen zu erhalten, schreibt man die Gln. (255) bis (257) besser in der folgenden Form, die von Eiffel verwendet wurde. Sei hier n die sekundliche Drehzahl, also $U = D\omega/2 = \pi D n$, $U^2 = \dfrac{\pi^2 D^2 n^2}{V^2} \cdot V^2$, so ist bei ähnlichen Luftschrauben $F \sim D^2$, und daher ist

$$
\left.
\begin{aligned}
Z &= \zeta_K' \left(\frac{V}{\pi D n}\right) \cdot D^2 n^2 \\[2mm]
\mathfrak{M} &= \zeta_M' \left(\frac{V}{\pi D n}\right) \cdot D^3 n^2 \\[2mm]
\eta &= \eta \left(\frac{V}{\pi D n}\right)
\end{aligned}
\right\} , \quad \ldots \ldots \quad (258)
$$

wobei ζ_K', ζ_M' sich aus den früher verwendeten Beiwerten ζ_K und ζ_M leicht ausrechnen lassen. Nach diesen Formeln ist die Bestimmung von Zugkraft und Drehmoment für geometrisch ähnliche Luftschrauben verschiedener Größe ohne weiteres durchführbar.

XI. Allgemeine Bewegungsgleichungen reibungsfreier Flüssigkeiten.

In den vorhergehenden Abschnitten wurde eine Reihe von Problemen der Hydraulik, die zumeist an sich recht verwickelt sind, in der vereinfachten Betrachtungsweise als eindimensional behandelt — bei allen Problemen wurde eine einzige Bewegungsgleichung für die Richtung der Bewegung aufgestellt und aufgelöst. Die Vorgänge, die sich quer zu dieser Richtung abspielen, wurden entweder ganz außer acht gelassen oder es wurde ihr Einfluß in summarischer Weise durch Erfahrungszahlen (Ausflußzahl, Rauhigkeit, Widerstandsbeiwert u. dgl.) in Rechnung gezogen. In den folgenden Abschnitten werden in aller Kürze die Grundgleichungen entwickelt, die für eine vollständigere, mehrdimensionale Behandlung nötig sind, und dabei insbesondere die stationäre ebene und die achsensymmetrische Strömung besprochen. Dabei tritt wieder die Beschränkung auf reibungsfreie Flüssigkeiten ein, die, wenn sie sich auch von der physikalischen Wirklichkeit entfernt, doch in allen jenen Gebieten einen Einblick in den Verlauf der Bewegung liefert, die einigermaßen entfernt sind von festen Wänden und den stromaufwärts liegenden Hälften von eingetauchten festen Körpern; man macht diese Einschränkung, wenn auch das Haften der wirklichen Flüssigkeit an den Körperwänden und daher auch der Vorgang der Ablösung der Strömung von diesen und die dadurch hervorgerufene Wirbelbildung an der Rückseite der Körper durch die Hilfsmittel aus der Theorie der reibungsfreien Flüssigkeit nicht wiedergegeben werden können.

60. Die Eulerschen Bewegungsgleichungen. Die mechanischen Größen, die mittels der Bewegungsgleichungen bestimmt werden sollen, sind die Geschwindigkeit V und der Druck p an allen Punkten einer in der Ebene oder im Raume, d. h. in zwei oder drei Dimensionen verlaufenden Flüssigkeitsströmung. — Um die Bewegungsgleichungen zu erhalten, betrachten wir (Abb. 135) ein kleines Flüssigkeitsteilchen in Form eines kleinen Zylinders parallel zur x-Achse eines Cartesischen Koordinatensystems, dessen Mittelpunkt zur Zeit t die Koordinaten (x, y, z) haben möge. Da wir es mit einer ausgedehnten Flüssigkeitsmasse zu tun haben, wird die Geschwindigkeit V jedes Teilchens durch die Teilgeschwindigkeiten (u, v, w) nach den drei Achsen gegeben sein, die im allgemeinen nicht nur von Ort zu Ort andere sein werden, sondern auch (bei nicht-stationärer Bewegung) am gleichen Orte zu verschiedenen Zeiten verschiedene Werte haben werden: d. h. u, v, w werden im allgemeinen irgendwelche stetige und differenzierbare Funktionen von x, y, z und t sein:

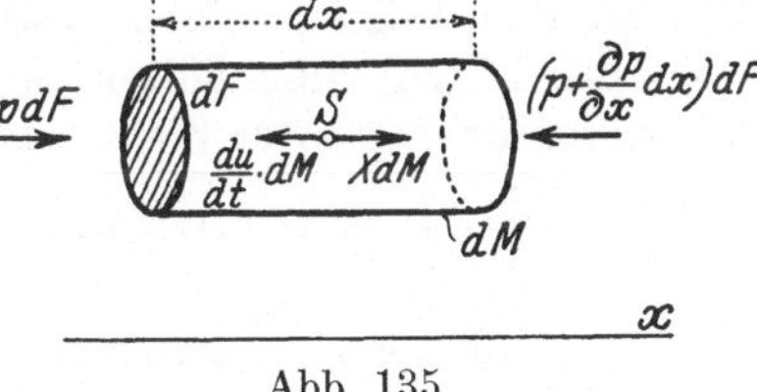

$$\overline{V} \begin{cases} u = u\,(x, y, z, t), \\ v = v\,(x, y, z, t), \\ w = w\,(x, y, z, t). \end{cases}$$

Abb. 135.

Bei der Bewegung des Teilchens ändern sich die Koordinaten x, y, z mit der Zeit, und da $\dot{x} = u$, $\dot{y} = v$, $\dot{z} = w$, so wird die Beschleunigung in der x-Richtung durch die „vollständige Ableitung" von u nach t in der Form ausgedrückt erscheinen:

$$b_x \equiv \frac{du}{dt} = \frac{\partial u}{\partial t} + u\,\frac{\partial u}{\partial x} + v\,\frac{\partial u}{\partial y} + w\,\frac{\partial u}{\partial z};$$

ähnliche Ausdrücke ergeben sich für b_y und b_z. Ebenso wird auch der Druck p im allgemeinen als eine Funktion von x, y, z und t anzusehen sein.

Auf das betrachtete Teilchen (Abb. 135) wirkt daher in Richtung der x-Achse die eingeprägte (raumhafte) Kraft $X \cdot dM$, die Flächenkraft $p \cdot dF$ auf die linke, $-\,(p + \partial p/\partial x \cdot dx) \cdot dF$ auf die rechte Grundfläche, während die auf die Mantelfläche wirkenden Kräfte nach der x-Richtung keinen Beitrag liefern. Wird außerdem nach dem d'Alembertschen Prinzip die Trägheitskraft $b_x \cdot dM$ in der $-x$-Richtung hinzugenommen, so liefert die Gleichgewichtsbedingung nach x der so ergänzten Kraftgruppe:

$$X\,dM + p\,dF - \left(p + \frac{\partial p}{\partial x}\,dx\right) dF - \frac{du}{dt}\cdot dM = 0,$$

und da $dM = \varrho\,dF \cdot dx$, so ergibt sich die Eulersche Bewegungsgleichung für die x-Richtung in der Form:

$$\boxed{\,b_x \equiv \frac{du}{dt} \equiv \frac{\partial u}{\partial t} + u\,\frac{\partial u}{\partial x} + v\,\frac{\partial u}{\partial y} + w\,\frac{\partial u}{\partial z} = X - \frac{1}{\varrho}\,\frac{\partial p}{\partial x}\,}, \qquad (259)$$

welcher Gleichung noch zwei ähnlich lautende für die y- und z-Richtung beizufügen sind. Diese drei Differentialgleichungen enthalten vier unbekannte Funktionen u, v, w und p, sie reichen daher an sich zur Bestimmung dieser vier Funktionen noch nicht aus; die vierte Gleichung, die noch hinzutreten muß, um die Auflösung dieses Systems zu ermöglichen, ist die Kontinuitätsgleichung.

61. Die Kontinuitätsgleichung — entsprechend der Durchflußgleichung (45) im Fall des Stromfadens — besagt, daß bei der Bewegung der Flüssigkeit nirgends Hohlräume und nirgends Anhäufungen von Flüssigkeiten entstehen können. Hiezu betrachten wir ein festes Gerüst, das aus den 12 Kanten eines rechtwinkligen Vierflachs parallel zu den Achsen x, y, z besteht und bringen zum Ausdruck, daß dieses Gerüst zu allen Zeiten mit Flüssigkeit voll erfüllt ist. Durch die Seitenfläche $dy\,dz$ fließt in der Zeiteinheit die Menge $u\,dy\,dz$ zu, durch die gegenüberliegende die Menge $\left(u + \dfrac{\partial u}{\partial x}\,dx\right)dy\,dz$ ab, der Überschuß ist also $\dfrac{\partial u}{\partial x}\,dx\,dy\,dz$; ebenso ist der Überschuß durch die Flächen $dz\,dx$: $\dfrac{\partial v}{\partial y}\,dx\,dy\,dz$ und durch die Flächen $dx\,dy$: $\dfrac{\partial w}{\partial z}\,dx\,dy\,dz$; soll also das Vierflach nach wie vor mit Flüssigkeit erfüllt sein, so muß die Summe dieser Überschüsse (für alle Werte von t) verschwinden, d. h. es ist:

$$\boxed{\frac{\partial u}{\partial x} + \frac{\partial v}{\partial y} + \frac{\partial w}{\partial z} = 0} \qquad \dots \dots \dots (260)$$

Dies ist zugleich die gesuchte vierte Gleichung, die zu den drei Gln. (259) hinzuzunehmen ist; wenn also drei Funktionen u, v, w von (x, y, z, t) die Geschwindigkeitskomponenten einer räumlichen Flüssigkeitsströmung darstellen sollen, so ist dies nur möglich, wenn sie für alle Werte von t die Gln. (260) erfüllen.

Das Problem der Integration des aus den drei Gln. (259) und der Gl. (260) bestehenden Systems besteht nun darin, die Strömung gewissen Randbedingungen anzupassen. Diese bestehen darin, daß die Randkurven, zwischen denen die Strömung verlaufen soll, vorgegeben sind, diese Bedingung kann auch so formuliert werden, daß für die auf diesen Randkurven liegenden Punkte die Geschwindigkeiten tangentiell zu ihnen verlaufen sollen. Wir werden im nächsten Kapitel sehen, wie sich diese Randbedingung für eine gewisse einfache Klasse ebener Strömungen, nämlich für die wirbelfreien Bewegungen, vereinfacht.

62. Wirbel und Zirkulation. In den vorhergehenden Betrachtungen war wiederholt von Wirbeln die Rede, und wenn auch jeder mit diesem Begriffe eine bestimmte Vorstellung verbindet, die sich

z. B. an die Strömungsbilder anknüpft, die durch die Ruderbewegungen hervorgerufen werden, so ist damit doch keine Definition gewonnen, die für exakte Betrachtungen brauchbar wäre. Wir können jedenfalls sagen: **Der Wirbel an irgendeiner Stelle gibt die Größe der Drehgeschwindigkeit des an der betreffenden Stelle befindlichen Flüssigkeitsteilchens.**

Bei der Bewegung der Flüssigkeit tritt im allgemeinen nicht nur eine **Drehung**, sondern auch eine **Formänderung** der Teilchen ein. Diese Formänderung kann als reine Deformation bezeichnet werden, und ist dann von der Art, die aus der Festigkeitslehre beim „Zugversuch" wohl bekannt ist: Dehnung in einer, Zusammenziehung in der dazu senkrechten Richtung. Im Falle der Flüssigkeit tritt nur die Bedingung der Raumbeständigkeit hinzu, die aber für die Art dieser Deformation keine wesentliche Einschränkung bedeutet. Die tatsächliche Formänderung der Flüssigkeitsteilchen besteht dann aus einer Überlagerung einer solchen reinen Deformation und einer reinen Drehung, bei der die Teilchen als starr angesehen werden können; eine genauere Analyse dieser Drehung zeigt, daß die Komponenten ihrer Winkelgeschwindigkeit $\overline{\omega}\,(\omega_x,\ \omega_y,\ \omega_z)$ durch drei Ausdrücke dargestellt werden können, von denen der dritte, d. i. die Winkelgeschwindigkeit um die z-Achse die folgende Form hat[1]):

$$\boxed{\ \omega_z = \frac{1}{2}\left(\frac{\partial v}{\partial x} - \frac{\partial u}{\partial y}\right)\ }, \ \ldots \ldots \ldots \ (261)$$

und ähnliche Ausdrücke ergeben sich für die Drehgeschwindigkeiten um die x- und y-Achse. Alle Gebiete, in denen der Vektor $\overline{\omega}\,(\omega_x, \omega_y, \omega_z,$ von Null verschieden ist, sind **Wirbelgebiete**; dort wo jedoch $\overline{\omega} = 0)$ also $\omega_x = 0,\ \omega_y = 0,\ \omega_z = 0$ ist, nennt man die Bewegung **wirbelfrei**.

Für die Drehung eines starren Körpers um eine feste z-Achse sind die Teile der Geschwindigkeit eines Punktes P nach den Richtungen x und y durch die Ausdrücke gegeben (Abb. 136)

$$u = -\,\omega_z\,y\,, \qquad v = \omega_z\,x\,.$$

Nach Gl. (261) sieht man daraus, daß die Winkelgeschwindigkeit ω_z mit der z-Komponente des „Wirbels" in dem betreffenden Punkte zusammenfällt.

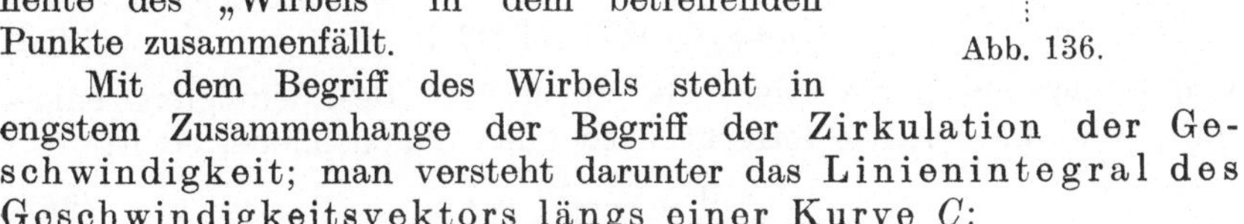

Abb. 136.

Mit dem Begriff des Wirbels steht in engstem Zusammenhange der Begriff der **Zirkulation** der Geschwindigkeit; man versteht darunter das **Linienintegral** des Geschwindigkeitsvektors längs einer **Kurve** C:

$$\int\limits_{(C)} V \cos\,(V,\ ds)\,ds = \int\limits_{(C)} (u\,dx + v\,dy)\,.$$

---

[1]) Eine vollkommen befriedigende und dabei ganz elementare Definition für den Begriff des „Wirbels" scheint bis jetzt noch nicht gefunden worden zu sein.

Für eine geschlossene Kurve C kann man dieses Linienintegral nach dem Stokesschen Satze in ein Flächenintegral über die von C eingeschlossene Fläche F umformen, so daß wir schreiben können:

$$J = \int\limits_{(C)} (u\,dx + v\,dy) = \frac{1}{2} \iint \left(\frac{\partial v}{\partial x} - \frac{\partial u}{\partial y}\right) dx\,dy = \iint \omega_z\,dF \quad , \quad (262)$$

d. h. die Zirkulation längs einer geschlossenen Kurve, innerhalb welcher Wirbelgebiete liegen, ist gleich dem über die eingeschlossene Fläche F erstreckten Integral des Wirbels ω_z. In wirbelfreien Strömungen ist die „Zirkulation" längs irgendwelcher geschlossenen Kurve gleich Null.

63. Die Druckgleichung für wirbelfreie Strömungen. Wenn die Strömung in dem ganzen Bereiche wirbelfrei verläuft, so gelten daher im ganzen Bereiche die drei Gleichungen

$$\frac{\partial w}{\partial y} = \frac{\partial v}{\partial z}, \qquad \frac{\partial u}{\partial z} = \frac{\partial w}{\partial x}, \qquad \frac{\partial v}{\partial x} = \frac{\partial u}{\partial y}. \quad \ldots \quad (263)$$

Nehmen wir außerdem an, daß die Bewegung stationär verläuft, so ist in den drei Gln. (259): $\partial u/\partial t = 0$, $\partial v/\partial t = 0$, $\partial w/\partial t = 0$ zu setzen; multipliziert man die drei Gln. (259) sodann mit dx, dy, dz und addiert sie, so folgt mit Rücksicht auf die Gln. (263):

$$\frac{\partial p}{\partial x} dx + \frac{\partial p}{\partial y} dy + \frac{\partial p}{\partial z} dz$$

$$= \varrho \left[X\,dx + Y\,dy + Z\,dz - u\left(\frac{\partial u}{\partial x} dx + \frac{\partial u}{\partial y} dy + \frac{\partial u}{dz} dz\right) \right.$$

$$\left. - v\left(\frac{\partial v}{\partial x} dx + \frac{\partial v}{\partial y} dy + \frac{\partial v}{\partial z} dz\right) - w\left(\frac{\partial w}{\partial x} dx + \frac{\partial w}{\partial y} dy + \frac{\partial w}{\partial z} dz\right)\right].$$

Führt man darin wieder die Beschleunigungsfunktion:

$$X\,dx + Y\,dy + Z\,dz = dW$$

und das Quadrat der Geschwindigkeit ein,

$$u^2 + v^2 + w^2 = V^2,$$

so lautet die vorhergehende Gleichung:

$$dp = \varrho\,(dW - dV^2/2); \quad \ldots \ldots \ldots \quad (264)$$

wird wieder nur die Schwere als eingeprägte Beschleunigung eingeführt, und die z-Achse lotrecht nach oben angenommen, so ist

$$W = -g\,z \quad \ldots \ldots \ldots \ldots \quad (265)$$

zu setzen und daher gibt die Integration der Gl. (264) für diesen besonderen Fall:

$$\frac{p}{\gamma} + z + \frac{V^2}{2\,g} = \text{konst.} \quad , \quad \ldots \ldots \quad (266)$$

d. i. die **Druckgleichung** in der schon in **17** erhaltenen Form. Diese Gleichung hat zunächst nur einen Sinn für zusammengehörige Werte von p, z, V, die auf einer **Stromlinie** liegen; nur wenn der Wert der Konstanten, der in dieser Gleichung vorkommt, für **alle** Stromlinien übereinstimmt, hat die Summe der drei in Gl. (266) enthaltenen „Energien" für **beliebige** Punkte innerhalb der ganzen Flüssigkeit denselben Wert.

Dabei sind die **Stromlinien** als jene Kurven definiert, deren Tangenten die Geschwindigkeiten der Teilchen in allen Punkten enthalten; sie sind daher die Integralkurven des Systems der Differentialgleichungen:

$$\boxed{\frac{dx}{u} = \frac{dy}{v} = \frac{dz}{w}} \;, \quad \ldots \ldots \ldots \quad (267)$$

in denen u, v, w die durch Integration der Bewegungsgln. gefundenen Geschwindigkeiten in Abhängigkeit von (x, y, z, t) bedeuten.

Soll nun eine vorgegebene Kurve als **Grenze** für einen Bereich strömender Flüssigkeiten in Betracht kommen, so muß sie offenbar eine **Stromlinie** sein. Diese Bemerkung gibt ein Mittel an die Hand, die Stromlinien für eine zwischen irgendwelchen Kurven liegende Flüssigkeitströmung wenigstens angenähert einzuzeichnen.

Die **stationären** Bewegungen sind dadurch gekennzeichnet, daß sie ihre Form und Geschwindigkeitsverteilung für alle Werte der Zeit t unverändert beibehalten; bei ihnen sind daher u, v, w als Funktionen von x, y, z allein anzusehen, so daß die Stromlinien mit den **Bahnkurven** der einzelnen Flüssigkeitsteilchen an allen Orten übereinstimmen.

XII. Ebene und achsensymmetrische Strömungen.

64. Geschwindigkeitspotential und Stromfunktion für wirbelfreie ebene Strömungen. Wenn die Flüssigkeitsströmung parallel zur x-y-Ebene verläuft, so verschwinden die Geschwindigkeiten w und die Beschleunigungen dw/dt aller Punkte, sowie auch alle Ableitungen $\partial/\partial z$. Von den Bewegungsgleichungen (259) bleiben daher nur zwei übrig. Die Kontinuitätsgleichung

$$\boxed{\frac{\partial u}{\partial x} + \frac{\partial v}{\partial y} = 0} \quad \ldots \ldots \ldots \quad (268)$$

und die Gleichung für die Wirbelfreiheit

$$\boxed{\frac{\partial v}{\partial x} - \frac{\partial u}{\partial y} = 0} \quad \ldots \ldots \ldots \quad (269)$$

zeigen ferner, daß u und v in zweierlei Weise als Ableitung je
einer Funktion dargestellt werden können; denn die Gl. (269) wird
durch den Ansatz befriedigt:

$$u = \frac{\partial \varphi}{\partial x}, \qquad v = \frac{\partial \varphi}{\partial y} \qquad \ldots \ldots \ldots (270)$$

und die Gl. (268) durch:

$$u = \frac{\partial \psi}{\partial y}, \qquad v = -\frac{\partial \psi}{\partial x} \qquad \ldots \ldots \ldots (271)$$

φ nennt man das Geschwindigkeitspotential, oder kurz Potential, ψ die Stromfunktion. Setzt man die Ausdrücke (270) in (269)
und (271) in (268) ein, so sieht man, daß φ und ψ der sogenannten
Laplaceschen Differentialgleichung genügen, d. h. es ist

$$\Delta \varphi = \frac{\partial^2 \varphi}{\partial x^2} + \frac{\partial^2 \varphi}{\partial y^2} = 0, \qquad \Delta \psi = \frac{\partial^2 \psi}{\partial x^2} + \frac{\partial^2 \psi}{\partial y^2} = 0 \ldots \ldots (272)$$

Die Gln. (270) und (271) besagen bekanntlich, daß φ und ψ der Real-
und Imaginärteil einer Funktion Φ der komplexen Veränderlichen
$z = x + i\,y$ ist, d. h. es ist

$$\varphi + i\,\psi = \Phi(z) = \Phi(x + i\,y) \qquad \ldots \ldots (273)$$

Φ nennt man das komplexe Strömungspotential. Umgekehrt
sieht man sofort, daß Real- und Imaginärteil einer beliebigen
Funktion einer komplexen Veränderlichen als Potential und Stromfunktion (oder umgekehrt) einer ebenen, wirbelfreien Strömung angesehen werden können. — Aus Φ ergeben sich die Teilgeschwindigkeiten u und v durch Ableitung nach z, und zwar ist:

$$\frac{d\Phi}{dz} = \Phi'(z) = \frac{\partial \varphi}{\partial x} + i\,\frac{\partial \psi}{\partial x} = \frac{\partial \psi}{\partial y} - i\,\frac{\partial \varphi}{\partial y} = u - i\,v \qquad \ldots (274)$$

Die Ableitung $\Phi'(z)$ gibt also die sog. „konjugierte" Geschwindigkeit $u - i\,v$, d. i. das Spiegelbild der Geschwindigkeit $w = u + i\,v$ an
der reellen Achse. Die Ableitung $\Phi'(z)$ ist selbst eine Funktion des
komplexen Arguments z, und wir sehen aus dieser Gleichung, daß
Realteil und Imaginärteil einer beliebigen derartigen Funktion als u-
und $-v$-Komponente einer ebenen Strömung angesehen werden können.

　　Die Stromlinien (hier mit den Bahnkurven zusammenfallend)
sind nach Gl. (267) durch die Gleichung gegeben

$$v\,dx - u\,dy = 0,$$

oder nach Gl. (271):

$$\frac{\partial \psi}{\partial x}\,dx + \frac{\partial \psi}{\partial y}\,dy = 0,$$

daraus sieht man, daß die Schar der Stromlinien durch die Gleichung gegeben ist:

Stromlinien: $\boxed{\psi = \text{konst.}}$ . . . . (275)

Ferner folgt aus den Gln. (270) und (271)

$$\frac{\partial \varphi}{\partial x}\frac{\partial \psi}{\partial x} + \frac{\partial \varphi}{\partial y}\frac{\partial \psi}{\partial y} = 0, \ldots \ldots \ldots (276)$$

d. h. die Kurvenscharen $\varphi = \text{konst.}$ und $\psi = \text{konst.}$ bilden eine **Doppelschar orthogonaler Kurven**, was übrigens schon aus ihrer Bedeutung als Bestandteile einer Funktion einer komplexen Veränderlichen klar ist. Die Schar $\varphi = \text{konst.}$ bezeichnet man als **Potentiallinien**. Die Bedeutung der φ- und ψ-Linien ist übrigens **umkehrbar**; d. h. es bilden auch stets die Kurven $\varphi = \text{konst.}$ die Stromlinien und die Kurven $\psi = \text{konst.}$ die Potentiallinien einer ebenen Strömung.

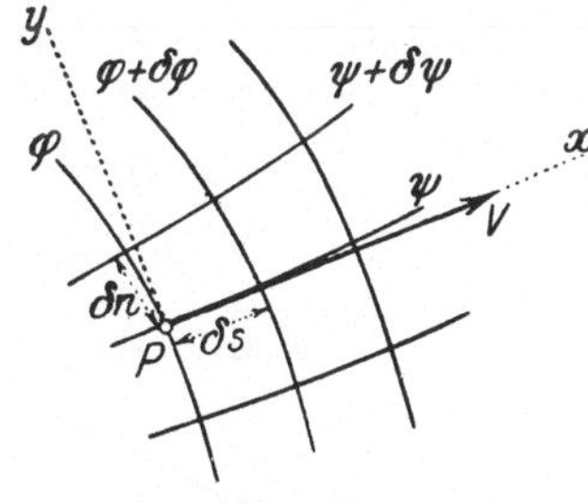

Abb. 137.

Legt man das Achsensystem in die Richtung der Tangenten an die durch einen Punkt P gehende Kurven $\varphi = \text{konst.}$ und $\psi = \text{konst.}$ (Abb. 137) und bezeichnen δs und δn auf diesen Kurven liegende Strecken, so lauten die Gln. (270) und (271) in „natürlicher" Auffassung:

$$\left.\begin{array}{l} V = \dfrac{\partial \varphi}{\partial s} = \dfrac{\partial \psi}{\partial n} \\[2mm] 0 = \dfrac{\partial \varphi}{\partial n} = -\dfrac{\partial \psi}{\partial s} \end{array}\right\} \ldots \ldots \ldots (277)$$

Aus der ersten Gleichung folgt, daß

$$V\,\delta n = \delta\psi,$$

d. i. gleich dem Durchfluß zwischen den beiden Kurven $\psi = \text{konst.}$ und $\psi + \delta\psi = \text{konst.}$ ist; daher gilt auch

$$\boxed{Q = \int_0^1 V\,\delta n = \psi_1 - \psi_0}, \ldots \ldots (278)$$

d. h. **der Durchfluß zwischen zwei Stromlinien ist durch den Unterschied der Werte der Stromfunktion ψ längs dieser beiden Stromlinien gegeben.**

Der Druck an jeder Stelle dieser Flüssigkeitströmung ist durch die Gleichung

$$\boxed{\frac{p}{\gamma} - \frac{W}{g} + \frac{V^2}{2g} = \text{konst.}} \ldots \ldots (279)$$

bestimmt, die für $W = - gy$ (wovon y lotrecht) mit der oben erhaltenen Druckgleichung (47) übereinstimmt. Ferner ist $V^2 = u^2 + v^2$.

Die Aufgabe, eine Flüssigkeitsbewegung zwischen gegebenen Begrenzungskurven zu bestimmen, läßt sich demnach als eine **Randwertaufgabe** in folgender Weise aussprechen: Es ist eine Funktion $\varphi(x, y)$ zu bestimmen, die im ganzen Inneren der **Laplace**schen Gl. (272) genügt und am Rande die Bedingung (277): $\partial \varphi / \partial n = 0$ erfüllt. Die allgemeine Lösung dieser Aufgabe, die in eindeutiger Weise möglich ist, gehört in das Gebiet der **Potentialtheorie**.

Bei ebenen, wirbelfreien Strömungen ist daher der Bewegungsverlauf und die Geschwindigkeitsverteilung durch die Randbedingungen allein vollständig bestimmt; der Druck in jedem Punkte wird nach Ermittlung der Geschwindigkeiten durch die Druckgleichung (279) gegeben.

Beispiel 70. Die **Parallelströmung** mit der Geschwindigkeit $- V_0$ in der x-Richtung (d. h. aus $+\infty$) ist durch die Gleichung gegeben:

$$\Phi(z) = - V_0 z = - V_0 (x + iy) = \varphi + i\psi,$$

also

$$\varphi = - V_0 x, \qquad \psi = - V_0 y;$$

ferner ist

$$\Phi'(z) = - V_0 = u - iv, \qquad \text{d. h. } u = - V_0, \quad v = 0.$$

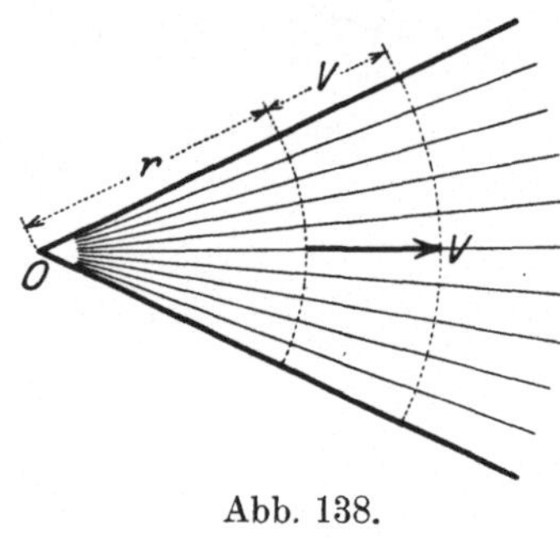

Abb. 138.

Beispiel 71. Für die **radiale Strömung** (Abb. 138), oder die **einfache Quelle**, gilt der Ansatz

$$\Phi(z) = V_0 r_0 \log z,$$

daher

$$\Phi'(z) = V_0 r_0 \cdot \frac{1}{z} = V_0 r_0 \frac{x - iy}{x^2 + y^2} = u - iv,$$

d. h. es ist

$$u = V_0 r_0 \cdot x / r^2, \qquad v = V_0 r_0 \cdot y / r^2;$$

die Geschwindigkeit hat daher in der Tat die Richtung des Radius, und ihre Größe ist

$$V^2 = u^2 + v^2 = V_0^2 r_0^2 / r^2, \qquad V = V_0 \cdot r_0 / r,$$

also umgekehrt proportional der Entfernung r und von r allein abhängig. Der (sekundliche) Durchfluß zwischen den zwei Wänden $\vartheta = \pm \alpha$ ist

$$Q = \int_{-\alpha}^{-\alpha} V r \, d\vartheta = V_0 r_0 \cdot \int_{-\alpha}^{\alpha} d\vartheta = V_0 r_0 \cdot 2\alpha.$$

Beispiel 72. Strömung um einen Zylinder vom Halbmesser a.
a) Wenn die Flüssigkeit mit der Geschwindigkeit $- V_0$ aus dem Unendlichen (von $+\infty$ her) kommt, so ist die Strömung (Abb. 139a) gegeben durch die Funktion:

$$\Phi_1(z) = - V_0 (z + a^2 / z) = \varphi_1 + i\psi_1, \quad \ldots \ldots \ldots (280)$$

woraus

$$\varphi_1 = - V_0 x (1 + a^2 / r^2), \qquad \psi_1 = - V_0 y (1 - a^2 / r^2).$$

Die Stromlinie $\psi_1 = 0$ besteht daher aus $y = 0$ und $r^2 = a^2$, d. h. aus der x-Achse bis zum „vorderen Staupunkt" A, wo sie sich teilt, dann aus dem Kreisumfang und nach Zusammenschluß am hinteren Staupunkt B wieder aus der x-Achse. Die Geschwindigkeiten sind sodann:

$$\overline{V}\begin{cases} u_1 = \partial\varphi_1/\partial x = \partial\psi_1/\partial y = -V_0\,[1 + a^2\,(y^2 - x^2)/r^4] \\ v_1 = \partial\varphi_1/\partial y = -\partial\psi_1/\partial x = V_0\,2\,a^2\,xy/r^4. \end{cases}$$

In den beiden Staupunkten A, B ist: $V = 0$.

b) Um den Zylinder $r = a$ ist auch noch die in Abb. 139 b) gezeichnete Strömung möglich, bei der die Stromlinien Kreise mit gleichem Mittelpunkte sind. Das zugehörige komplexe Strömungspotential lautet:

$$\Phi_2(z) = -\frac{Ji}{2\pi}\log z = -\frac{Ji}{2\pi}[\log r + i\,\vartheta] = \frac{J}{2\pi}[\vartheta - i\log r] = \varphi_2 + i\psi_2. \quad (281)$$

Die Stromlinien $\psi_2 = $ konst. sind daher die Kreise $r = $ konst.; die Geschwindigkeit V_2 ist in jeder solchen Stromlinie konst., und zwar ist

$$V_2 = \frac{J}{2\pi}\cdot\frac{1}{r}.$$

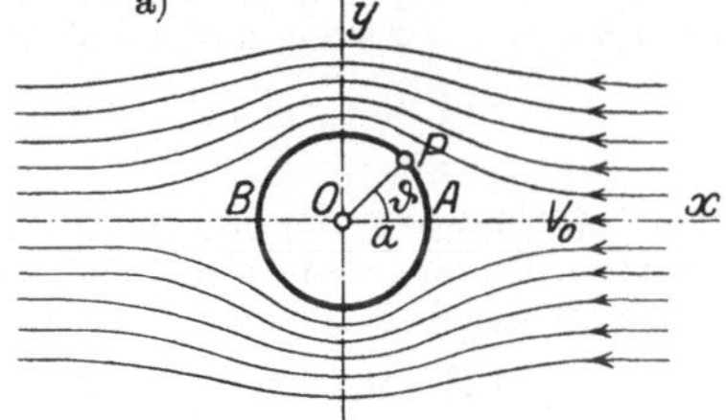

V ist mithin dem Halbmesser r der betreffenden Stromlinie umgekehrt proportional. Die Zirkulation (62) längs des Umfanges dieses Kreises ist

$$\int V_2\,ds = V_2\int ds = V_2\cdot 2\,\pi r = J;$$

daher ist innerhalb dieses Kreises jedenfalls in irgendeinem Punkte ein Wirbel vorhanden. Offenbar liegt dieser Wirbel im Punkte $r = 0$, er ist also **punktförmig**. — Staupunkte gibt es bei dieser Strömung nicht. Man nennt eine solche Strömung eine **reine Zirkulationsströmung** um den eingetauchten Körper.

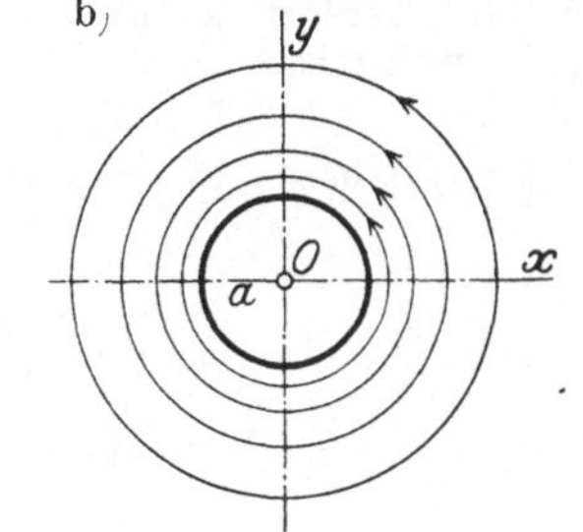

c) Da die Summe zweier komplexer Funktionen wieder eine solche ist, so kann die Funktion

$$\Phi(z) = \Phi_1(z) + \Phi_2(z)$$
$$= -V_0\left(z + \frac{a^2}{z}\right) - \frac{Ji}{2\pi}\log z \quad . (282)$$

wieder als das komplexe Strömungspotential einer ebenen Strömung angesehen werden. Der Kreis $r = a$ war in beiden Sonderfällen a) und b) Stromlinie, daher ist er auch eine Stromlinie für die zusammengesetzte Strömung $\Phi(z)$, die im übrigen die in Abb. 139 c) angegebene Form annimmt. Je nach der Stärke von J rücken die beiden Staupunkte A

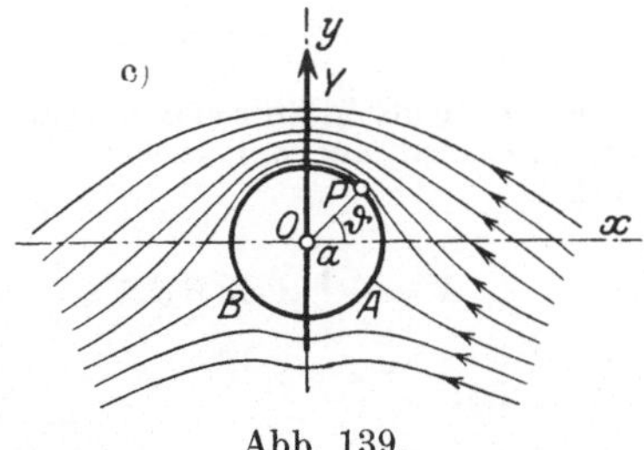

Abb. 139.

und B immer weiter von der reellen Achse nach abwärts, bis sie sich im tiefsten Punkte vereinigen und bei weiter wachsendem J als „isolierter Staupunkt" auf der y-Achse weiter nach abwärts rücken. Die Einzeichnung der Stromlinien und die Ermittlung der Geschwindigkeiten in jedem Punkte bietet weiter keine Schwierigkeit.

Diese Form der Strömung bildet den Ausgangspunkt für die Ermittlung der Strömungen um ebene und gekrümmte Platten, wie auch insbesondere um **Tragflügel**; das Hilfsmittel, das dabei zur Anwendung kommt, ist die im folgenden Abschnitte kurz angegebene Methode der konformen Abbildung, die gerade für dieses Problem auch eine außerordentlich große praktische Bedeutung besitzt.

Beispiel 73. Die von der Strömung herrührende Kraft auf den Zylinder. Die Kraft, die von der durch Gl. (282) dargestellten Strömung auf den Zylinder ausgeübt wird, ist die Summe der Flüssigkeitsdrücke $p \cdot dF$ auf die Flächenelemente dF des Zylinders. Diese Flüssigkeitsdrücke sind durch die Druckgleichung (279) gegeben, in der bei fehlenden Massenkräften $W = 0$ zu setzen ist.

Da wir nur die Drücke und die Geschwindigkeiten an der Zylinderoberfläche brauchen, setzen wir in den Ausdrücken für u_1, v_1 in Beispiel 72: $x = a \cos \vartheta$, $y = a \sin \vartheta$ und erhalten (Abb. 139):

$$\begin{cases} u_1 = - V_0 (1 - \cos 2 \vartheta) = - 2 V_0 \cdot \sin^2 \vartheta \\ v_1 = \qquad\qquad\qquad = 2 V_0 \sin \vartheta \cos \vartheta. \end{cases}$$

Die von dieser Strömung herrührende Geschwindigkeit V_1 verläuft an den Punkten des eingetauchten Zylinders zu diesem parallel, da $v_1/u_1 = - \operatorname{ctg} \vartheta$; ihre Größe ist gegeben durch

$$V_1^2 = u_1^2 + v_1^2 = 4 V_0^2 \sin^2 \vartheta, \quad \text{also ist} \quad V_1 = 2 V_0 \sin \vartheta.$$

Da die von der Strömung b) in Beispiel 72 herrührende Strömung ebenfalls diesen Kreis berührt, so ist die Geschwindigkeit der zusammengesetzten Strömung c) am Kreis a

$$V - V_1 + V_2 - 2 V_0 \sin \vartheta + J/2 \pi a.$$

Aus der Druckgleichung (279) folgt, wenn p_0 der Druck im Unendlichen ist:

$$\frac{p}{\gamma} + \frac{V^2}{2 g} = \frac{p_0}{\gamma} + \frac{V_0^2}{2 g}$$

und daraus

$$p = \left(p_0 + \frac{\gamma}{2 g} V_0^2 \right) - \frac{\gamma}{2 g} V^2 = \text{konst.} - \frac{\gamma}{2 g} [4 V_0^2 \sin^2 \vartheta + 2 V_0 J \sin \vartheta / \pi a + J^2 / 4 \pi^2 a^2].$$

Durch Verwendung dieses Ausdruckes ergibt sich zunächst für den Druck auf den eingetauchten Zylinder in der x-Richtung:

$$X = - \int p \cos \vartheta \, dF = 0;$$

in der y-Richtung (für die Zylinderlänge 1, also für $dF = a \, d\vartheta$) gibt nur das vorletzte Glied auf der rechten Seite der Gleichung für p einen Beitrag, und zwar ist:

$$Y = - \int p \sin \vartheta \, dF = \frac{\gamma}{g} \cdot \frac{V_0 J}{\pi} \int_0^{2 \pi} \sin^2 \vartheta \, d\vartheta = \frac{\gamma}{g} \cdot \frac{V_0 J}{\pi} \cdot \pi,$$

d. h. es ist:

$$\boxed{Y = \varrho V_0 J} \quad \ldots \ldots \ldots \ldots \ldots \ldots (283)$$

Für die durch Gl. (282) dargestellte Strömung ergibt sich daher ein dynamischer Auftrieb von der in dieser Gleichung angegebenen Größe. Dies ist der berühmte Satz von Joukowsky in dem Sonderfall des eingetauchten Zylinders; es läßt sich zeigen, daß dieser Satz auch für eingetauchte Körper von beliebiger Form gültig bleibt, insbesondere wird er in der Theorie der Tragflügel in ausgiebigster Weise verwendet. Aus dieser Gleichung ist zu ersehen, daß für das Zustandekommen eines Auftriebs sowohl eine Geschwindigkeit V_0 der Flüssigkeit (oder des Körpers), als auch eine Zirkulation J um den Körper herum vorhanden sein muß.

65. Konforme Abbildung. Der einfache Zusammenhang, in dem nach den eben gegebenen Entwicklungen die ebenen Strömungen mit der Theorie der Funktionen einer komplexen Veränderlichen stehen, bringt es mit sich, daß für die tatsächliche Bestimmung solcher Strömungen unter gegebenen Randbedingungen alle Methoden verwertet werden können, die in der Theorie dieser Funktionen ausgebildet worden sind. Die wirkungsvollste dieser Methoden ist die **konforme Abbildung** zweier Flüssigkeitströmungen aufeinander.

Wenn man die Strömung in einer $z = x + iy$-Ebene für bestimmte Randbedingungen kennt, so ist diese, wie oben auseinandergesetzt, durch Angabe des komplexen Strömungspotentials $\Phi(z)$ gegeben. Wir führen nun in diese Funktion $\Phi(z)$ mittels einer Gleichung

$$z = z(\zeta) \qquad \ldots \ldots \ldots \ldots \ldots (284)$$

eine neue Veränderliche $\zeta = \xi + i\eta$ in einer neuen ξ-η-Ebene ein; dann gehen die früheren Randkurven in neue über und die Funktion $\Phi(z)$ in eine neue

$$\Phi(z) \rightarrow \Phi[z(\zeta)] = \Phi_1(\zeta), \qquad \ldots \ldots \ldots (285)$$

die das komplexe Strömungspotential dieser neuen Strömung angibt. Real- nnd Imaginärteil dieser neuen Funktion $\Phi_1(\zeta)$, in ξ und η geschrieben, geben das Potential und die Stromfunktion für diese neue Strömung in der ξ-η-Ebene.

Mit der Lösung einer Strömungsaufgabe beherrscht man somit auch alle anderen, die aus jener durch beliebige „Abbildungen" von der Form (284) aus jener hervorgehen. Will man irgendeine Strömungsaufgabe nach diesem Verfahren lösen, so kommt alles darauf an, die betreffende Abbildungsfunktion $z = z(\zeta)$ anzugeben, was natürlich im allgemeinen eine außerordentlich schwierige Aufgabe ist. Für die oben genannte Gruppe von Aufgaben — für die Platten und Tragflügel — führen aber schon ganz einfache Abbildungsfunktionen zu brauchbaren Formen, wovon in den unten angegebenen Beispielen die wichtigsten behandelt sind.

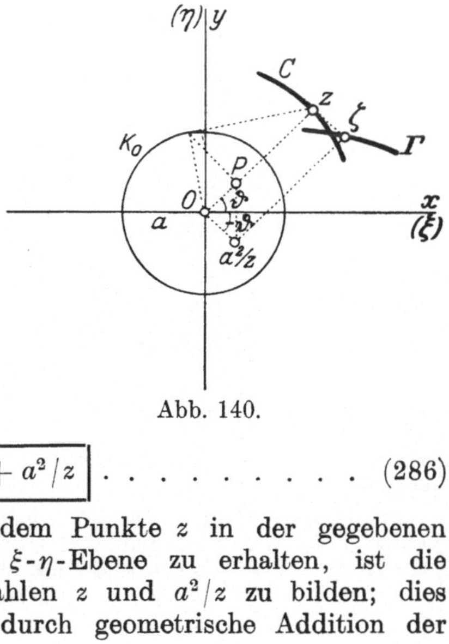

Die besondere Transformation, die dabei zur Anwendung kommt, ist die folgende (als Auflösung der Gl. (284) nach ζ angeschrieben):

Abb. 140.

$$\boxed{\zeta = z + a^2/z} \qquad \ldots \ldots \ldots \ldots (286)$$

Um nach dieser Vorschrift zu jedem Punkte z in der gegebenen x-y-Ebene den Punkt ζ in der ξ-η-Ebene zu erhalten, ist die Summe der beiden komplexen Zahlen z und a^2/z zu bilden; dies geschieht (Abb. 140) bekanntlich durch geometrische Addition der

Strecken, die den Anfangspunkt O mit den beiden Punkten z und a^2/z in der x-y-Ebene verbinden. Wenn $z = x + iy = r\,e^{i\vartheta}$ gesetzt wird, so heißt $r = +\sqrt{x^2 + y^2}$ der Betrag von z und ϑ ihr Arcus; dann hat a^2/z den Betrag a^2/r und den Arcus $-\vartheta$. Man bilde daher den „Spiegelpunkt" P von z in bezug auf den Kreis mit dem Halbmesser a — den Grundkreis — und suche dessen symmetrisch gelegenen in bezug auf die x-Achse. In Abb. 140 ist die Operation $z + a^2/z$ in der x-y-Ebene selbst ausgeführt worden, was darauf hinauskommt, daß die ξ-η-Achsen mit den x-y-Achsen zusammenfallend angenommen werden. Wendet man die Transformation nach Gl. (286) auf irgendeine Kurve C in der x-y-Ebene an, so erhält man eine Kurve Γ als das „Bild" von C zufolge der Gl. (286).

Durch die Transformation (286) bleibt übrigens die Strömung im Unendlichen ($z = \infty$) unverändert, und wird nur im Endlichen „verzerrt".

Die konforme Abbildung erhielt ihren Namen durch die Eigenschaft, eine in den kleinsten Teilen ähnliche Abbildung der beiden Bereiche zu liefern. Wie sich leicht zeigen läßt, bleibt dabei der Winkel, den zwei Kurven in der x-y-Ebene einschließen, der gleiche, den ihre entsprechenden Kurven in der ξ-η-Ebene bilden; insbesondere bleiben rechte Winkel erhalten, d. h. die Potential- und Stromlinien der Strömung in der x-y-Ebene gehen in die Potential- und Stromlinien in der ξ-η-Ebene über. Alle Linienelemente durch einen Punkt werden im gleichen Verhältnis verändert — Quadrate bleiben Quadrate —, doch ist dieses Verhältnis von Punkt zu Punkt verschieden und hängt von der besonderen Form der abbildenden Funktion ab.

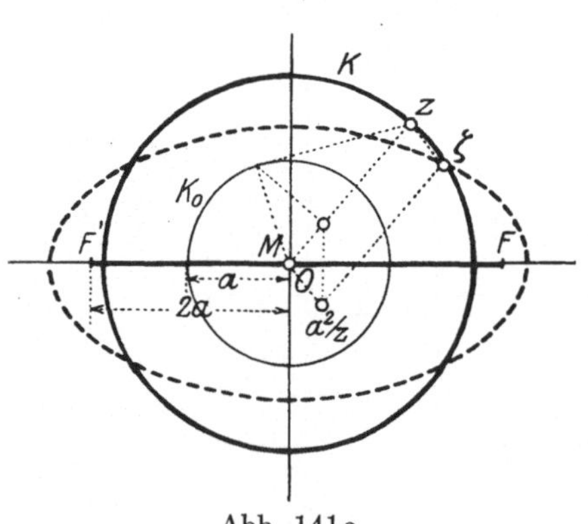

Abb. 141 a.

In der Hydromechanik wurde diese Methode außer in der Theorie der Tragflügel auch auf das Ausflußproblem in erfolgreicher Weise angewendet.

Beispiel 74. Platten und Tragflügel. Wenn man einen Kreis K der Transformation (286) unterwirft, so erhält man verschiedene Bilder, je nach der Lage des Koordinatenanfangspunktes O der x-y-Ebene in bezug auf diesen Kreis.

a) O im Mittelpunkte M von K. Liegt K außerhalb des Grundkreises K_0 (vom Halbmesser a), so ist sein nach Gl. (286) erzeugtes Bild eine Ellipse (Abb. 141 a), insbesondere ist das Bild des Grundkreises K_0 selbst bei dieser Abbildung eine ebene Platte von der Länge $4\,a$.

b) O liegt auf der y-Achse, um ein Stück von M entfernt. Das Bild des Kreises K mit dem Mittelpunkt M selbst wird nun eine nach einem Kreisbogen gekrümmte Platte; das Bild eines in einem Punkte A den Kreis K berührenden Kreises K_1 ist ein jenen Kreisbogen umgebendes Profil in Form eines Tragflügels (Abb. 141 b).

In allen Fällen ist die entstehende Bildkurve durch den in Abb. 140 gegebenen Vorgang punktweise zu konstruieren, die Strömung selbst ergibt sich sodann nach Auflösung von Gl. (286) durch Einsetzen von $z = z(\zeta)$ in die Gl. (282), die die Strömung um einen Kreis angibt. Auch die verschiedenen Anstellwinkel können dabei berücksichtigt werden, indem man die Flüssigkeit nicht allein aus der Richtung der $+x$-Achse zuströmen läßt, sondern aus einer Richtung, die gegen diese $+x$-Achse um irgendeinen Winkel $\pm\,\alpha$ geneigt ist.

66. Achsensymmetrische Strömungen.

Eine zweite Gruppe von Strömungen, die den ebenen in gewissem Sinne ähnlich sind und

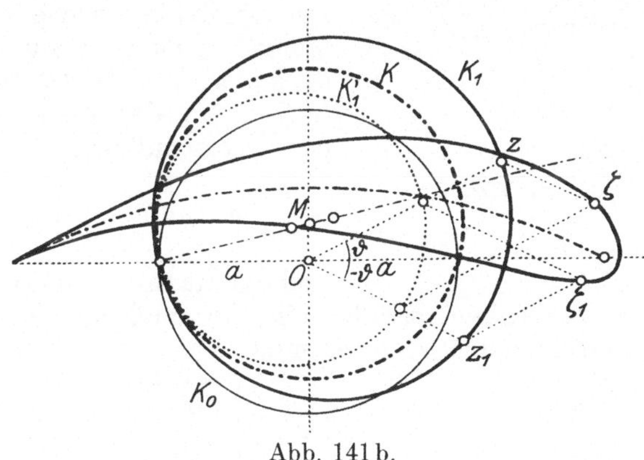

Abb. 141 b.

ähnlich wie diese behandelt werden können, bilden die wirbelfreien **achsensymmetrischen Strömungen**. Sie sind dadurch gekennzeichnet, daß bei ihnen die Bewegung der Flüssigkeit in Ebenen erfolgt, die alle durch eine feste Achse hindurchgehen, und daß der Bewegungsverlauf in allen diesen Ebenen der gleiche ist; zur Beschreibung dieser Bewegung genügt daher die Angabe der Bewegung in einer solchen „Meridianebene".

Sei Oz (Abb. 142) die Drehachse, (z, r) die rechtwinkligen Koordinaten irgendeines Punktes P, $\overline{V}(v_z, v_r)$ die entsprechenden Geschwindigkeiten, so lautet die Gleichung der **Wirbelfreiheit** in diesem Falle ganz so wie für die ebenen Strömungen

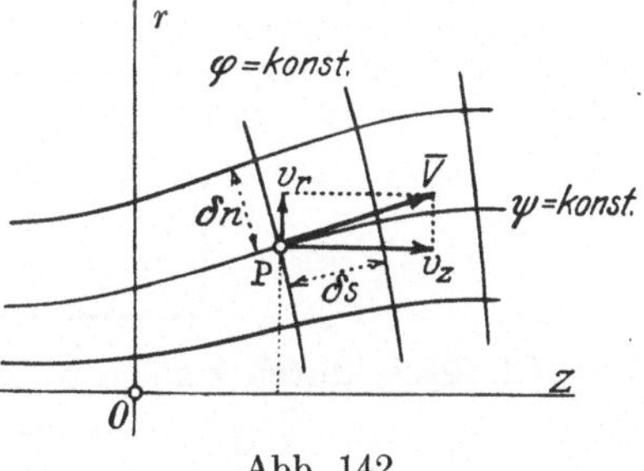

Abb. 142.

$$\frac{\partial v_r}{\partial z} - \frac{\partial v_z}{\partial r} = 0 . \quad\ldots\ldots\ldots\quad (287)$$

Um die Kontinuitätsgleichung zu erhalten, betrachten wir in der Flüssigkeit ein festes Drahtgerüst in der Form eines Teiles eines

Sektors nach Abb. 143, der die Breite dz, die Dicke dr, die innere Länge $r\,d\vartheta$ und die äußere $(r+dr)\,d\vartheta$ hat und rechnen die Durchflußmengen durch dessen Seitenflächen. Durch die linke Seitenfläche $r\,d\vartheta \cdot dr$ fließt die Menge $v_z \cdot r\,d\vartheta \cdot dr$ zu und durch die gegenüberliegende die Menge $(v_z + \partial v_z / \partial z \cdot dz)\,r\,d\vartheta \cdot dr$ ab, der Überschuß ist also:

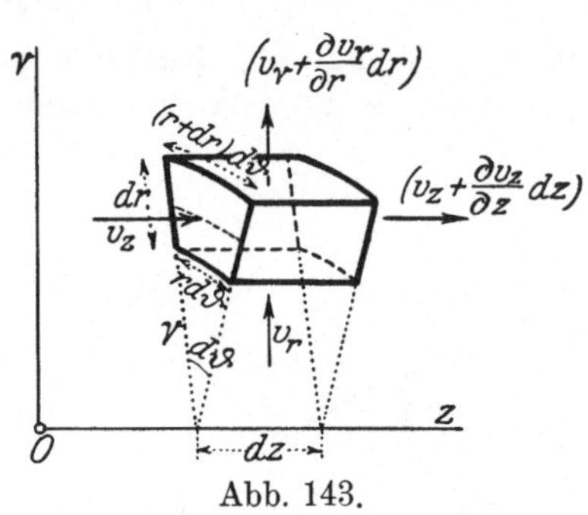

Abb. 143.

$$-\frac{\partial v_z}{\partial z}\,dz \cdot r\,d\vartheta \cdot dr\,.$$

Ebenso fließt durch das Stück innerer Zylinderfläche $r\,d\vartheta \cdot dz$ die Menge $v_r \cdot r\,d\vartheta \cdot dz$ zu und durch die äußere $(r+dr)\,d\vartheta \cdot dz$ die Menge $(v_r + \partial v_r / \partial r \cdot dr)\cdot (r+dr)\cdot d\vartheta \cdot dz$ ab; der Überschuß ist:

$$-\frac{\partial v_r}{\partial r}\,dr \cdot r\,d\vartheta \cdot dz - v_r\,dr \cdot d\vartheta \cdot dz\,.$$

Soll der Raum dieses Drahtgerüstes beständig von Flüssigkeit erfüllt sein, so muß die Summe dieser Überschüsse verschwinden, d. h. es muß

$$r\,\frac{\partial v_z}{\partial z} + r\,\frac{\partial v_r}{\partial r} + v_r = 0\,, \qquad \text{oder} \qquad \boxed{\frac{\partial(r\,v_z)}{\partial z} + \frac{\partial(r\,v_r)}{\partial r} = 0}\,. \tag{288}$$

sein. Diese Kontinuitätsgleichung hat hier also eine etwas andere Form als bei Cartesischen Koordinaten, die Abweichung rührt her von der Erweiterung des Raumelementes in der Richtung r.

Die Gln. (287) und (288) lassen sich nun wieder wie bei der ebenen Strömung in zweierlei Weise durch die Einführung des Geschwindigkeitspotentials φ und einer Stromfunktion ψ befriedigen. Und zwar ist Gl. (287) erfüllt durch den Ansatz:

$$\boxed{v_z = \frac{\partial \varphi}{\partial z}\,, \qquad v_r = \frac{\partial \varphi}{\partial r}}\ \ \ldots \ldots \tag{289}$$

und Gl. (288) durch den Ansatz

$$\boxed{v_z = \frac{1}{r}\frac{\partial \psi}{\partial r}\,, \qquad v_r = -\frac{1}{r}\frac{\partial \psi}{\partial z}}\ \ \ldots \ldots \tag{290}$$

Die Differentialgleichungen, denen die Funktionen φ und ψ genügen, erhält man nun durch Einsetzen der Ansätze (289) in Gl. (288) und der Ansätze (282) in Gl. (279); es folgt nach Division durch r:

$$\boxed{\Delta\varphi \equiv \frac{\partial^2 \varphi}{\partial z^2} + \frac{\partial^2 \varphi}{\partial r^2} + \frac{1}{r}\frac{\partial \varphi}{\partial r} = 0}\ \ \ldots \ldots \tag{291}$$

und

$$\varDelta_1 \psi \equiv \frac{\partial^2 \psi}{\partial z^2} + \frac{\partial^2 \psi}{\partial r^2} - \frac{1}{r}\frac{\partial \psi}{\partial r} = 0 \qquad \ldots \ldots \quad (292)$$

Die erste dieser Gleichungen ist die Potentialgleichung in Zylinderkoordinaten für achsensymmetrische Potentiale, die zweite die zugehörige Differentialgleichung der Stokesschen Stromfunktion.

Wie im Falle der ebenen Strömungen sind auch hier die Stromlinien durch die Kurven $\psi = $ konst. gegeben; da nämlich für eine Stromlinie die Richtung der Geschwindigkeit mit ihrer Tangente zusammenfällt, so gilt:

$$\frac{v_r}{v_z} = \frac{dr}{dz} = -\frac{\partial \psi / \partial z}{\partial \psi / \partial r},$$

d. h. es ist

$$\frac{\partial \psi}{\partial r}\, dr + \frac{\partial \psi}{\partial z}\, dz = 0,$$

d. h. die Stromlinien sind auch hier wieder die Kurven $\psi = $ konst. Und ebenso wie früher ist der Durchfluß zwischen zwei Kurven $\psi_0 = $ konst. und $\psi_1 = $ konst. durch die Differenz $\psi_1 - \psi_0$ gegeben.

Ebenso läßt sich zeigen, daß die Stromlinien $\psi = $ konst., mit den Potentiallinien $\varphi = $ konst. wie im Falle der „ebenen" Strömungen ein Doppelsystem orthogonaler Kurven geben, denn es ist wie dort:

$$\frac{\partial \varphi}{\partial z}\frac{\partial \psi}{\partial z} + \frac{\partial \varphi}{\partial r}\frac{\partial \psi}{\partial r} = 0 \ldots \ldots \ldots (293)$$

Bezeichnet man endlich mit δs ein Element der Kurve $\psi = $ konst. und mit δn ein Element der Kurve $\varphi = $ konst., so gilt:

$$\left.\begin{aligned} V &= \frac{\partial \varphi}{\partial s} = \frac{1}{r}\frac{\partial \psi}{\partial n}\\[2ex] 0 &= \frac{\partial \varphi}{\partial n} = -\frac{1}{r}\frac{\partial \psi}{\partial s} \end{aligned}\right\} \ldots \ldots \ldots (294)$$

Dagegen sind hier die Kurven $\varphi = $ konst. und $\psi = $ konst. nicht vertauschbar, die Funktionen φ und ψ haben sogar, wie sich aus (289) und (290) ergibt, verschiedene Dimensionen.

Das Problem der Integration dieser Gleichungen kommt wieder darauf hinaus, in eine gegebene Meridiankurve C eine achsensymmetrische Strömung einzubauen: d. h. es ist eine Funktion φ zu bestimmen, die in dem gegebenen Bereiche der Gl. (291) genügt und am Rande die Bedingung (294) $\partial \varphi / \partial n = 0$ erfüllt.

Einige besondere Lösungen dieses Problemes sind im folgenden Beispiele gegeben.

Beispiel 74. Polynomische und andere Lösungen. Wie man durch Einsetzen bestätigt, befriedigen die folgenden Funktionen die Gln. (291) und (292):

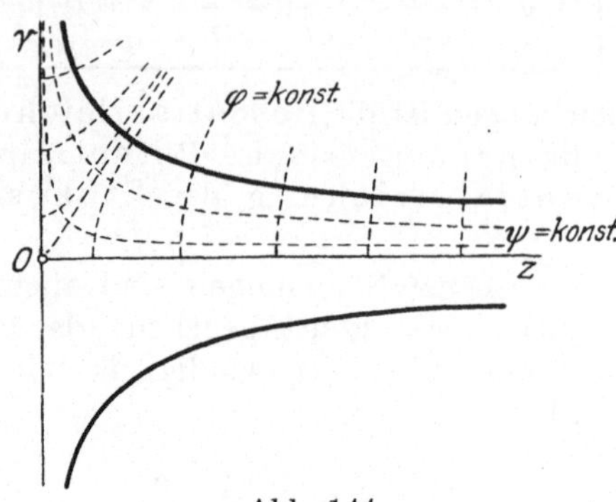

Abb. 144.

a) Strömung parallel zur z-Achse mit der Geschwindigkeit V_0:

$$\varphi = V_0 z, \qquad \psi = V_0 r^2/2,$$

b) $\qquad\qquad\qquad \varphi = \log r, \qquad \psi = -z, \qquad$ (Abb. 144)

c) $\qquad\qquad\qquad \varphi = 2 z^2 - r^2, \qquad \psi = 2 r^2 z,$

d) $\qquad\qquad\qquad \varphi = 1/\sqrt{z^2 + r^2}, \quad \psi = z/\sqrt{z^2 + r^2}.$

(Man beachte auch das Bestehen der Gln. (289), (290), die übereinstimmende Werte der Geschwindigkeiten v_z und v_r liefern müssen, ob man diese nun mittels φ oder mittels ψ berechnet.)

Dritter Teil

Dynamik der Gase.

In diesem Teile werden — anhangweise — die wichtigsten Eigenschaften und die Zustandsänderungen der Gase besprochen, und von den bei Gasen auftretenden, in technischer Hinsicht bedeutsamen Problemen der Ausfluß aus Gefäßen unter innerem Druck und das Strömen in Rohrleitungen behandelt, soweit diese Probleme nicht die Heranziehung besonderer Hilfsmittel aus der Thermodynamik erfordern.

I. Gasgesetze und Zustandsänderungen.

67. Eigenschaften der Gase. Während die „eigentlichen" Flüssigkeiten (mit großer Annäherung unter allen verwendeten Drücken) raumbeständig sind ($\varrho = $ konst.), hat jedes Gas die Eigenschaft, daß es keinen bestimmten Rauminhalt besitzt, vielmehr jeden Raum auszufüllen strebt, der ihm durch die umgebenden festen Körper geboten wird. Von diesem Rauminhalt ist auch der Druck abhängig, unter dem das Gas steht, und daher ist auch die Dichte ϱ als Funktion des Druckes anzusehen. — Unter Gas werden dabei alle stark zusammendrückbaren Flüssigkeiten verstanden, dazu gehören also die atmosphärische Luft, die schlechthin so genannten Gase, sowie auch die Dämpfe in ihren verschiedenen Formen.

Zur Kennzeichnung des physikalischen Verhaltens der Gase ist außer dem Druck p und der Dichte ϱ noch eine dritte Größe nötig, deren Einfluß bei den Flüssigkeiten nur vorübergehend (und zwar gelegentlich der Zähigkeit) zur Sprache kam, die aber bei den Gasen von maßgebender Bedeutung ist: die Temperatur; sie wird in „Celsiusgraden" gemessen und im folgenden mit T bezeichnet; den vom sogenannten „absoluten Nullpunkt" der nach unten fortgesetzten Celsiusskala (-273^0) gerechneten Wert, also $273 + T = \Theta$, nennt man die absolute Temperatur.

Der Einfluß der Temperatur wird durch die grundlegende Eigenschaft aller Gase zum Ausdruck gebracht, daß bei zunehmender Temperatur einer in einem festen Raume eingeschlossenen Gasmasse stets auch der Druck zunimmt. Bei den Gasen ist es oft praktisch, statt mit der Dichte ϱ oder dem Einheitsgewicht γ besser mit dem

Einheitsvolumen $\mathfrak{v}$ (spezifisches Volumen) zu rechnen, worunter der Rauminhalt verstanden wird, den ein bestimmtes Gasgewicht, meist 1 kg, bei bestimmten Werten von p und T einnimmt. Die Beziehung der beiden Größen $\mathfrak{v}$ und γ zueinander wird durch die Gleichung

$$\mathfrak{v}\,\gamma = 1, \quad \text{oder} \quad \boxed{\mathfrak{v} = 1/\gamma} \quad \ldots \ldots \quad (295)$$

hergestellt.

Die Größen p, $\mathfrak{v}$, T (oder Θ) nennt man Zustandsgrößen des Gases. Ihre Beziehung zueinander wird für die sogenannten idealen oder vollkommenen Gase durch das Boyle-Gay-Lussacsche Gesetz geregelt, das die direkte Proportionalität von p und $\mathfrak{v}$ mit Θ ausspricht:

$$\boxed{p\cdot\mathfrak{v} = \mathfrak{R}\,\Theta = \mathfrak{R}(273 + T)} \quad \ldots \ldots \quad (296)$$

In dieser Gleichung bedeutet $\mathfrak{R}$ die sogenannte Gaskonstante, die für jedes Gas einen bestimmten Wert hat; wenn p in kg/m², $\mathfrak{v}$ in m³/kg und T in Celsiusgraden verstanden werden, so gelten für $\mathfrak{R}$ die folgenden Zahlenwerte:

$$
\begin{aligned}
\text{für Luft} \qquad \mathfrak{R} &= 29,27 \\
\text{„ O (Sauerstoff)} &= 26,47 \\
\text{„ N (Stickstoff)} &= 30,19 \\
\text{„ H (Wasserstoff)} &= 422,59
\end{aligned}
\Biggr\}
$$

Bezeichnen mithin p, $\mathfrak{v}$, T und p_0, $\mathfrak{v}_0$, T_0 zusammengehörige Werte, so kann die Gl. (296) auch in der Form geschrieben werden:

$$p\,\mathfrak{v}/(273 + T) = p_0\,\mathfrak{v}_0/(273 + T_0). \quad \ldots \ldots \quad (297)$$

Diese Gleichung gestattet die Berechnung einer Zustandsgröße für ein Gas, wenn die beiden anderen und irgendein weiteres zusammengehöriges Wertetripel p_0, $\mathfrak{v}_0$, T_0 der drei Zustandsgrößen gegeben sind, z. B. ist:

$$\mathfrak{v} = \mathfrak{v}_0 \cdot \frac{273 + T}{273 + T_0} \cdot \frac{p_0}{p}, \qquad p = p_0 \cdot \frac{273 + T}{273 + T_0} \cdot \frac{\mathfrak{v}_0}{\mathfrak{v}},$$

$$273 + T = (273 + T_0) \cdot \frac{p\,\mathfrak{v}}{p_0\,\mathfrak{v}_0}. \quad \ldots \ldots \quad (298)$$

Beispiel 75. Einheitsgewicht γ_0 der atmosphärischen Luft bei 760 mm Hg und 0° C (normales Einheitsgewicht der Luft).

Aus Gl. (298) folgt für $\mathfrak{R} = 29,27$, $p_0 = 0,76 \cdot 13600 = 10333$ kg/m², $T = 0°$ C:

$$\gamma_0 = \frac{1}{\mathfrak{v}_0} \cdot \frac{p_0}{\mathfrak{R}\,(273 + T_0)} = \frac{10333}{29,27 \cdot 273} = 1,293 \text{ kg/m}^3.$$

Wenn daher $29,27 \cdot 273 = 8000$ solcher Luftwürfel von je 1 m Seitenlänge aufeinander getürmt würden, so würden diese auf ihre Grundfläche den normalen Luftdruck von 760 mm Hg erzeugen. Diese Luftsäule von 8000 m Höhe nennt man die Normalhöhe der homogenen Atmosphäre (s. Beispiel 2). — Auf der Gl. (297) beruht auch die barometrische Höhenmessung.

Beispiel 76. Tragkraft eines Freiballons. Bezeichnet $\mathfrak{B}$ den Rauminhalt des Freiballons, der mit einem Gase vom Einheitsgewicht γ kg/m³ bei normalem Druck p_0 kg/m² (entsprechend 760 mm Hg) und der Temperatur T_0^0 C gefüllt ist, so ist die normale Tragkraft dieses Ballons — sein Auftrieb A — d. i. die Tragkraft in Luft vom Einheitsgewichte $\gamma_0 = 1{,}293$ kg/m³ und dem gleichen Druck nach dem Archimedischen Prinzip durch die Gleichung gegeben:

$$A = \mathfrak{B}\,(\gamma_0 - \gamma) = \mathfrak{B}\,\gamma_0\,(1 - \gamma/\gamma_0) = \mathfrak{B}\,\gamma_0\,(1 - \delta) \quad \ldots \ldots \quad (299)$$

In dieser Gleichung bedeutet $\delta = \gamma/\gamma_0$ die Dichtigkeit des Gases, d. i. das Verhältnis des Einheitsgewichtes γ des Gases zum Einheitsgewicht γ_0 der Luft bei gleichen normalen Werten p_0 und T_0 (760 mm Hg und 0^0 C). Der Quotient

$$A/\mathfrak{B} = \gamma_0\,(1 - \delta) \quad \ldots \ldots \ldots \ldots \quad (300)$$

ist daher die Tragkraft von 1 m³ des Gases unter den gleichen Bedingungen. (Auf die Veränderlichkeit der Werte von γ_0 und γ längs der Höhe des Ballons selbst wird bei diesen Betrachtungen keine Rücksicht genommen.)

Für die als Ballonfüllung in Betracht kommenden Gase: Wasserstoff und Leuchtgas gilt daher die folgende Zusammenstellung, die sich auf 760 mm Hg und 0^0 C bezieht:

Gas	Einheits-gewicht γ [kg/m³]	Einheits-volumen $\mathfrak{B} = 1/\gamma$	Dich-tigkeit δ	$1 - \delta$	Normaltragkraft von 1 m³ $\gamma_0\,(1-\delta)$ [kg/m³]	Tragkraft von 1 kg Gas $\dfrac{\gamma_0\,(1-\delta)}{\gamma_0\,\delta} = \dfrac{1-\delta}{\delta}$ [kg/kg]
Luft	$1{,}293 = \gamma_0$	0,773	1	0	0	0
Wasserstoff rein	0,089	11,23	0,067	0,933	1,20	13,8
„ unrein	0,15	6,67	0,116	0,884	1,14	7,6
Helium . . .	0,18	5,56	0,139	0,861	1,11	6,2
Leuchtgas . .	0,59 ·	1,695	0,456	0,544	0,7	1,2

Ein „Zeppelin" von 15000 m³ Inhalt, mit unreinem Wasserstoff gefüllt, hat daher eine normale Tragkraft von

$$A = \mathfrak{B}\,\gamma_0\,(1 - \delta) = 15\,000 \cdot 1{,}14 = 17\,100 \text{ kg}.$$

Die wirkliche Tragkraft ist sehr stark abhängig von den Druck- und Temperaturverhältnissen in den verschiedenen Jahreszeiten. In Mitteleuropa ergeben sich für das Einheitsgewicht der Luft etwa die folgenden Werte für die auftretenden mittleren Schwankungen:

(Sommerminimum) 700 mm Hg, $\quad T = 25^0$ C: $\quad \gamma = 1{,}09$ kg/m³,
(Wintermaximum) 777 „ „ $\quad\quad T = 15^0$ C: $\quad \gamma = 1{,}38$ „

und ähnlich sind die Unterschiede in den Einheitsgewichten der Füllgase. Für den Zeppelin von der angegebenen Größe würde diese Schwankung einem Unterschied in der Tragkraft von 4500 kg entsprechen. —

Wenn ein Gas in einem Raume eingeschlossen ist, der einen beweglichen Teil besitzt, wie z. B. der Kolben eines Zylinders, und wenn außerdem der Druck im Außenraume kleiner ist als der innere Gasdruck, so wird das Gas den Kolben so weit nach außen zu verschieben trachten, bis ein Ausgleich der Drücke hergestellt ist; man nennt diese Eigenschaft das Expansionsvermögen des Gases. Für den Außendruck 0 ist die bei der Verschiebung des Kolbens geleistete Expansions- oder Ausdehnungsarbeit für 1 kg Gas und für die Verschiebung ds durch den Ausdruck gegeben:

$$d\mathfrak{A} = p\,F\,ds = p\,d\mathfrak{v},$$

also für eine endliche Verschiebung von v_1 bis v_2 (Abb. 145) durch

$$\mathfrak{A} = \int\limits_{v_1}^{v_2} p\,dv \qquad \dots \dots \dots \dots \quad (301)$$

Umgekehrt ist die zur **Verdichtung** des Gases von einem Rauminhalt v_2 auf einen kleineren v_1 notwendige **Verdichtungsarbeit** durch dasselbe Integral mit negativem Vorzeichen gegeben.

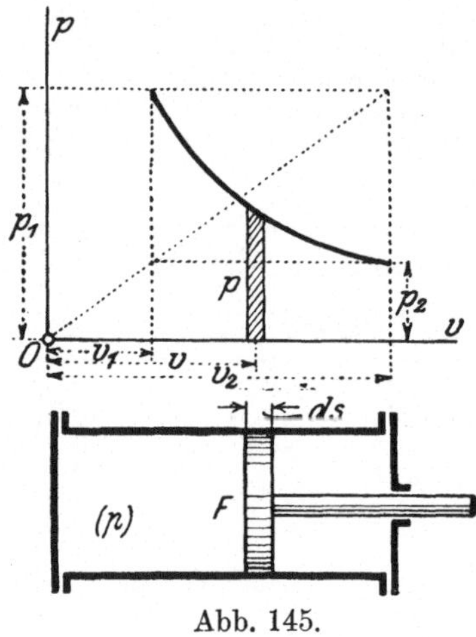

Abb. 145.

Um dieses Integral auswerten zu können, ist ein Ansatz von der Form $p = p(v)$ nötig, der die Beziehung zwischen Druck und Rauminhalt während der Bewegung des Kolbens herstellt. Diese Forderung führt auf die Betrachtung der **Zustandsänderungen**.

Der Verlauf einer solchen Zustandsänderung wird in übersichtlicher Weise durch eine **p-v-Linie** (Gasdiagramm) dargestellt; nach Gl. (301) ist die Fläche zwischen dieser Linie, der v-Achse und den Grenzordinaten ein Maß für die bei der betreffenden Zustandsänderung geleistete Arbeit (s. Abb. 145).

68. Zustandsänderungen. Wenn bei irgendeinem technischen Vorgange ein Gas (oder ein Dampf) beteiligt ist, wie z. B. bei den Arbeitsvorgängen in den Luftmotoren, oder den Dampf- und Verbrennungskraftmaschinen, so werden bei diesem Vorgange Änderungen der Zustandsgrößen p, v, T eintreten, die durch Aufstellung gewisser Gesetzmäßigkeiten beschrieben werden müssen. Diese **Zustandsänderungen** der Gase und Dämpfe sind durch mannigfache Umstände beeinflußt und sind daher im allgemeinen recht verwickelter Natur. Wie auf jedem Gebiete physikalischen und technischen Geschehens ist auch hier eine Idealisierung der „wirklich" auftretenden Vorgänge nötig: die „wirklichen" Zustandsänderungen müssen durch gewisse einfache Zusammenhänge zwischen den Zustandsgrößen p, v, T (oder anderen passenderen) ersetzt werden, die eine theoretische Verfolgung des Vorgangs mit mathematischen Hilfsmitteln gestatten. Dabei geht die Absicht dahin, zwecks Vereinfachung der Rechnungen die Zustandsänderungen auf die Angabe der **gleichzeitigen** Änderungen von **zweien** dieser drei Größen, und zwar womöglich von p und v allein zurückzuführen.

Die einfachsten Zustandsänderungen von Gasen, die sich denken lassen, die freilich von der „wirklich" eintretenden oft sehr stark abweichen, sind jene, bei denen einer der drei durch die Gl. (296) verbundenen Zustandsgrößen $p, \mathfrak{v}, T$ unverändert bleibt, während die beiden anderen sich gemäß dieser Gl. (296) verändern. Von den Fällen, die sich auf diese Weise ergeben, seien erwähnt:

a) **Zustandsänderung bei gleichem Druck.** Wenn $p = \text{konst.}$, so ist z. B. bei einer Expansion des Gases von $\mathfrak{v}_1$ auf $\mathfrak{v}_2$ die Expansionsarbeit:

$$\mathfrak{A} = \int_{\mathfrak{v}_1}^{\mathfrak{v}_2} p\, d\mathfrak{v} = p(\mathfrak{v}_2 - \mathfrak{v}_1). \quad\quad\quad (302)$$

Diese Zustandsänderung ist nur möglich, wenn der Zylinder mit einem großen Behälter in Verbindung steht, in welchem der Druck unverändert auf gleicher Höhe erhalten wird (Druckspeicher). Die p-$\mathfrak{v}$-Linie ist eine zur $\mathfrak{v}$-Achse parallele Gerade.

b) **Die isothermische Zustandsänderung** ist gekennzeichnet durch gleichbleibenden Wert der Temperatur, $T = \text{konst.}$ Die Gl. (296) gibt dann

$$p\,\mathfrak{v} = p_1\,\mathfrak{v}_1 = p_2\,\mathfrak{v}_2 = \text{konst.};$$

die p-$\mathfrak{v}$-Linie ist für diese Zustandsänderung (bei Verwendung von entsprechenden Maßstäben) eine gleichseitige Hyperbel. Für die Ausdehnungsarbeit für 1 kg Gas erhält man den Ausdruck:

$$\mathfrak{A} = \int_{\mathfrak{v}_1}^{\mathfrak{v}_2} p\, d\mathfrak{v} = p_1\,\mathfrak{v}_1 \int_{\mathfrak{v}_1}^{\mathfrak{v}_2} \frac{d\mathfrak{v}}{\mathfrak{v}} = p_1\,\mathfrak{v}_1 \log\frac{\mathfrak{v}_2}{\mathfrak{v}_1} = p_1\,\mathfrak{v}_1 \log\frac{p_1}{p_2}. \quad (303)$$

Auch diese Annahme $T = \text{konst.}$ stellt offenbar der Wirklichkeit gegenüber eine weitgehende Einschränkung dar, da sie sich nur verwirklichen läßt durch Verwendung eines sehr großen Wärmespeichers, in dem die gleichbleibende Temperatur T erhalten wird und der gutleitend mit der arbeitenden Gasmenge verbunden ist.

Beispiel 77. **Leistung beim Expansionshub einer Dampfmaschine.** Erfahrungsgemäß kann die Expansion des Dampfes im Zylinder einer Dampfmaschine angenähert als nach dem isothermischen Gesetz verlaufend angenommen werden.

Unter dieser Voraussetzung soll die Leistung in einem Zylinder berechnet werden, wenn in jeder Minute 0,60 m³ Dampf zunächst mit dem gleichbleibenden Drucke von 5 kg/cm² längs des Weges von 0 bis $\mathfrak{v}_1$ (Abb. 146) zuströmt und sich von da ab — bei abgesperrtem Dampfzufluß — bis auf den normalen Luftdruck von 1,033 kg/cm² ausdehnt.

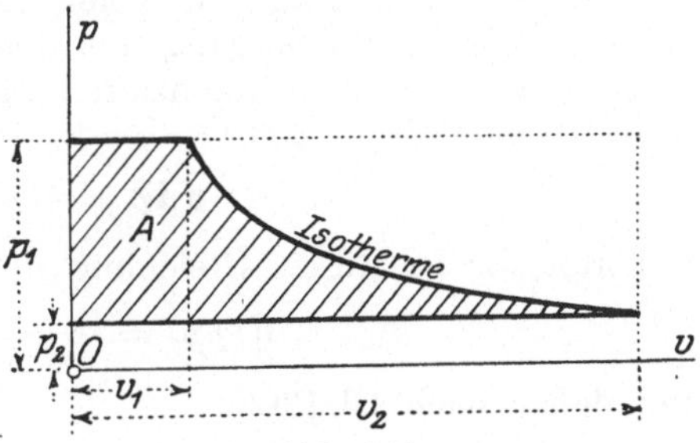

Abb. 146.

Wenn auf der anderen Seite des Kolbens ebenfalls der normale Luftdruck herrscht, so ist die bei diesem Vorgange geleistete Arbeit $\mathfrak{A}$ durch die in Abb. 146 schraffierte Fläche gegeben; und zwar ist nach Gl. 303):

$$\mathfrak{A} = p_1 \mathfrak{v}_1 + p_1 \mathfrak{v}_1 \log \frac{p_1}{p_2} - p_2 \mathfrak{v}_2 = \frac{p_1}{\gamma_1} \log \frac{p_1}{p_2} \; [\text{kgm/kg Dampf}] \,,$$

das Gewicht des in 1 sek zuströmenden Dampfes ist

$$G = 0{,}01 \, \gamma_1 \; \text{kg/sek,}$$

daher die Leistung:

$$L = G \mathfrak{A} = 0{,}01 \cdot p_1 \log \frac{p_1}{p_2} = 500 \cdot 1{,}58 = 790 \; \text{kgm/sek,}$$

und in PS:

$$N = L/75 = 10{,}5 \; \text{PS} \,.$$

c) **Adiabatische Zustandsänderung.** Wie schon hervorgehoben, ist es eine allgemeine Eigenschaft aller Gase, daß bei einer Verdichtung (Kompression) die Temperatur steigt, bei einer Verdünnung (Ausdehnung, Expansion) die Temperatur fällt. Soll die Temperatur gleich bleiben, so muß dem Gas bei der Verdichtung Wärme entzogen, bei der Verdünnung Wärme zugeführt werden. Beim Arbeitsvorgange in den Wärmekraftmaschinen geschieht dies nicht, die Zustandsänderung vollzieht sich vielmehr so, daß der Wärmeinhalt des gegen äußere Einflüsse abgeschlossenen Gases nahezu unverändert bleibt. Eine solche Zustandsänderung bezeichnet man als adiabatisch und die zugehörige p-$\mathfrak{v}$-Linie als Adiabate.

In der Thermodynamik wird gezeigt, daß das Gesetz für die adiabatische Zustandänderung in der Form anzusetzen ist:

$$\boxed{p \, \mathfrak{v}^{\varkappa} = p_1 \, \mathfrak{v}_1^{\varkappa} = \text{konst.}} \,, \quad \ldots \ldots \quad (304)$$

wobei $\varkappa = c_p / c_v$ das Verhältnis der spezifischen Wärmen bei gleichbleibendem Druck und gleichbleibendem Volumen ist; $\varkappa$ ist stets > 1 und hat z. B. für Luft den Wert $\varkappa = 1{,}405$; p_1, $\mathfrak{v}_1$ bedeutet dabei irgendein zusammengehöriges Paar von Werten, das z. B. den Anfangszustand der Zustandsänderung kennzeichnet.

Um die von 1 kg Gas geleistete **Arbeit** nach Gl. (301) zu bestimmen, die beim Übergang aus dem Zustand p_1, $\mathfrak{v}_1$ in den Zustand p_2, $\mathfrak{v}_2$ geleistet wird, differenzieren wir zunächst Gl. (304) und erhalten nach Division durch $\mathfrak{v}^{\varkappa - 1}$:

$$\mathfrak{v} \, dp = - \varkappa \, p \, d\mathfrak{v};$$

addieren wir zu dieser Gleichung links und rechts $p \, d\mathfrak{v}$, so folgt:

$$d(p \, \mathfrak{v}) = - (\varkappa - 1) \, p \, d\mathfrak{v},$$

und daher nach Gl. (303):

$$\boxed{\mathfrak{A} = \int_{\mathfrak{v}_1}^{\mathfrak{v}_2} p \, d\mathfrak{v} = \frac{1}{\varkappa - 1} (p_1 \mathfrak{v}_1 - p_2 \mathfrak{v}_2)} \,, \quad \ldots \ldots \quad (305)$$

worin die 2 Paare von Zustandsgrößen p_1, $\mathfrak{v}_1$ und p_2, $\mathfrak{v}_2$ durch die Gl. (304) miteinander verbunden sind.

Beispiel 78. Leistung eines Luftmotors. Wie groß ist die Leistung eines Luftmotors in PS, dem in jeder Minute eine Luftmenge von 1,2 m³ vom Druck 5 kg/cm² zugeführt wird, die in adiabatischer Zustandsänderung bis auf Atmosphärendruck 1,033 kg/cm² entspannt wird.

Nach Gl. (305) ist die Arbeit von 1 kg Luft bei der adiabatischen Zustandsänderung von p_1, v_1 auf p_2, v_2 (da $v_1 = 1/\gamma_1$):

$$\mathfrak{A} = \frac{1}{\varkappa - 1}(p_1 v_1 - p_2 v_2) = \frac{1}{\varkappa - 1} p_1 v_1 \left(1 - \frac{p_2 v_2}{p_1 v_1}\right) = \frac{1}{\varkappa - 1} \frac{p_1}{\gamma_1} \left[1 - \left(\frac{p_2}{p_1}\right)^{1-1/\varkappa}\right].$$

Ferner ist das in 1 sek zugeführte Luftgewicht:

$$G = \frac{1,2}{60} \cdot \gamma_1 = 0,02 \cdot \gamma_1 \text{ kg/sek}.$$

Daher ist die Leistung des Motors in kgm/sek:

$$L = G\mathfrak{A} = 0,02 \cdot \frac{p_1}{\varkappa - 1} \cdot \left[1 - \left(\frac{p_2}{p_1}\right)^{1-1/\varkappa}\right] = 902,6 \text{ kgm/sek},$$

oder in PS:

$$N = L/75 = 12,03 \text{ PS}.$$

d) Polytropische Zustandsänderung. Da die Annahmen die den bisher betrachteten Zustandsänderungen zugrunde gelegt wurden, bei den „wirklichen" Vorgängen in den Wärmekraftmaschinen nur sehr angenähert erfüllt sind, insofern nämlich, als dem sich ausdehnenden Gase (oder Dampf) von den Zylinderwandungen wieder Wärme zugeführt wird, so ist es nötig, einen anderen Ansatz zu verwenden, der eine wirklichkeitstreuere Beschreibung dieser Vorgänge gestattet. Die Zustandsänderung, die zur Beschreibung dieser teilweise nur mit empirischen Hilfsmitteln verfolgbaren Vorgänge verwendet wird, und die sich enge an die bisher betrachteten anschließt, ist die **polytropische Zustandsänderung**, oder kurz **Polytrope** genannt; sie wird durch einen Ansatz von derselben Form wie die Adiabate dargestellt:

$$\boxed{p\,v^n = \text{konst.}}, \quad \dots \dots \dots \dots \quad (306)$$

der Exponent n ist aber weder 1 wie bei der isothermischen, noch $\varkappa = c_p/c_v$ wie bei der adiabatischen Zustandsänderung, sondern hat einen gewöhnlich zwischen diesen beiden Zahlen liegenden Wert, der als empirisch bestimmt anzusehen ist, wobei die Besonderheiten des betrachteten Einzelfalles von Bedeutung sind (es wird also z. B. etwa $n = 1,3$ oder 1,2 angenommen). Die bei einer solchen polytropischen Zustandsänderung zwischen p_1, v_1 und p_2, v_2 geleistete Arbeit $\mathfrak{A}$ wird durch eine Gleichung ausgedrückt, die der Gl. (305) völlig ähnlich ist, wobei nur $n - 1$ an die Stelle von $\varkappa - 1$ zu setzen ist:

$$\boxed{\mathfrak{A} = \frac{1}{n - 1}(p_1 v_1 - p_2 v_2)} \dots \dots \dots \quad (307)$$

II. Ausfluß und Rohrreibung.

69. Bewegungsgleichung des Stromfadens. Zur Aufstellung der Bewegungsgleichung eines „gasförmigen" Stromfadens dienen dieselben Überlegungen wie für den flüssigen, die allgemeine Form der Bewegungsgleichung stimmt auch mit der für den flüssigen — Gl. (46) — vollkommen überein. Der einzige Unterschied liegt nur darin, daß die Beschaffenheit des „Mediums" als Gas bei der weiteren Behandlung zum Ausdruck kommen muß; und zwar geschieht dies dadurch, daß für ein Gas die Dichte ϱ in Gl. (46) nicht mehr als gleichbleibend, sondern vielmehr nach irgendeiner der vorher (68) betrachteten Zustandsänderungen [c) oder d)] vom Druck abhängig angesehen werden muß; es ist also im allgemeinen zu setzen:

$$\varrho = \varrho\,(p)\,;$$

die Integration der Gl. (46) für den Stromfaden, in der jetzt die Geschwindigkeit — um eine Verwechslung mit dem Volumen $\mathfrak{v}$ zu vermeiden — mit w bezeichnet werden soll, liefert die **Druckgleichung** für den Gasfaden:

$$\frac{w^2}{2} + \int \frac{dp}{\varrho} + gz = \text{konst.;} \quad \ldots \ldots \quad (308)$$

für die meisten Anwendungen wird übrigens das von der Schwere herrührende Glied gz in dieser Gleichung als klein vernachlässigt.

Die Durchflußgleichung muß für den Gasfaden zum Ausdruck bringen, daß die in 1 sek durch alle Querschnitte hindurchgehende Gasmasse oder das Gasgewicht G dasselbe sein muß, d. h.

$$G = \gamma\,Fw = \text{konst.} \quad \text{oder} \quad \boxed{G = Fw/\mathfrak{v} = \text{konst.}}\,. \quad (309)$$

Das in Gl. (308) auftretende Integral $\int dp/\varrho = P(p)$ wird als **Druckfunktion** bezeichnet und diese Gleichung auch in der Form geschrieben:

$$\boxed{w^2/2 + P(p) = \text{konst.}} \quad \ldots \ldots \quad (310)$$

Für die adiabatische Zustandsänderung ist insbesondere zu setzen:

$$p\,\mathfrak{v}^\varkappa = p_1\,\mathfrak{v}_1^\varkappa,$$

und daraus (da $\gamma = \varrho \cdot g$)

$$1/\varrho = g/\gamma = g \cdot \mathfrak{v} = g \cdot \mathfrak{v}_1 \cdot (p_1/p)^{1/\varkappa},$$

also

$$P(p) = \int \frac{dp}{\varrho} = g \cdot \mathfrak{v}_1 \cdot p_1^{1/\varkappa} \int \frac{dp}{p^{1/\varkappa}} = g \cdot \mathfrak{v}_1 \cdot p_1^{1/\varkappa} \cdot \frac{p^{1-1/\varkappa}}{1 - 1/\varkappa}$$

$$= g \cdot \frac{\varkappa}{\varkappa - 1} \frac{\mathfrak{v}_1 \cdot p_1^{1/\varkappa}}{p^{1/\varkappa}} \cdot p = g \cdot \frac{\varkappa}{\varkappa - 1} \cdot p\,\mathfrak{v}.$$

Wird daher die Bewegung des Gasfadens (Abb. 147) an zwei Stellen betrachtet, an denen die Geschwindigkeiten durch w_1, w_2 und die Zustände durch $(p_1, \mathfrak{v}_1)$ und $(p_2, \mathfrak{v}_2)$ gekennzeichnet sind, so gilt unter der Annahme adiabatischer Änderung:

$$\boxed{\frac{w_2{}^2}{2} - \frac{w_1{}^2}{2} = \frac{g \cdot \varkappa}{\varkappa - 1}(p_1 \mathfrak{v}_1 - p_2 \mathfrak{v}_2)} \quad \ldots \ldots \ (311)$$

70. Ausfluß von Gasen unter innerem Überdruck. Aus einem Gefäß, in dem sich Gas in einem gegebenen Zustand $(p_i, \mathfrak{v}_i)$ befindet, strömt dieses Gas durch eine Öffnung mit gut abgerundeter Mündung ins Freie; während dieses Vorgangs sollen die Zustandsgrößen des Gases im Innern unverändert bleiben und der ganze Vorgang soll von der Zeit unabhängig sein, also als stationär angesehen werden.

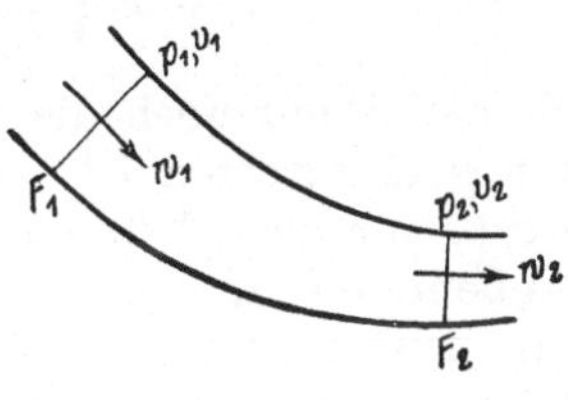

Abb. 147.

Wie bei den Flüssigkeiten wird auch die Bewegung des Gases als Stromfadenbewegung aufgefaßt und die im vorigen Abschnitte 69 erhaltene Gl. (311) herangezogen. Dabei wird die Zustandsänderung für den Übergang vom Innenquerschnitt F_i bis zum Mündungsquerschnitt F als adiabatisch vorausgesetzt, ferner F_i als sehr groß gegen F, also w_i als verschwindend klein gegen w angenommen (Abb. 148), so daß die Gl. (311) die Form annimmt:

$$\frac{w^2}{2} = \frac{g \cdot \varkappa}{\varkappa - 1}(p_i \mathfrak{v}_i - p \mathfrak{v}). \quad \ldots \ldots \ (312)$$

Um das w bei gegebenem Innenzustande p_i, $\mathfrak{v}_i$ zu berechnen, ist nunmehr noch anzugeben, welche Werte für p, $\mathfrak{v}$ in dieser Gleichung einzusetzen sind. Für vollkommenen Wärmeabschluß und verlustlose Strömung müßte dafür das adiabatische Gesetz in der Form der Gl. (304) herangezogen werden, wodurch etwa $\mathfrak{v}$ als Funktion von p ausgedrückt werden könnte.

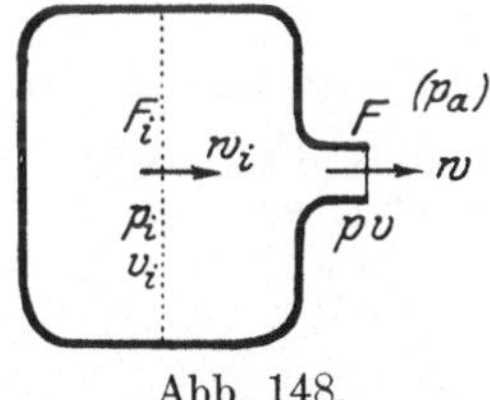

Abb. 148.

Um aber die Unvollkommenheiten des Wärmeabschlusses und gleichzeitig auch die innere Reibung des Gases zu berücksichtigen, die selbst Wärme erzeugt, die teilweise dem Gase wieder zugeführt wird, setzt man (mit Zeuner) für diesen Zweck eine polytropische Zustandsänderung in der Form an:

$$p \mathfrak{v}^n = p_i \mathfrak{v}_i{}^n;$$

dann folgt:

$$\frac{p \mathfrak{v}}{p_i \mathfrak{v}_i} = \left(\frac{\mathfrak{v}_i}{\mathfrak{v}}\right)^{n-1} = \left(\frac{p_i}{p}\right)^{(n-1)/n}$$

und die Gl. (312) nimmt die Form an:

$$\frac{w^2}{2} = \frac{g\cdot\varkappa}{\varkappa-1}\, p_i \mathfrak{v}_i \left[1 - \left(\frac{p}{p_i}\right)^{(n-1)/n}\right]. \quad \ldots \quad (313)$$

Mit Hilfe dieser Gleichung ergibt sich das in 1 sek ausfließende Gasgewicht:

$$G = \gamma\, Fw = \frac{Fw}{\mathfrak{v}} = F w\, \frac{1}{\mathfrak{v}_i}\left(\frac{p}{p_i}\right)^{1/n}$$

$$= F\sqrt{2\,g\,\frac{\varkappa}{\varkappa-1}\frac{p_i}{\mathfrak{v}_i}\left[\left(\frac{p}{p_i}\right)^{2/n} - \left(\frac{p}{p_i}\right)^{(n+1)/n}\right]}. \quad \ldots \quad (314)$$

Es bleibt nur noch die Frage offen, welcher Wert in dieser Gleichung für p einzusetzen ist. Man sieht sofort, daß die nächstliegende Antwort, für den Mündungsdruck p in allen Fällen den Druck p_a im Außenraum zu setzen, sinnlos wäre; denn aus dieser Gleichung würde für Ausströmung ins Vakuum $(p_a = 0)$ für $p = p_a = 0$ auch $G = 0$ folgen, was offenbar unmöglich ist. Es darf also jedenfalls für $p_a \sim 0$ nicht $p = p_a$ gesetzt werden.

Die Lösung der Frage haben Saint-Venant und Wantzel in folgender Art gefunden: es gibt einen bestimmten Wert von p bei gegebenen p_i, $\mathfrak{v}_i$, für das G den größten Wert annimmt; man nennt ihn den kritischen Strahldruck und bezeichnet ihn durch $p = \beta\, p_i$, so daß für $G = \mathrm{Max.}$ (d. h. für den größten Wert von G als Funktion von p oder β) auch:

$$\left(\frac{p}{p_i}\right)^{2/n} - \left(\frac{p}{p_i}\right)^{(n+1)/n} = \beta^{2/n} - \beta^{(n+1)/n} = \mathrm{Max.}$$

wird. Durch Differenzieren folgt daraus der gesuchte Wert von β:

$$\beta = \frac{p}{p_i} = \left(\frac{2}{n+1}\right)^{n/(n-1)} \quad \ldots \ldots \ldots \quad (315)$$

Man hat nun 2 Fälle zu unterscheiden:

I. **Für hohes Überdruckverhältnis** $p_a/p_i > \beta$ wird $p = p_a$ gesetzt, so daß:

$$\left.\begin{aligned}
w &= \sqrt{2\,g\,\frac{\varkappa}{\varkappa-1}\, p_i \mathfrak{v}_i\left[1 - \left(\frac{p_a}{p_i}\right)^{(n-1)/n}\right]}\\
G &= Fw\cdot\frac{1}{\mathfrak{v}_i}\left(\frac{p_a}{p_i}\right)^{1/n}
\end{aligned}\right\} \quad \ldots \ldots \quad (316)$$

Insbesondere ergibt sich für **kleine** Druckunterschiede $p_i - p_a$ zwischen Innen- und Außenraum:

$$\left(\frac{p_a}{p_i}\right)^{(n-1)/n} = \left(1 - \frac{p_i - p_a}{p_i}\right)^{(n-1)/n} = 1 - \frac{n-1}{n}\cdot\frac{p_i - p_a}{p_i}$$

und daher:

$$\left.\begin{aligned}
w &= \sqrt{2\,g\,\frac{\varkappa}{\varkappa-1}\,\frac{n-1}{n}\,\mathfrak{v}_i(p_i - p_a)}\\
G &= F\cdot w\cdot 1/\mathfrak{v}_i
\end{aligned}\right\} \quad \ldots \ldots \quad (317)$$

II. Für kleines Überdruckverhältnis $p_a/p_i < \beta$ wird $p = \beta p_i$ gesetzt, also:

$$w = \sqrt{2\,g\,\frac{\varkappa}{\varkappa - 1}\,p_i\,\mathfrak{v}_i\,[1 - \beta^{(n-1)/n}]} = \sqrt{2\,g\,\frac{\varkappa}{\varkappa - 1}\,p_i\,\mathfrak{v}_i\left(1 - \frac{2}{n+1}\right)}$$

oder:

$$\left.\begin{aligned} w &= \sqrt{2\,g\,\frac{\varkappa}{\varkappa - 1}\,\frac{n-1}{n+1}\,p_i\,\mathfrak{v}_i} \\ G &= F\,w\,\frac{1}{\mathfrak{v}_i}\,\beta^{1/n} \end{aligned}\right\} \quad \ldots \ldots \quad (318)$$

Der Vergleich zwischen den nach diesen Formeln gerechneten und den beobachteten Werten hat gute Übereinstimmung ergeben.

71. Bewegung von Gasen in Röhren. Ganz ähnliche Erscheinungen, wie sie beim Strömen der Flüssigkeiten in Röhren gefunden wurden, treten auch bei der Strömung von Gasen auf. Auch für Gase ist die Strömung für kleine Geschwindigkeiten eine Schichtenströmung, die bei einer gewissen kritischen Geschwindigkeit in eine wirbelige oder turbulente Strömung übergeht; die praktisch vorkommenden Gasströmungen sind alle von dieser zweiten Art. Nur wird bei Gasen in der Regel nicht mit der Widerstandshöhe h_r der Rohrreibung, sondern mit dem durch diese Rohrreibung hervorgerufenen Druckverlust Δp an den Enden der Leitung gerechnet, die durch die Gleichung:

$$\Delta p = \gamma \cdot h_r$$

miteinander verbunden sind. Für eine gerade Leitung von der Länge l und dem Durchmesser D wird Δp in der Form angesetzt:

$$\boxed{\Delta p = \lambda \cdot \frac{l}{D} \cdot \frac{w^2}{2\,g} \cdot \gamma} \quad \ldots \ldots \ldots \quad (319)$$

Damit ist die ganze Frage auf die Bestimmung von λ zurückgeführt die im wesentlichen auf Grund von Versuchen erfolgen muß. Solche Versuche sind von zahlreichen Forschern ausgeführt worden; bei allen ist λ selbst wieder von D, w und γ abhängig gefunden worden. Aus der großen Reihe der bekannt gewordenen Ergebnisse seien hier nur zwei hervorgehoben:

a) Nach Grashof ist zu setzen:

$$\boxed{\lambda = 0{,}013\,55 + \frac{0{,}001\,235 + 0{,}01\,D}{D\sqrt{w}}} \quad [D \text{ in m, } w \text{ in m/sek}]. \quad (320)$$

Mit diesem Wert ergibt sich die Verlusthöhe nach (319) in mm Wassersäule oder kg/m² (beide Angaben stimmen zahlenmäßig überein).

b) Nach **Fritsche** ist für Gase (wenn l und D in m, w in m/sek, γ in kg/m³):

$$\Delta p = \frac{184{,}3 \cdot 10^{-4}}{D^{0,269}\,(\gamma\,w)^{0,148}} \cdot \gamma \cdot \frac{l}{D} \cdot \frac{w^2}{2g} \qquad [\mathrm{kg/m^2}], \quad . \quad (321)$$

und zwar ergibt sich Δp nach dieser Formel ebenfalls in kg/m² oder mm Wassersäule. Diese Formel gilt für alle Gase und kann (bei passender Einführung von γ) auch für Dämpfe in ihren verschiedenen Verwendungsformen herangezogen werden.

Die mit Hilfe dieser Formel gerechneten Werte zeigen untereinander, wie auch gegen die aus anderen Formeln gerechneten Werte ziemlich erhebliche Abweichungen. —

Was die Widerstände der besonderen Einbauten in Gasleitungen betrifft, wie **Krümmer, Verzweigungen, Schieber, Ventile** u. dgl., so müssen diese ebenfalls durch Versuche bestimmt werden, wie bei den Flüssigkeitströmungen, doch liegen hierüber zuverlässige Angaben in weit geringerer Zahl vor als bei den Flüssigkeiten.

Beispiel 79. Durch eine gerade Rohrleitung vom Durchmesser $D = 0{,}2\,\mathrm{m}$ und $l = 60\,\mathrm{m}$ Länge strömen in einer Stunde 3000 m³ (feuchte) Luft von 20° C und 755 mm Hg mit dem Einheitsgewicht $\gamma = 1{,}19\,\mathrm{kg/m^3}$. Wie groß ist der Druckverlust?

Der Rauminhalt der Luft ist

$$\frac{3000}{1{,}190} = 2520\ \mathrm{m^3/Stde.}$$

und daher die Geschwindigkeit

$$w = \frac{2520}{3600 \cdot \pi\,D^2/4} = \frac{2520}{3600 \cdot 0{,}0314} = 22{,}3\ \mathrm{m/sek.}$$

Mit diesen Werten ergibt sich:

a) Nach **Grashof** Gl. (320):

$$\lambda = 0{,}01697, \qquad \Delta p = \gamma \cdot h_r = 160{,}2\ \mathrm{kg/m^2}\ \text{oder mm W. S. (Wassersäule)}.$$

b) Nach **Fritsche** Gl. (321):

$$\Delta p = \frac{184{,}3 \cdot 10^{-4}}{0{,}2^{\,0,269}\,(1{,}19 \cdot 22{,}3)^{0,148}} \cdot 1{,}19 \cdot \frac{60}{0{,}2} \cdot \frac{22{,}3^2}{18{,}62} = 158{,}3\ \mathrm{kg/m^2}\ \text{oder mm W. S.}$$

Literatur.

I. Lehrbücher der Hydraulik in deutscher Sprache.

Bánki, D.: Energieumwandlungen in Flüssigkeiten, I. Bd. Berlin: Julius Springer 1921.

Budau, A.: Kurzgefaßtes Lehrbuch der Hydraulik. Wien und Leipzig: K. Fromme 1913.

Forchheimer, Ph.: Hydraulik. Enzyklopädie der mathematischen Wissenschaften. Bd. IV 2, Heft 3. Leipzig: B. G. Teubner 1905.

— Hydraulik. Leipzig: B. G. Teubner 1914.

— Grundriß der Hydraulik. Leipzig: B. G. Teubner 1920.

Grashof, F.: Theoretische Maschinenlehre, 1. Bd. Hydraulik. Leipzig: Voß 1875.

Kriemler, K.: Hydraulik. Stuttgart: K. Wittwer 1920.

Lorenz, H.: Lehrbuch der technischen Physik, 3. Bd. Technische Hydromechanik. München und Berlin: R. Oldenbourg 1910.

Mises, R. v.: Elemente der technischen Hydromechanik. I. Bd. Leipzig: B. G. Teubner 1914.

Prandtl, L.: Abriß der Lehre von der Flüssigkeits- und Gasbewegung, aus dem Handwörterbuch der Naturwissenschaften, Bd. 4. Jena: G. Fischer 1914.

Prášil, F.: Technische Hydrodynamik. Berlin: Julius Springer 1913. 2. Aufl. in Vorbereitung.

Rühlmann, M.: Hydromechanik. Hannover: Hahn 1880.

Schoklitsch, A.: Graphische Hydraulik. Sammlung math. phys. Lehrbücher. Bd. 52. Leipzig: Teubner 1923.

Weisbach, J.: Lehrbuch der Ingenieur- und Maschinenmechanik, 1. Teil. Braunschweig: F. Vieweg, 5. Aufl. 1875.

Weyrauch, R.: Hydraulisches Rechnen, 4. u. 5. Aufl. Stuttgart: K. Wittwer 1921.

— Die Wasserversorgung der Städte, 2 Bde., 2. Aufl. Leipzig: A. Kröner.

— Die Wasserversorgung der Ortschaften, Sammlung Göschen. Leipzig: 1. Bd. 1914, 2. Bd. 1916.

Zeuner, G.: Vorlesungen über Theorie der Turbinen. Leipzig: A. Felix 1899.

II. Fremdsprachige Werke über Hydraulik.

Bovey, H. T.: Treatise on Hydraulics. New York: 2nd éd. 1904.

Flament, A.: Hydraulique. Paris: Librairie Polytechnique. Ch. Béranger, 3me éd. 1909.

Gibson, A. H.: Hydraulics and its Applications. London: Constable & Co. 1912.

Merriman, M.: Treatise on Hydraulics. New York: T. Wiey & Sons 1910.

III. Aufgabensammlungen.

Seeliger, R., Henning, F., und Mises, R. v.: Aufgaben aus der Theoretischen Physik. Braunschweig: Vieweg 1914.

Wittenbauer, F.: Aufgaben aus der technischen Mechanik, 3. Bd., 3. Aufl. Berlin: Julius Springer 1920.

IV. Lehrbücher der theoretischen Hydro- und Aeromechanik.

Appell, P.: Traité de Mécanique Rationelle. T. 3. Paris: Gauthier-Villars 1903.
Basset, A. B.: A Treatise on Hydrodynamics, 2 vols. Cambridge: Deighton, Nell 1888.
Besant, W. H. and Ramsey, A. S.: A Treatise on Hydromechanics, 2 vols. London: Bell, I. 8th ed. 1919, II. 2nd ed. 1920.
Cisotti, U.: Idromeccanica piana, Milano, Libreria editrice politecnica, Parte prima 1921, seconda 1922.
Fuchs, R. und Hopf, L.: Aerodynamik. Berlin: Schmidt & Co. 1922.
Joukowski, N.: Aerodynamique, traduit du russe par S. Drzewiecky. Paris: Gauthier-Villars 1916.
Lamb, H.: Hydrodynamics, 4th ed. Cambridge 1916. — Deutsche Ausgabe. Leipzig: Teubner 1907.
Wien, W.: Lehrbuch der Hydrodynamik. Leipzig: S. Hirzel 1907.

V. Neuere Werke über Wasserbau und Hydrologie.

Engels, H.: Handbuch des Wasserbaues, 2. Bde., 3. Aufl. Leipzig: Engelmann 1914.
Krüger, E.: Kulturtechnischer Wasserbau. Bibl. f. Bauingenieure, III. Bd. 7. Leipzig: B. G. Teubner 1921.
Ludin, A.: Die Wasserkräfte, 2 Bde., Unv. Neudruck. Berlin: Julius Springer 1923.
Prinz, F.: Handbuch der Hydrologie, 2. Aufl. Berlin: Julius Springer 1923.

VI. Einige Werke und Abhandlungen über besondere Gegenstände.

Allievi, L.: Allgemeine Theorie über die veränderliche Bewegung des Wassers in Leitungen. Deutsche Ausgabe von R. Dubs und V. Bataillard. Berlin: Julius Springer 1909.
Bach, C.: Versuche über Ventilbelastung und Ventilwiderstand. Ebenda 1884.
Bazin, H. und Darcy, H.: Recherches Hydrauliques, Mémoires présentées par divers savants à l'Institut de France, t. 19. 1865.
— Experiences nouvelles sur l'écoulement en deservoir. Paris 1898.
Biel, R.: Über den Druckhöhenverlust bei der Fortleitung tropfbarer und gasförmiger Flüssigkeiten. Mitt. über Forschungsarbeiten Heft 44. 1907.
Blasius, H.: Das Ähnlichkeitsgesetz bei Reibungsvorgängen in Flüssigkeiten. Mitt. üb. Forschungsarbeiten, Heft 131, 1913 und Z. V. d. I. 56, 1912.
Böß, B.: Berechnung der Wasserspiegellage beim Wechsel des Fließzustandes. Berlin: Julius Springer 1919.
Boussinesq, J. V.: Essai sur la Théorie des Eaux Courantes. Mém. prés. par div. savants à l'Institut de France, 23, 1877, avec supplement 24, 1877.
Christen, Th.: Das Gesetz der Translation des Wassers in regelmäßigen Kanälen, Flüssen und Röhren. Leipzig: Engelmann 1903.
Cordier, W. v.: Strömungsuntersuchungen an einem Rohrkrümmer. Diss. Berlin 1910.
Eiffel, G.: Der Luftwiderstand und der Flug. Deutsch von Dr. F. Huth. Berlin: R. C. Schmidt & Co. 1912.
Forchheimer, Ph.: Der Durchfluß des Wassers durch Röhren und Gräben, insbesondere durch Werkgräben großer Abmessungen. Berlin: Julius Springer 1923.
— Der Durchfluß des Wassers durch Werkgräben und Gerinne. Z. V. d. I. 67, 1923.
Fritsche, O.: Untersuchungen über den Strömungswiderstand der Gase in geraden, zylindrischen Rohrleitungen. Mitt. üb. Forschungsarbeiten, H. 60, 1908.
Gümbel, L.: Das Problem des Oberflächenwiderstandes. Jahrb. d. Schiffbautechn. Ges., Bd. 14, 1913.
— Einfluß der Schmierung auf die Konstruktion. Ebenda Bd. 18, 1917.

Hochschild, H.: Versuche über Strömungsvorgänge in erweiterten und verengten Kanälen. Diss. Berlin 1910 und Mitt. üb. Forschungsarbeiten, H. 114, 1911.

Kármán, Th. v.: Über laminare und turbulente Reibung. Z. f. angew. Math. u. Mech. Bd. 1, 1921.

Kötter, F.: Über die Contractio venae bei spaltförmigen und kreisförmigen Öffnungen. Arch. f. Math. u. Physik. 2. Reihe, 5, 1887.

Kucharski, N.: Strömungen einer reibungsfreien Flüssigkeit bei Rotation fester Körper. München: Oldenbourg 1918.

Martienssen, O.: Die Gesetze des Wasser- und Luftwiderstandes. Berlin: Julius Springer 1913.

Mises, R. v.: Berechnung von Ausfluß- und Überflußzahlen. Z. V. d. I. 61, 1917.

— Fluglehre. 2. Aufl. in Vorbereitung. Berlin: Julius Springer 1918.

Poebing, O.: Zur Bestimmung strömender Flüssigkeitsmengen im offenen Gerinne. Berlin: Julius Springer 1922.

Prandtl, L.: Über Flüssigkeitsbewegung bei sehr kleiner Reibung. Verhandl. d. 3. int. Math.-Kongresses in Heidelberg 1911.

Schiller, L.: Untersuchungen über laminare und turbulente Strömungen. Forschungsarb. a. d. Gebiete des Ingenieurwesens, Heft 248. Berlin 1922.

Sommerfeld, A.: Hydrodynamische Theorie der Schmiermittelreibung. Z. f. Math. u. Physik, Bd. 50, 1904.

— Zur Theorie der Schmiermittelreibung. Z. f. techn. Physik, Bd. 2, 1921.

Thoma, D.: Der Stoßverlust des Wassers beim Eintritt in Schaufelsysteme. Schweiz. Bauzg., Bd. 80, 1922.

Namenverzeichnis.

Sachverzeichnis.

Lehrbuch der Technischen Mechanik. Für Ingenieure und Studierende. Zum Gebrauche bei Vorlesungen an Technischen Hochschulen und zum Selbststudium. Von Dr.-Ing. **Theodor Pöschl,** o. ö. Professor an der Deutschen Technischen Hochschule in Prag. Mit 206 Abbildungen. (VI u. 263 S.) 1923.
6 Goldmark; gebunden 7.25 Goldmark / 1.45 Dollar; gebunden 1.75 Dollar

Einführung in die Mechanik mit einfachen Beispielen aus der Flugtechnik. Von Dr. **Theodor Pöschl,** o. ö. Professor an der Deutschen Technischen Hochschule in Prag. Mit 102 Textabbildungen. (VII u. 132 S.) 1917.   3.75 Goldmark / 0.90 Dollar

Aufgaben aus der technischen Mechanik. Von Prof. **Ferd. Wittenbauer,** Graz.

Erster Band: **Allgemeiner Teil.** 839 Aufgaben nebst Lösungen. Fünfte, verbesserte Auflage, bearbeitet von Dr.-Ing. Theodor Pöschl, o. ö. Professor an der Deutschen Technischen Hochschule in Prag. Mit 640 Textabbildungen. (VIII u. 281 S.) 1924.
Gebunden 8 Goldmark / Gebunden 1.95 Dollar

Zweiter Band: **Festigkeitslehre.** 611 Aufgaben nebst Lösungen und einer Formelsammlung. Dritte, verbesserte Auflage. Mit 505 Textfiguren. Unveränderter Neudruck. (VIII u. 400 S.) 1922.
Gebunden 8 Goldmark / Gebunden 1.95 Dollar

Dritter Band: **Flüssigkeiten und Gase.** 634 Aufgaben nebst Lösungen und einer Formelsammlung. Dritte, vermehrte und verbesserte Auflage. Mit 433 Textfiguren. Unveränderter Neudruck. (VIII u. 390 S.) 1922.   Gebunden 8 Goldmark / Gebunden 1.95 Dollar

Graphische Dynamik. Ein Lehrbuch für Studierende und Ingenieure. Mit zahlreichen Anwendungen und Aufgaben. Von **Ferdinand Wittenbauer†,** Professor an der Technischen Hochschule in Graz. Mit 745 Textfiguren. (XVI u. 797 S.) 1923.   Gebunden 30 Goldmark / Gebunden 7.15 Dollar

Technische Hydrodynamik. Von Dr. **Franz Prásil,** Professor an der Eidgenössischen Technischen Hochschule in Zürich. Zweite Auflage.
In Vorbereitung.

Energie-Umwandlungen in Flüssigkeiten. Von **Dónát Bánki,** Maschineningenieur, o. ö. Professor an der Technischen Hochschule, Mitglied der Akademie der Wissenschaften zu Budapest.
Erster Band: **Einleitung in die Konstruktionslehre der Wasserkraftmaschinen, Kompressoren, Dampfturbinen und Aeroplane.** Mit 591 Textabbildungen und 9 Tafeln. (VIII u. 512 S.) 1921.
Gebunden 20 Goldmark / Gebunden 4.80 Dollar

Aufgaben aus dem Wasserbau. Angewandte Hydraulik. 40 vollkommen durchgerechnete Beispiele. Von Dr.-Ing. **Otto Streck.** Mit 133 Abbildungen und 55 Tabellen nebst 10 Tafeln. Erscheint im Sommer 1924.

Allgemeine Theorie über die veränderliche Bewegung des Wassers in Leitungen.
I. Teil: **Rohrleitungen.** Von **Lorenzo Alliévi.** Deutsche, erläuterte Ausgabe von **Robert Dubs** und **V. Bataillard.**
II. Teil: **Stollen und Wasserschloß.** Von **Robert Dubs.** Mit 35 Textfiguren. (XII u. 296 S.) 1909.   10 Goldmark / 2.40 Dollar

Zur Bestimmung strömender Flüssigkeitsmengen im offenen Gerinne. Ein neues Verfahren. Von Dipl.-Ing. **Oskar Poebing,** Betriebsleiter des Hydraulischen Institutes der Technischen Hochschule München. Mit 23 Textabbildungen und 1 Tafel. (IV u. 56 S.) 1922.
1.65 Goldmark / 0.40 Dollar

Der Durchfluß des Wassers durch Röhren und Gräben, insbesondere durch Werkgräben großer Abmessungen. Von Hofrat Prof. Dr. **Philipp Forchheimer,** korr. Mitglied der Akademie der Wissenschaften in Wien. Mit 20 Textabbildungen. (IV u. 50 S.) 1923.
2 Goldmark / 0.50 Dollar

Die Gesetze des Wasser- und Luftwiderstandes und ihre Anwendung in der Flugtechnik. Von Dr. **Oscar Martienssen,** Kiel. Mit 75 Textfiguren. (VI u. 131 S.) 1923.
5.50 Goldmark / 1.30 Dollar

Handbuch der Hydrologie. Wesen, Nachweis, Untersuchung und Gewinnung unterirdischer Wasser: Quellen, Grundwasser, unterirdische Wasserläufe, Grundwasserfassungen. Zweite, ergänzte Auflage. Von Zivilingenieur **E. Prinz.** Mit 334 Textabbildungen. (XIII u. 422 S.) 1923.
Gebunden 18 Goldmark / Gebunden 4.30 Dollar

Die Grundwasserabsenkung in Theorie und Praxis. Von Dr.-Ing. **Joachim Schultze,** Privatdozent an der Technischen Hochschule zu Berlin. Mit 76 Textabbildungen. (VI u. 138 S.) Erscheint im Juni 1924.

Über Wertberechnung von Wasserkräften. Von Dr.-Ing. **Adolf Ludin,** und Dr.-Ing. Dr. rer. pol. **W. G. Waffenschmidt,** Karlsruhe i. B. (Sonderdruck aus „Der Bauingenieur", Zeitschrift für das gesamte Bauwesen, 2. Jahrgang 1921, H. 4.) (II u. 18 S.) 1921. (Auch als „Mitteilungen des Deutschen Wasserwirtschafts- und Wasserkraft-Verbandes E. V." Nr. 3 erschienen.)
0.45 Goldmark / 0.15 Dollar

Die Wasserkräfte, ihr Ausbau und ihre wirtschaftliche Ausnutzung. Ein technisch-wirtschaftliches Lehr- und Handbuch. Von Bauinspektor Dr.-Ing. **Adolf Ludin.** Zwei Bände. Mit 1087 Abbildungen im Text und auf 11 Tafeln. Preisgekrönt von der Akademie des Bauwesens in Berlin. Unveränderter Neudruck. (XX u. 1528 S.) 1923.
Gebunden 66 Goldmark / Gebunden 16 Dollar

Kulturtechnischer Wasserbau. Von **E. Krüger,** Geh Regierungsrat, ord. Professor der Kulturtechnik an der Landwirtschaftlichen Hochschule zu Berlin. Mit 197 Textabbildungen. (Otzen, „Handbibliothek für Bauingenieure", III. Teil: Wasserbau. 7. Band.) (X u. 290 S.) 1921.
Gebunden 9.50 Goldmark / Gebunden 2.30 Dollar

Vorträge aus dem Gebiete der Hydro- und Aerodynamik (Innsbruck 1922). Gehalten von zahlreichen Fachleuten. Herausgegeben von **Th. v. Kármán,** Professor am Aerodyn. Institut der Techn. Hochschule, Aachen, und **T. Levi-Civita,** Professor an der Universität Rom. Mit 98 Abbildungen im Text. (251 S.) 1924.
13 Goldmark; gebunden 14 Goldmark / 3.10 Dollar; gebunden 3.35 Dollar

Druckfehlerberichtigung.

S. 24, Gleichung (35) statt $\zeta = z_0 + \dfrac{k_x^2}{z_0}$ lies $\zeta_0 = \dfrac{k_x^2}{z_0} = z_0 + \dfrac{k_0^2}{z_0}$

S. 24, Zeile 10 ist nach dem Wort Spiegel einzuschalten „und k_0 jenen für die durch s zu dieser Schnittlinie gezogenen Parallelen"

S. 59, Abb. 65 „y" ist eine Linie tiefer zu setzen.

S. 121, Gleichung (216) statt $^3/_5$ lies 3,5

Pöschl. Hydraulik